可持续发展的建筑和城市化

——概念 · 技术 · 实例

［法］ 多米尼克 · 高辛 · 米勒　著
尼古拉 · 法韦　参与写作

邹红燕　邢晓春　　　　译

中国建筑工业出版社

著作权合同登记图字：01-2006-3820号

图书在版编目（CIP）数据

可持续发展的建筑和城市化——概念·技术·实例 ／（法）米勒著；法韦
参与写作；邹红燕，邢晓春译．—北京：中国建筑工业出版社，2007
ISBN 978-7-112-09455-4

Ⅰ.可…　Ⅱ.①米…②法…③邹…④邢…　Ⅲ.城市规划-建筑设计-
可持续发展-研究　Ⅳ.TU984

中国版本图书馆 CIP 数据核字（2007）第 097153 号

本书中文版由 Editions du Moniteur 出版社正式授权我社在世界范围出版发行

责任编辑：董苏华
责任设计：郑秋菊
责任校对：李志立　王　爽

可持续发展的建筑和城市化
——概念 · 技术 · 实例
[法]　多米尼克 · 高辛 · 米勒　著
　　　尼古拉 · 法韦　参与写作
　　　邹红燕　邢晓春　　　　译
＊
中国建筑工业出版社出版、发行（北京西郊百万庄）
各地新华书店、建筑书店经销
北京嘉泰利德公司制版
世界知识印刷厂印刷
＊
开本：850×1168 毫米　1/16　印张：15¾　字数：554 千字
2008 年 4 月第一版　2008 年 4 月第一次印刷
定价：**96.00** 元
ISBN 978-7-112-09455-4
（16119）

目 录

每一本书都是一次冒险，它被发现和冲突、热情和挫折，以及新的挑战所标记。

我要感谢所有向我提供帮助和支持的人们，特别是导报出版社 (Editions du Moniteur) 的董事弗雷德里克·莱内，感谢他给予我信心。

感谢我的编辑瓦莱丽·图阿尔特，她的职业精神及她的参与使得我们的合作从这一本书到下一本书。

感谢编辑皮埃尔·哈亚特和蒂埃里·克雷默，他们对这本书的进度作出了贡献。

感谢理查德·梅迪奥尼，他对本书的设计做了精心的准备，并且给予了有求必应的合作。

感谢建筑师和记者尼古拉·法韦，她的富有魅力的讨论丰富了本书的内容。

感谢巴黎小城市建筑学校的教师皮埃尔·勒菲弗，他慷慨地与我分享了他的有关可持续建筑的丰富经验。

感谢 Moniteur des Travaux publics et du Bâtiment 的记者贝尔讷·汉特欧(Reinteau)，他给予了友好的帮助和联系。

感谢米歇尔和拉乌尔·高辛，他们给予了建议和鼓励。

我同样要感谢本书所介绍的工程的建筑师、工程师和发展商，以及相关的地方和城市政府的代表，感谢他们对这本书的协助和热情的支持。

感谢所有阅读了原稿并且贡献了他们专业知识的人们，包括法国国家能源机构的伊夫·莫克和于贝尔·德普雷，GTM 建筑公司的克里斯托夫·戈班，法国国家木材发展组织的让·克洛德·居伊、米歇尔·佩兰和伯努瓦·雷茨。

感谢可持续城市更新的专家埃克哈特·哈恩，感谢雷恩建筑、规划和房地产管理部的建筑和城规主任阿兰·洛尔茹克斯 (Lorgeoux)。

感谢巴黎小城市的建筑学校的教师米歇尔·萨巴赫 (Sabard)。

感谢艾斯伯的塞尔日·西多罗夫。

感谢法国技术大学专门研究木材技术的训练和研究所的玛丽·克里斯蒂娜·特里布罗特。

感谢可持续水管理的专家汉斯·奥托·瓦克。

最后我要感谢让－伊维斯·巴里，他给予我关于这本书最初的想法和使我完成这本书的动力。

我很高兴，柏克豪斯建筑出版社出版了这本书的英文版，我们的合作极大地充实了这本书。我想衷心地感谢我的编辑昂里埃特·米勒·施塔尔，她给予了专业的管理和自始至终的友好态度；感谢凯特·珀维 (Kate Purver)，她的帮助远远比一个翻译者所能期许的要多得多。

写给中国读者

　　这本书写于1999年，很快从法语译为英语、德语、西班牙语、意大利语和希腊语，对于这样一本技术书籍，译为如此多的语言是相当少见的，然而被译成汉语真是我没有料到，对我这真是一个非常新的体验。得知这一消息时，我刚刚从中国旅行归来，这是我的第一次中国之行。我游览了北京、西安、桂林和上海，还乘船游览了长江，在这三周的时间里，我强烈地感受到对你们古老而悠久的文明的仰慕以及人民的友好和亲切。我注意到一些更加可持续发展的尝试：在上海城市的周围种植绿化林带、在新建住宅中摒弃传统施工中常用的黏土砖、将自行车道与机动车道分开以便更安全地出行、将垃圾分类收集等等。我很清楚在德国、英国或法国等有着6千万至8千万人口的国家里，我们所进行的小规模试验所取得的经验，是不容易在有着13亿人口的如此之大的国家中推广和应用的。尽管如此，在此次中国之行中，我注意到有很多人已经在正确的方向上迈出了第一步。我希望这本书不仅能够给予专业人士、政治家和建筑使用者以发展可持续的建筑和城市规划的动机，还能给予他们将之付诸实现所需要的知识。

　　我很高兴中国建筑工业出版社采纳了我的书，并且诚恳地感谢邢晓春和邹红燕在翻译过程中与我友好地交流。对她们而言这是一份艰巨的任务，因为书中所述的许多方法和实践与你们在中国所采用的不尽相同，而她们所承担的工作量和责任远远超出了通常的翻译工作者所做的。

多米尼克·高辛·米勒
(Dominique Gauzin-Müller)

中文版序

特别及时　尤为可贵

郑光复

我国建筑与城市的建设在发展速度、总体规模、经济效益、以及形象的壮观豪华等方面已臻世界之最，近年对城市绿化的投入与重视，也在向国际先进水平挺进，出现了几座世界有关组织评定的花园城市……在此辉煌业绩之下，还有前进中的问题。其中，显著的问题是片面突出建筑形式与城市形象，代价不小，而忽视可持续发展。这似乎如19世纪的欧美，那时伦敦、巴黎、纽约、柏林等大都市的建设发展迅速。现在我国与其他发展中国家迟至20世纪末21世纪初来补这"历史课"，再现工业时代高峰期的建设风光，令人振奋。可是历史的大时代毕竟早已巨变，欧美当年工业化建设的模式、对环境的破坏、对能源及其他资源的高消耗，以当年的殖民地半殖民地的贫穷落后为代价，大掠夺引发了两次世界大战，致使大自然和人类社会的负担，早已逼近极限，革命与独立运动风起云涌。老工业化模式及其中的建筑与城市建设模式，早已走向反面，成为破坏人类赖以生存的环境，破坏持续发展的重要因素。20世纪后期提出与人类存亡攸关的可持续发展的原则与方向。欧美各工业发达国家纷纷付诸实施，欧洲更走在前头。本书即为其实践经验的归纳与理论的阐述。

难能可贵的是本书全面论述有关当局、房地产业、工业与交通业、服务业，甚至涉及农林业如何持续发展。就职业而言，对政策制定者、公私开发商、城市规划师、建筑师、工程师、景观设计师、公检部门、建筑商、尤其环保部门等莫不密切相关，其实深深涉及每一个人的切身利害，而且不仅是理论，更是实践经验、具体范例的评价；既是知识的结构性改造、充实与提高，又是切实可行的操作示范与参考。这样全面，又如此虚实相济，兼具学术性与知识性、专业性与科普性，在同类书籍中是少见的佼佼者。

书的内容全面论及生态、能源、水资源，建筑与城市经济、城市与环境管理等各方面，并具体化到方法与量化标准，而且将各国各地各学派的不同观点与方法并置，客观又丰富，富于启迪性，利于活跃思想与创造性，这些对于国人有特别重要的意义。

我们为祖国的建筑与城市发展的辉煌业绩自豪，也必须正视前进中的新问题，以求更全面更美好地持续发展。国家正在大力推行可持续发展的政策，而社会的思潮与认识，及有关各业的专业知识与技能，仍滞后于国家的要求与全球化的大趋势，于此历史转折之际，本书的翻译与出版特别及时，尤为可贵。

作为一个读者，我衷心感谢两位译者和作者。不仅因为飨我以知识的盛宴，还给我对世界的明天更大的信心和对我国前程更美好的憧憬，如果我们都能全面认真学习欧洲的这些经验、理论与方法，并予超越，我国人民的健康、富裕和国家的富强，能不更快、更好吗？

前　言

　　如果我们要保证未来一代能够享受质量满意的生活，现在探讨对于利用地球自然资源的可持续发展的方法是紧要的。这一观点在建筑、城市规划和土地利用上的运用要求包括决策者、公共和私人领域的发展商、城市规划师、建筑师、工程师、景观设计师、公检部门、　承包商和建设者等所有方面的参与。在建筑领域里环境质量的传播和成功联系到行业中这些不同方面的紧密合作和每个人的专业知识的应用。使用者的参与和义务也是一个基本的因素。

　　考虑建造项目中的环境论点有经济、生态和社会等方面的含义，它必须被放在全面的背景中，并且采用客观和理性的方法。这本书的目的在于给那些想寻找参照点的人们提供一些答案，帮助他们意识到他们的愿望可以用不同的方法来实现。

　　这本书的第一部分开始于可持续发展的论点并且描述了走向环境建筑的不同趋势，从不同方面来看这些趋势在欧洲的发展，以及在发达国家和发展中国家的未来可能的发展。

　　可持续发展的建筑只有放在基于可持续发展的城市规划原则的背景中才真正有效。本书的第二部分说明了可持续发展的理论，并且描述了近几十年来在不同的欧洲城市付诸实践的方式。

　　如果要迅速达到环境质量，建筑的建造必须同时使用较少的能源和无危害、可再生的材料。第三部分描述的 23 个近期的欧洲工程显示出环境和社会的目标可以成功地与经济现实相一致，不只是看初期的投资，而且要看长期的运行和维护费用。我们并不着眼于惊人的、高预算的陈列品，而是专注于小型工程，以适度的预算达致较高的建筑标准。实例包括所有建筑种类，例如：私人和公共的住宅、公共的文化、教育和体育设施、办公楼和其他商业建筑。所选择的这些实例提供了容易的、可推广的解决方法，这些方法可以通过与发展商的常规的实践并不太背离的方式来实现。

　　从芬兰到希腊，从法国到德国，所介绍的这些工程的建造适应于广泛的条件、气候和预算。结果的多样性表明环境的方法能够被运用到任何背景中。现在它必须成为我们头脑里的一个不可缺少的部分，成为我们所有人的一个基本的要素。

多米尼克·高辛·米勒

致弗罗伦斯（Florence）和蒂鲍特(Thibaut)

期望这本书能够打动那些想要听取保护这个地球、造福我们后代这种观念的人们。

英文版编辑说明

这本书出版的准备工作最初起源于一个关注法国可持续建筑和城市化的项目。由于这个主题的重要性和全球对此主题越来越多的兴趣，作者经过广泛的研究写出了这本书，提供了涉及许多欧洲国家的关于这个主题的互相比照的观点。这一对于欧洲范围的关注形成了本书系统理论部分的基础，并且选出了有代表性的城市发展和建筑的实例。

这本书的第三部分已经在允许的范围内尽可能详尽地给出了23个关于能源消耗项目的详细信息。其中一些经过实际测量所得到的数值并不多，因为测量需要很多的人力和费用，所以通常只有那些通过研究得到的数值才随之被验证。

以下文稿由建筑师尼古拉·法韦 (Nicolas Favet) 撰稿
第78至80页，"荷兰阿姆斯特丹的GWL行政区"，
第81至84页，"芬兰赫尔辛基的维基行政区"，
第159至163页，"芬兰赫尔辛基的维基住宅"，
第180至184页，"英国诺特利的绿色小学"，
第199至203页，"法国泰拉松的文化和游客中心"，
第216至221页，"希腊雅典的阿法克斯总部大楼"，
第222至225页，"意大利雷卡纳蒂的伊古奇尼 (iGuzzini) 总部大楼"。
尼古拉·法韦也协助起草了本书的参考书目。
设计: 理查德·梅迪奥尼 (Richard Medioni)
原书封面设计: 亚历山大·萃勒 (Alexandra Zöller)
法文译成英文: 凯特·珀维 (Kate Purver)

第一部分

环境的可选择性的论点、实践和前景

探求建筑中的环境价值，取得人和其所处环境的和谐平衡并不是一个新颖的课题了。几个世纪以来，特别是在本国的和地方的建筑中，人们出于需要采用这种方法。[1]但是自从工业革命以来，这种观念被人们逐渐放弃，因为人们相信他们自己有能力无限制地使用地球资源。

今天，在 20 世纪出现的气候改变所带来的影响已经越来越明显。面对这一危险，公众和决策人同样都意识到了保护我们的自然环境的必要性。正如在国际首脑会议中所提出的，有关这些问题的一个回应是用尊重环境的方法去探讨建筑和城市化。在欧洲越来越多的专业人士成功地采用了这一观点。

可持续发展的论点

20 世纪 90 年代初，联合国里约地球峰会对公众提出了警告，警告人们掠夺自然资源的后果，警告全球温度变暖迅速而惊人地破坏生态系统的后果。里约地球峰会达成的共识转变成影响工业、交通、能源使用和废物处理的各种方法。这些方法的目的也在于鼓励工业国的人们保护资源，这对于他们的生活方式有着潜在的重大意义。

环境破坏
几十年来专家们就对于我们星球遭受的不可逆转的破坏和这种破坏对于人类相应的严重后果提出了警告。这一警告关系到下列四个主要问题：
- 迅速的人口增长；
- 对于自然资源和矿物燃料储量的挥霍；
- 空气、水和土壤质量的下降；
- 废物的体积。

世界人口从 1900 年的 15 亿增加到 2000 年的 60 亿。地球人口增长这一重大课题提出了向所有人提供食物、住所的问题和他们生活质量的问题，特别是在人口增长没有被统计的不发达地区。经过这 100 年的时间，对于自然的原材料和矿物燃料的使用如此巨大，以至于为未来的后代带来了真正的和现时的威胁。现存的石油储量从现在起预计将会在大约 50 年里被耗尽，天然气大约为 70 年，而煤大约为 190 年。空气和淡水质量的降低，特别是在工业国的城市地区，危害了人类的健康。制造出的废物被堆积在城市以及乡村，污染了土壤，对农业和出产的食物造成了灾难性的结果。当今的这些丑行使得这一令人担心的状况更加严重。

气候改变
气象专家观察到的全球变暖现象起初受到了怀疑。但是，在联合国 1996 年在日内瓦召开的第二届气候改变大会上，专家们肯定了"重大的自然灾害的频率在过去 30 年里增加了 4 倍"。政府间关于气候改变的专家辩论会（IPCC）估计，在 20 世纪，土壤已升温 0.3 ~ 0.6℃，海平面平均已升高 15 至 25cm。这预示了在未来几十年，这种现象将会急剧增长。除非在不久的将来采取有效的步骤，21 世纪有可能看到温度增长 2 ~ 5℃，而海平面的升高将导致一些城市的毁灭。

气候改变有着广泛的含义，公众已经开始意识到了这一点，如极地冰帽的融化、洪水、土地减少变为沙漠、泥石流和旋风。这些自然灾害和它们所带来的破坏对于经常发生这些灾害的贫穷国家的国民生产总值有着主要的影响。在某些区域，灾害性的结果已经很明显：即人口的迁移、饥荒和流行病。

温室效应
地球的大气层主要是由氮气（占体积的 78%）和氧气（占体积的 21%）所组成的气体层。其他多

---

1 为了生存他们必须这样做，别无选择。——译者注

种气体只占很小的份量，但却因为多数对于温室效应有作用而变得重要。太阳对地球辐射的一部分由地球变为红外线再辐射出去，部分红外线再由大气层反射回地球。这一有利于地球生命发展的自然现象在过去的半个世纪里急剧地增长。专家们相信，全球变暖本质上与增长的温室效应有联系。

法国一个政府委员会的有关温室效应的一份报告（the Mies）指出，大气层中二氧化碳（CO_2）的集聚从1750年来增长了30%，这占了温室效应的大约60%。1750年这个标志着工业时代开始的年代，成为研究由于人类活动造成大气组成成分改变的参考点。在那之前，大气的组成在全球范围内相当稳定，这可以从"冰河档案"，即从格陵兰岛和南极所采集的冰核里发现的微量气体所得来的数据显示出来。

目前矿物燃料的燃烧每年将超过210亿吨的二氧化碳释放到大气层中。其他与人类活动相关联的气体使得情况更加恶化，例如甲烷（CH_4）、一氧化二氮（N_2O）、氯氟烃（CFC_S），它们由于对同温层中臭氧层的破坏作用而被《蒙特利伊协议》所禁止，它们的衍生物——氢氯氟烃（$HCFC_S$），由于其具有相似的破坏潜力，欧盟打算从2015年起禁止使用。

可持续发展

环境的破坏和目前的气候改变与人类活动息息相关。工业社会的经济蓝图最初于1968年受到新成立的国际思想库——罗马俱乐部的公开质疑。1972年这个组织的成员发表了现在著名的报告"增长的极限"，提出了经济发展必须兼顾环境保护的观点。第一届联合国关于人类与环境的最高级会议于同年在斯德哥尔摩举行，大多数国家的环境部大约在那个时期设立。紧跟着国际会议，当时的挪威总理格罗·哈莱姆·布伦特兰作了一个题为"我们共同的未来"的报告，这一报告在1987年的第42届联合国大会上被讨论。这一文件介绍了可持续发展的

观点，它强调了全球环境问题很大程度上根源于世界大部分人口的贫困。

1992年在里约地球峰会上，各国首脑承诺了他们的国家要开拓道路以求发展，"既能满足当前需要，又不损害未来世代满足其需求的能力"。这一可持续发展的观念基于以下三个原则：
- 考虑材料的整个"生命周期"；
- 发展使用天然原材料和可再生能源；
- 减少在原材料开采、产品使用和废物销毁或再生中所使用的材料和能源。

可持续发展的观点基于对环境危机的意识，但又是一个寻求调和生态、经济和社会因素的社会工程，它与以下环境立法的基本原则携手而行：
- 预防；
- 制止；
- 在根源处补救；
- "谁污染，谁赔偿"；
- 使用最有效的技术。

汉诺威2000年可持续发展博览会的匈牙利展览馆
建筑师：沃达斯及其合伙人事务所

21世纪议程

里约宣言的原则联系到21世纪的一个发展计划的形成，它被称为21世纪议程，它推荐了一个整体地、创造性地保证可持续发展的方法。所达到的共识包括社会和经济两种范畴，其措施的目的在于与贫穷作战，控制人口增长，促进健康，调节当前的消费生活风格，并且促进一种在发展中国家能生存的城市模式。宣言也允许将环境观点综合到决策过程中去。

它所推荐的方法同时重视环境保护和明智地使用自然资源这两个方面，即：
- 保护地球的大气层；
- 综合土地使用规划和管理；
- 与砍伐森林作斗争；
- 保护脆弱的生态系统；
- 促进乡村和农业的可持续发展；
- 维护生物多样性；

汉诺威2000年可持续发展博览会的日本展览馆
建筑师：坂茂

－采用对环境合理的生物技术方法；

－保护海洋和海岸线；

－保护水的供给和质量；

－环境可接受的废物处理方法，包括化学有毒物、放射性的和其他危险的废物、固体废物和废水。

自从1992年，欧洲许多地区的政府制定了自己的21世纪议程。在德国的2000年的汉诺威博览会上，"人、自然和技术"的主题成为许多工程的纲领。在法国，"21世纪委员会"（Comité 21）发起了初步的行动，这是一个由政府和地方当局、工业和其他组织组成的伞状架构的团体。

京都议定书

在里约峰会对社会和文化作出强调以后，1996年的京都首脑会议的宗旨是达致更具体的措施。在京都议定书下，参与国宣誓，将2008年至2012年的平均温室气体排放量降到1990年的水平。对法国这意味着减少1600万吨的碳的等量物(tce)，其中的16.6%将来自建筑领域。为了保证这一议定书的实施，工业化的国家需要在以下三个方面作出努力：

－减少能源消耗；

－用从再生资源而来的能源代替由矿物储备而来的能源；

－碳的贮存。

在2000年，180个国家的代表聚集于荷兰海牙来决定京都议定书的细节，为38个工业国制定减少二氧化碳及其他五种温室气体排放的程度。大会以失败而告终，是由于欧洲和美国之间在碳的收集器的问题上没有达成一致（见第16页）。一个题为"里约+10"的新一轮会谈于2002年在约翰内斯堡举行。

政治和经济的背景

环境运动开始于20世纪60年代后期，由这一代人率先，他们抵制消费社会的过度消费并且呼吁停止不受限制的经济增长。在20世纪70年代和80年代里，它走向关注环境保护、捍卫生活质量和反对社会闭关主义的政策。20世纪90年代以来，绿色运动在欧洲不同国家的地方上、区域上以及一些国家层面上获得了一些势力，并且他们的一些政策被更多的主流政党所接纳。

生态和经济

对于大多数的环境论者来说，增长和收益只有当其含有可持续发展观念时才会更易被接纳，因为可持续发展意味着更加均衡地分配利益和更少破坏性地开发自然资源。这一观念的改变在罗马俱乐部的一份报告"要素四"中有所描述。罗马俱乐部自从成立以来，已经聚集了一批最先进的环境论思想家。"要素四"由来自魏茨泽克的恩斯特·乌尔里希和能源专家艾默里·B·洛万和L·亨特洛文斯撰写，于1995年首次在德国出版，随后又被译成英语、法语和其他不同的语言。这份报告为未来后代的前途开辟了新的远景，即发展将收益与环境保护相结合的经济政策的概念。作者使用实例逐步阐述了他们的关于4倍资源产量的理论，即当减半使用资源的时候，创造双倍的财富，从而有效地改善生活质量。在其他内容中，他们论证了对现有技术的优化，目的是在促进生产效率的同时不增加成本，限制在运输和售卖制造的产品时所产生的废物，以及一场倾向低燃料消耗的小汽车和既节能又舒适的建筑物的运动。

就现有的技术而言，将我们的能源和饮用水的消耗和制造出的废物体积减少一半是可能的，而噪声污染、空中和水中传播的毒素能减少得更多。这样的改变需要一定的费用，但是在短期和长期里会自动产生总体上的节约。据德国联邦保护机构（Wicke, 1988）的一个研究推测，在德国，环境破坏及其后果的费用，特别是在公共健康中，在1986年为1035亿德国马克（大约530亿欧元），而且这个数字还在继续增长。

工业的含义

在工业领域，可持续发展已经是一个经济的现实。市场正在迅速地发展，需求很可能持续。大的公司认识到运用环境原则能够帮助促进工业进步，推进品牌的发展并且可以使他们在竞争中获胜。

多年以来，石油工业投入了太阳能和风能，目的是到2050年从这些可再生能源中制造出50%以上的能源。其他公司也参与创造碳的收集器，它由植物和正在生长的树木所构成，能吸收温室气体。1公顷被管理的森林在目前的气候条件下每年能固定3吨碳，在热带地区能固定5吨碳。在1999年7月，标致－雪铁龙集团（Peugeot-Citroën）和法国国家林业办公室（ONF）一起通过了在亚马孙河的森林被砍伐的地区种植1000万棵树的计划。

之后不久，悉尼股票交易所推出了一个二氧化碳市场，在这个市场里制造污染者能够投资于森林种植和碳的收集器，从而减少他们必须支付的"生态税"。

按照国际质量标准ISO9000的原则，国际标准化组织制定了一套环境管理标准——ISO14000，参加的公司不断增多。

在法国，GTM 建筑公司是第一个成为被法国质量保证机构（AFAQ）认证的同时符合ISO9001和9002、安全标准BS8800和环境标准ISO14001的建筑施工公司。这个走向可持续发展的自愿行为明显地给公司带来了赢得环境保护方面的工程的竞争优势。在环境敏感的废物处理领域里，塞什生态工业（Séché-Ecoindustrie）是第一个获得ISO14001认证的组织。

服务领域的含义

服务领域的公司投资于环境措施已有多年了，并且已经建立了一些成功的品牌。"自然的脚步"这一国际组织，向希望发展成功的、有益的可持续发展战略的组织提供了支持和建议。其中，这个组织与斯堪的纳维亚酒店的连锁店进行了合作，该酒店自1994年以来在可持续发展原则方面已培训了5000名员工。1996年至2001年之间，斯堪的纳维亚酒店在其连锁宾馆中减少了大约25%的用水和能源消耗。经过与顾客的合作，产生的大约一半的废物被按类别、来源进行了分类，而同时该集团使用的97%的

家具材料（木材、羊毛和棉制品）是可再生利用的。

在金融领域，一些银行组织也早已进入了可持续发展的领域。德国的生态银行（Ökobank）和比利时的特里奥佐斯银行已经投身于可持续发展，它们在专项投资时，在考虑到环境和社会效应的同时也没有放弃收益。

建筑领域的含义

京都议定书的贯彻落实对于土地使用、城市规划和建筑有着广泛的影响。减少能源和自然资源消耗的努力减低了温室气体的排放并且制造了较少的废物，对于建筑和工程领域有着特别重要的影响。

在整个欧洲，有着约1100万员工的大约200万个建筑领域的公司创造和维护了3.8亿人口的环境。施工和其后建筑的使用有较大的环境影响，总计有50%的自然资源的消耗、40%的能源消耗和16%的用水消耗。建筑施工和拆除制造出了比家庭垃圾的总体积更多的废物。在法国，有相当大比例的电能是从核电站产生的"清洁"电能，而建筑工业占了17.5%的二氧化碳排放量和全部温室气体排放量的26.5%。在德国，多数电能由传统的发电站产生，在不赖斯高的弗赖堡市提出的一个环境保护战略文件（气候保护方案）中，将施工中产生的二氧化碳的份额计为30%，比交通和其他工业产生的总和还要多。

可持续发展原则在建筑中的运用是应对我们减少温室效应和减少环境破坏的最有效的回答之一。这一回答基于以下三个互补的、紧密相连的原则：

- 社会平等；
- 环境警示；
- 经济高效。

"环境质量"的观点对于建筑领域的专业人士有着深远的社会含义。可持续的建筑必须是人们支付得起的，也就是说，大众可以购买得起的。这对于创造建筑环境给出了一个新的市民的尺度，它同样提出了关于行业生产力的问题。支付得起的可持续的发展提倡设计者和其他专业人士的密切合作，以及最终使用者在设计和管理中的参与。只有这样才能够在建筑、技术和造价之间取得适当的平衡。

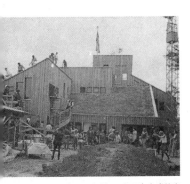

德国，斯图加特，旺根区，自建的青年中心
建筑师：彼罗·胡贝勒

美国，亚利桑那州，阿克罗桑地
建筑师：保罗·索莱里

环保建筑的趋势

尽管这些广泛被认知的观点仅仅开始于里约峰会，对于环保建筑的欣赏已经有几十年了。在这期间，产生过对立的观点，尤其是高技派和低技派。

低技派的先锋

早在 20 世纪 70 年代，紧跟着第一次石油危机，环境的可选择性被一些先锋理想主义者提出来，多数在住宅和小型的文化和教育建筑中。在 1968 年 5 月的反独裁主义运动的觉醒中，有些建筑师拒绝他们认为僵硬和冰冷

建筑和城市化的含义

1996 年 6 月，在伊斯坦布尔举行的联合国第二届人居大会上提出了在建筑业中应用可持续性原则的方法。同时，围绕国际首脑会议的宣传和有关某些建筑材料（特别是石棉）对健康危害的各种各样的报道，提升了这些问题的公众定位。大众开始增加了对于环境保护的关注和对健康而安全的环境的需求。

专业和工业团体开始回应这一文化的变革。在法国，新的合同形式和意图的阐明出现在专业研究所和房地产发展商之中。那些在伦理或商业战略上已经超前一步的团体在这个市场中有着明显的优势。

一些欧洲国家已经通过标准、规范和经济刺激来采取环境措施。第一个是斯堪的纳维亚地区，然后是德国和法国采用了温度执行规范（RT 2000）（见第 100 页），RT 2000 制定了新的严格的规则，目的在于显著减少建筑物的能源消耗。更严格的标准，例如德国的被动式住宅标准（见第 102 页）或是瑞士的 Minergie 标准（见第 101 页）正不断受到发展商的偏爱。

的现代派，而是开始鼓励最终的使用者参与到更"友好"的建筑设计中，有时还参与到施工中。这也成为以下建筑背后的哲学：德国的约阿希姆·艾伯的社会住宅，哥本哈根附近的 Vandkunsten[1] 设计室的 Tinn[2] 花园住宅项目，比利时的露西恩·克罗尔工程，以及斯图加特附近的自己建造的青年中心和彼得·胡贝勒学校。这些工程中的大多数使用木材——一种自然温暖的、轻巧的、容易加工的材料。

在下个十年，建筑师开始使用其他的天然材料。挪威的费恩·斯韦勒和法国的茹尔达与佩罗丹合伙人公司用黏土完成了一些工程。有些设计师结合了草皮屋顶和带植被的立面。但是，低技派的最著名的倡导者，或者更确切地说"无技术派"——当推保罗·苏勒里，他从前是弗兰克·劳埃德·赖特的追随者，在其亚利桑那州的样板城阿克罗桑地中将自己的观点——"生态建筑"，或者是建筑与生态的一致付诸了实践。

高技派之星

高技派建筑以今天的国际"明星"建筑师们的高层办公楼和戏剧性的钢铁和玻璃结构为标志。他们之中一些人，包括诺曼·福斯特、伦佐·皮亚诺、理查德·罗杰斯、托马斯·赫尔佐格、弗朗索·瓦丝海伦妮、茹尔达和吉勒·佩罗丹一起形成了"Read 组织"——意思为"建筑和设计中的可再生能源"（Renewable Energy in Architecture and Design）。这个组织于 1993 年在佛罗伦萨召开的关于建筑和城市中的太阳能大会上获得了官方的承认，并且得到了欧盟的支持。

生态科技的标志性建筑是法兰克福的商业银行大楼和柏林重建的独立日穹顶，这些都是福斯特的作品。但是，国际建筑使用先进的技术达

---

1 Vandkunsten：丹麦的一个建筑师事务所的名称。——译者注
2 Tinn：Vandkunsten 建筑师事务所在丹麦的第一个著名的住宅项目。——译者注

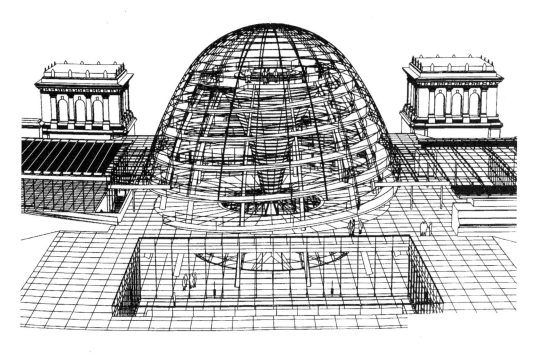

柏林 2000 年改造后的独立日穹窿
建筑师：诺曼·福斯特

到可持续性并不总是令人信服的，特别是在夏季的温度控制和冬季节能方面。虽然如此，媒体对于这些极其显著的工程的宣传仍然有着积极的作用，因为其他人会跟随着他们的足迹。运用在这些项目中的多种技术，例如，双层玻璃立面等，被相当成功地运用在其他小型的工程中。

环境的人文主义

在高技派建筑和低技派建筑的两个极端之间，欧洲的部分地区越来越看到了一条中间道路的出现。这条道路主要是通过其时代形象从低技派建筑中分化出来的，通过将传统材料和创新工业产品的完好结合来实现。

早在 20 世纪 70 年代，京特·贝尼施基用属于他的人文主义哲学观的明快的、彩色的和自由形的建筑风格来创造作品。甚至于他的城市规划项目也以工程周围环境的景观处理为特征，创造了一个在绿色空间和它们的使用者之间的令人愉悦的自然的关系。贝尼施和贝尼施合伙人公司的实践的影响在德国可以广泛地被感觉到，特别是在办公建筑、教育建筑和体育设施中。巴特埃尔斯特的疗养温泉（见第194～198 页）以及荷兰的瓦赫宁恩的森林与自然研究所（见第 210～215 页）是最新的细致风格的例子，它们的轻松气氛决不是偶然产生的，而是被仔细和慎重地创造出来的。

斯特凡·贝尼施用典型的良好判断力总结了他的实践方法，即："基本上只有两种可持续发展的建筑，一个是以科技的介入解决环境问题的诺曼·福斯特学派，另一个是拒绝技术的索莱里学派。我们正处于这两者之间，但我更倾向于索莱里学派。我并不想回到石器时代，或是改变我们现在的生活方式，但是只要我们打算接受冬冷夏热的事实，那么我确信，我们可以通过跟随自然法则达到一个可以接受的舒适水平。"

社会和民主的环境论

民主的环境论的发展强调社会责任，这是在德国、荷兰和斯堪的纳维亚地区出现的另一个趋势。彼得·胡贝勒在盖尔森基兴的自己建造的住宅工程（见第 20 页插图）是他的 20 世纪 70 年代的作品的精髓。这一工程是"简单和自己建造"计划的一部分，并且在埃姆舍尔工业园区召开的国际建筑博览会（IBA）中得到了支持。通过从初始设计到建筑完工的积极工作，低收入的家庭可以以最低的价格得到这 28 个环保住宅中的一栋。

部分设计师和开发商对于社会责任的意识也导致了大量使用地方材料和传统的技术。对于萨尔瓦铁拉的住宅（见第 164～168 页），琼-伊维斯-巴里和施工合作者选择了在雷恩区域中传统使用的模数化的黏土砌块。协作

德国，斯图加特－纽格若特(Neugereut)
小学校，1977 年建
建筑师：贝尼施及其合伙人事务所

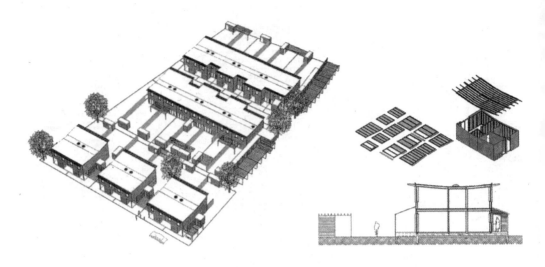

德国，盖尔森基兴，自建住宅，1999年建
透视图、部件分解图和剖面
建筑师：普拉斯＋胡贝勒·福斯特·胡贝勒

德国，盖尔森基兴，学校自建住宅，1999年建
儿童和他们制作的模型在一起
建筑师：普拉斯＋胡贝勒·福斯特·胡贝勒

设计室在埃塞蒂讷的住宅（见第124～126页）中，正如他们的许多其他建筑作品一样，着眼于地方木材，并使用小尺寸的断面。

在其他不值得模仿的情况中，使用低能材料将冒导致走向陈词滥调的危险，这一危险是直接运用传统模式，而没有充分结合当代的自然或是建筑环境的方法。未来必须存在于各种材料的混合中，将环境质量和现代感相结合。

环境的极简主义

在过去的几年里，新一代的建筑师和工程师出现了。他们比20世纪70年代的先锋派少了战斗性而多了实用主义，他们运用电脑技术和创新的产品创造建筑作品，作品中蕴含的极简主义将他们稳固地置于现代的时代。节能和其他环境特色被综合在设计里，没有吹捧和卖弄。强烈的概念和准确的设计结合起来，合理地反应了场地和工程概要的要求，同时熟悉的原则和技术与纯净的、自然朴素的材料一起使用。频繁地使用预制构件，为的是减少施工时间和价格。

在康斯坦斯湖周围，环境建筑运动产生出一些令人难忘的、创新的工程。德国的建筑师因卡沙·伊布尔、考夫曼·泰利、马勒尔·冈斯特·富克斯、格卢克及其合伙人事务所、绍特建筑师事务所、奥地利的建筑师鲍姆施拉格和埃贝勒、赫尔曼·考夫曼，以及瑞士的麦德龙实践建筑师事务所所设计的建筑都提供了环境建筑运动的实例。

欧洲的实践

自从里约峰会以来，环境原则在建筑和城市规划中的运用以不同程度的高效和速度席卷欧洲。欧盟通过欧共体范畴的标准和多种试验计划成为了建立生态选择背后的驱动力。目前，这些标准和计划已被欧洲委员会的能源和交通部（DG XVII）通过，包括有关舒适环境和能源的EC 2000计划（欧洲能源和环境计划），有关太阳能的Sunh计划（太阳城新住宅欧洲计划）和Cepheus计划（欧盟出资的低能耗的被动式住宅计划）。与融资的项目一样，这些计划促进了不同国家的专业人士之间的交流，鼓励了共同的设计手段和方法的发展。

国际背景

在建筑领域里对于探寻环保方案的努力可以在国际上关于这个主题的思考中得知其概貌。欧洲建筑师理事会（ACE）贡献了绿色设计手册——"绿色维特鲁威"，同时国际建筑师联盟（UIA）制定出了"为了一个可持续未来而相互依存的宣言"。绿色建筑挑战组织开发了一个交流网络，聚集在一起，用他们自己的评估系统——绿色建筑工具，分享研究性的项目、会议信息和出版物。14个国家参加了这个交流网络，包括美国、加拿大、英国和荷兰。

在法国，由法国建筑训练组织（Gepa）操作的训练计划强调了全球变暖、自然资源耗尽和社会排他性的风险。这个组织将环境运动看作为一个建筑师的"历史性的机会"，并且鼓励他们发展处于前沿的专业知识。

达到可持续性的不同方法

在西欧和北欧，环境论已经成为带有真正政治和经济影响的文化现象。当大众对于环境质量更加有意识时，以公民责任心的增长为支撑，人类与其周围环境的关系成为规划师和建筑师思考的中心。

在德国和奥地利，从20世纪80年代晚期起，不同的部门已经联合起来采取经验主义的方法。在法国、英国和斯堪的纳维亚地区，采用多种评判工具对照一系列定义好的目标来衡量建筑物的性能。大多数的评估方法随着更多的数据的收集而不断被更新，来考虑实际经验的效果。无论是怎样的途径，可持续发展的成功有赖于将发展商方面的真正愿望同建筑师聚集和领导一个称职的设计小组的能力相结合。

德国的实用主义

30年以前，环境论在德国仍然是处于"嬉皮士的边缘"，它在建筑中的运用和它的"羊毛制服队"的倡导者一道，被看作是某种屈尊。而那以后，可持续发展已从意识形态转变到了经济的现实。对于今天的许多公司来说，它已成为推动现代和创新的形象的动力。

这一改变与绿党的势力增长密切相关。自从20世纪70年代晚期，绿党在德国的地方上，后来是区域上，最终在国家层面上得到了政治权力。他们的影响是20世纪80年代以来政府通过大多数环境立法，包括能源节约、垃圾分类和水管理措施的动力。自从里约峰会以来，可持续运动赢得了更多的地盘。全球对付温室效应的需求使得可持续方案在德国成为开发商、建筑师、工程师以及承包商的中心议题。

朝向主流的运动也与温度执行规范的改变、低能耗概念的引入（见第100页）以及被

奥地利，洛豪，住宅，1998年建
建筑师：鲍姆施拉格和埃贝勒

德国，康斯坦茨，住宅，1999年建
建筑师：绍特建筑师事务所

动式住宅标准（见第102页）相联系。这种产生于德国的、基于对形式、材料、使用和维护的优化方法具有长期应用的前景，并且出现在多数公共的和私人的项目中。位于布赖斯高地区弗赖堡（见第71～77页）和斯图加特（见第65～70页）是首批开始都市环境计划的城市中的两个实例，学校的教育大纲已经包括可持续原则的相关内容，这对于大多数的人来说已经是无可争辩的了。预制住宅单元的制造商在好几年前就为那些受到过敏影响的人们提供生物住宅、低能耗住宅和"康居住宅"。

每年的市场增长按超过30%预计，可持续发展的利益已经成为有力的经济力量。根据民意调查，58%的德国人相信，对于气候改变的战斗还远远不够，94%的潜在的住宅建造者愿意花更多的钱来得到一个更加环保的结果。

德国，多瑙辛根（Donaueschingen），
转换住宅，
为过敏患者建造的标准单元住宅，
1995年建
建筑师：拉尔设计组织（Werk Gruppe Lahr）

福拉尔贝格州的简朴精神

福拉尔贝格州是奥地利西部的一个人口稠密的地区，其35万的人口分布于城市和乡村。在这里，设计师和规划师发展了新的建筑和城市模式，目的在于最经济地利用土地、能源和材料。

这些原创模式源自奥地利的建筑师组织（Australian Order of Architects）和一群年轻的建筑师之间的意识形态的不同，这些年轻的建筑师于1980年以福拉尔贝格州的建筑艺术家（Vorarlberg Building Artists）的名义走到一起。这些作品强调精炼简朴，表达了为达成现实建筑和技术解决方式的愿望。他们的工作寻找在技术的可达性和社会的评判性之间的平衡，以及在结构的理性和美学的愿望之间的平衡。他们的格言"简单不总是最好的，但最好的总是简单的"是借用了德国的建筑师海因里希·特塞诺的格言。

这一项目的成功依赖于建筑师、工程师和承包商的驾轻就熟和实用主义。在最初的阶段，不同学科的合作允许每一学科的特殊约束都被考虑

奥地利，霍恩赫姆斯，都市的作坊
建筑师：赖茵哈德·得莱塞
设计工程师：麦尔茨·考夫曼合伙人公司
承包商：考夫曼·霍尔茨公司

到，以产生具独创性和创新的解决方法。位于多恩比恩的厄尔茨丙特工程（见第142～147页）就是这样的一个例子，它使用实验性的施工技术和能源方案，将工业产品和工艺相结合，以达到一个当代的、与社会环境相适应的结果。

英国的环境评估方法——BREEAM

据估计在英国，建筑工业（能源消耗和建筑材料工业）几乎占了二氧化碳总排放量的一半。自从20世纪80年代，高科技建筑的专家与英国建筑研究机构（BRE）一起就环境方案进行了合作。英国建筑研究机构与法国建筑研究机构（CSTB）一样，在这个领域进行了广泛的研究，并于1990年提出了它自己的环境评估方法，或称为英国建筑研究机构环境评估方法（BREEAM）。这是一个使用一些评判标准的表格系统，原来打算运用于办公建筑，现在也有了住宅建筑、服务建筑、商业建筑和工业建筑的专门版本。建筑物根据与以下方面相关的一系列的基准被鉴定等级：

- 管理；
- 健康和福利；
- 能源（消耗和二氧化碳的排放）；
- 交通（旅行的距离和二氧化碳的排放）；
- 水的消耗；
- 材料的环境影响；
- 土地利用（植被面积，可渗透水的面积）；
- 基地的环境处理；
- 空气和水的污染。

将分数相加给予建筑一个不及格、及格、好、非常好或是极好的等级。原则上以设计师为目标，BREEAM现在广泛地被使用。在2000年，大约有500个英国的项目在它的帮助下完工。

荷兰的环境评估工具—— DCBA 方法

在荷兰，鹿特丹市于20世纪80年代末第一个对它的环境建筑规划制定了基准。1992年，

荷兰，依科罗尼亚 (Ecolonia)，莱茵河畔阿尔芬，两户人家的水边住宅，1997年建
建筑师：彼得·万·哥尔文

阿姆斯特丹的对于新建筑的规范和建议包括了一个可选择的、更环保的材料清单。政府在1995年用出版物《可持续的建筑规划：为未来投资》来表达对于可持续性的承诺。与这一举措相随的是资金的启动和于1995年至2000年间发行的手册，这些手册有关不同的主题，例如住宅建筑、工业建筑和商业建筑、管理和城市发展。有关这些措施的雄心勃勃的目标——在2000年，80%的建筑将会使用可持续性的评判标准来建造——虽然没有能够实现，但结果仍然是令人印象深刻的，即这些评判标准现在实质上已经结合到了整个建筑领域的过程中。

普遍用于荷兰的环境评估工具是 DCBA 方法。这可以表述为不同层次的介入，带有目标和结果的以下四个类别：

1．"自治的"状况，近似于零的环境影响；

2．很小的环境影响；

3．常规的施工但是减少了环境破坏；

4．常规的施工。

为了便于分享信息和结论，荷兰于2000年在马斯特里赫特组织了一个关于可持续建筑的国际会议，有45个国家的代表出席。到2002年，荷兰的目标是将新建筑的能源消耗减少25%，水的消耗减少10%，温室气体排放量有显著的减少。

斯堪的纳维亚的方法

严峻的气候和很强的建筑传统，使得斯堪的纳维亚地区的人们长期以来保持着关于人类和自然环境之间的关系的意识。关于环境的第一届首脑会议于1972年在瑞典的斯德哥尔摩举行，当时的挪威总理格罗·哈莱姆·布伦特兰的报告第一次提出了可持续发展的观念。斯堪的纳维亚带着令人钦佩的现实主义面对环境破坏所带来的不断增长的危险。环境保护的政策以严格的法律和个体责任观念这两者为基础，以瑞典的 allemansrätt 概念即所有人享有受益于自然环境的权利为标志。

在20世纪中期，斯堪的纳维亚出现了一个独创性的、温暖的现代主义风格，以芬兰的建筑师阿尔瓦·阿尔托的作品为特征。但是，在20世纪70年代，却出现了拒绝现代建筑，取而代之为更传统和关注环境的趋势。在瑞典，一方面"新区域主义"尚在留存，另一方面在斯德哥尔摩和马尔默（见第38页）正在特别倡导一些城市可持续建筑的有趣的实例。

丹麦建筑研究所 (SBI) 出版了自己开发的软件，称为建筑环境评估工具或是 Beat 2000 (Builing Environmental Assessment Tool)。它包括有关环境变量，例如材料生命周期、能源资源、温室气体排放等等的数值的数据库。

在芬兰，走向现代生活方式与环境规则相结合的趋势正不断增长。直接的民主、强大的公共驱动力、建造者－居住者合作的发展，所有这些帮助创造了一个有利于控制能源消耗的框架体系。环境效率成为建筑设计和建筑系统的一个重要方面，芬兰的业主不断地要求建筑师执行环境评估。作为这一要求的反应，大多数顾问现在使用 Granlund LCA-Tool 软件，它给出建筑物整个生命周期的数据。由赫尔辛基规划部门和芬兰的环境部合作制定的另一个环境评估工具—— Pimwag，首次被运用在赫尔辛基的维基(Viikki)地区(见第81～84页)。

法国的 HQE 方案

在法国最广泛使用的系统是高环境质量的法国环境评估工具（HQE）。它不同于英国和荷兰所使用的工具，不是一个运用于整体架构的评估，而是自愿的和持续发展的，它把工程中所需的管理原则以及合作结构与环境舒适性和质量的概念结合在一起。

这一评估工具以 14 个目标为基础，分成四个主题：环境的施工、环境的管理、舒适性和健康。由HQE联盟定义的这个指标表(见上面)，目的在于定义一组与可持续发展相联系的可量化的目标。为了被业主、规划师和设计团队所使用，并且为了在承包商和相关行业中的实践中运用，要求所有的部门重新考虑常规的方法。到 2001 年，大约有 20 栋HQE建筑已交付使用，另有 250 栋在施工中或是尚在设计阶段。

在 20 世纪 70 年代和 80 年代，环保建筑的主要目的是运用生物气候学的原则节约能源。相对照的是 HQE 带来了一个更加完善的方法，尽管这是一个更复杂，更难运用的方法。这个指标表在本质上几乎是理论性的，在目标和更主观的目的之间并没有区别，在所有建筑师"日常"运用的方法和需要专家建议的创新方法之间也没有区别。

这个系统有着允许一个工程被当作一个完整整体看待的优点，而不是一系列分离开来的分包合同，并且鼓励外部顾问之间的交流，例如声学或热工专家、工程量统计员等等。在设计过程初期的跨学科的合作强化了业主和设计团队的目标，是走向贯彻环境质量的第一步。

附加在 HQE 命名中的条件有一些明显的模棱两可。事实上，在没有附上正式的规范标准或是证书时，对于一个将要被HQE命名的建筑物，所有的目标必须严格地被考虑到。必须创建一个环境管理系统，并且由受过特别训练的专业人员所领导。

法国的其他评估工具

在 20 世纪 90 年代，在法国可以看到出现了如下一些其他的、计算机辅助的建筑环境评估系统。

由法国建筑研究机构（CSTB）和萨伏伊大学设计的 Escale 是覆盖整个设计阶段的环境质量评估方法。它定义了 11 种主要的评判标准，包括能源资源、其他资源、废物、全球的污染、地方的污染、工地的适宜性、舒适、健康、环境管理、维护和适应性。评判结果用数字得分来表达。

由巴黎圣艾蒂安的矿山大学所发展的 Equer 评估工具是一种生命周期的评估工具，使用的是瑞士和德国的材料数据库，并且与能源分析程序 Comfie 相联系。它考虑了 12 种环境指数，以环境概貌的形式输出，带有推荐修正的选项。

由工程师团体 Tribu 研制的 Papoose，是用来在决策过程中协助业主的工具。它涉及各种设计阶段，检查许多不同的方面。它对于能源和用户的舒适给予了特别的关注，经济方面也被考虑到了。其结果用数据和图解的形式来表示，其性能用百分比来表示。

由埃科比兰（Ecobilan）公司开发的 Team 是 Team 生命周期评估软件关于建筑方面的一个不同的类别。

CSTB、ADEME 和 GTM 建筑公司一道开发了一个进一步的评估工具，以 24 项可持续发展的评判标准的一个阵列形式出现。由于与 GTM 合作，这一工具所包含的方法学被国际建筑理事会（CIB）在世界范围内所采用，并且也是法国建筑联盟（FFB）出版的一个手册的主题。这份文件的标题为"走向建设中环境问题的更好整合"(Pour une meilleure prise en compte de l'environnement dans la construction)，共有两册，分别为："建设行业中的优秀实践"(Bonnes pratiques de la filière construction) 和"建设者指南"(Manuel d'application des réalisateurs)。

所有这些初步行动都表达了建筑领域里促进环境质量的承诺。但是，许多不同方法的小范围运用并不能有助于强调合作关系和分享专门的知识。为了一个更加高效的结果，各种方法的和谐及信息的交换是重要的。法国行业数据的缺乏是难以进行材料生命周期评估的另一个原因，而材料生命周期的评估是环境质量评估中的一个基本部分。在环境变通方案能够被广泛采用之前，易于获得这类信息是必要的。

瑞士的 Minergie 标准

瑞士制定了自己的到 2010 年将二氧化碳的排放量减少 10% 的目标，这导致了 Minergie 标准的开发，这是一个在苏黎士和伯尔尼州注册的商标。使用这一商标的权利由瑞士联邦、25 个州和大约 50 个公司、联盟和学校所控制。Minergie 标准的目的在于促进理性地使用能源、利用可再生能源、改进生活质量、经济竞争力和减少污染与环境破坏。这些目标通过采暖和电能消耗的最大值来量化（见第 101 页）。

瑞士建筑领域的能源使用的分配如下：
- 采暖、通风和空调 65%；
- 施工 15%；
- 热水的消耗 10%；
- 电的消耗 10%。

符合 Minergie 标准的工程只消耗常规新建建筑所消耗能源的 35%。

Minergie 标准是彻底推行的。最初，它原则上应用于住宅，特别是单体的住宅。在 2000 年，瑞士政府宣布 Minergie 标准将被运用于所有联邦建筑和州津贴的工程。好几个州强制性地要求地方政府的建筑执行这一标准，并且向其他 Minergie 工程提供经济资助，同时有些银行在第一个两年或是有时甚至五年的偿还期间减少大约 1% 的建筑贷款。

木材在可持续发展中的作用

在建筑中不断增加使用木材被多数欧洲政府视为减少温室气体排放的重要努力。保护欧洲森林的大会于 1993 年在赫尔辛基举行，会议制定了一些行动方针，符合里约峰会所承诺的主要问题，其中包括：
- 欧洲森林的可持续管理；
- 减少木材工业的损耗；
- 为了保护矿物燃料而开发利用生物能源；
- 增加木材在建设中的使用。

木材作为对付温室效应的武器

温室效应主要是由于大气层中的二氧化碳的增加所引起的，对付温室效应的一个方法是大量增加建设中木材的使用。树木在成长时吸收，并且将二氧化碳转变为植物纤维物质和木质素。碳被吸收并且被光合作用所固定，并释放出氧气。木材在建设中的使用延缓了随着木材的燃烧和分解而产生的释放这种固定碳的过程。

法国国家木材发展组织（CNDB）推测，在建筑物中每使用 1 吨的木材会减少大气层中 1.6 吨的二氧化碳。假如木材在建筑物生命周期结束时被焚毁，储存的二氧化碳重返大气层，这样的话，木材对于全球变暖的所起的作用可以被看作为零。然而，其他施工材料（例如：钢材、混凝土、玻璃和塑料），它们的生产过程需要消耗很多的能源并且相应地排放二氧化碳，所以它们对于全球变暖的影响为正值。

欧洲的森林管理

在欧洲的多数木材生产国，森林长期以来以可持续的方式进行管理：

－砍伐在新生长水平以下；

－未来的供应通过保持生长能力来保障；

－把生物多样性考虑在内。

欧洲的森林目前未被充分利用[1]，木材储量预计在未来的几十年里会增加，这要归功于 1939 年至 1945 年战后的意义重大的植树造林。在法国，被使用的森林仅有每年生长量的三分之二，约为 8500 万立方米，因此应集中开发可利用的本土木材的新用途。

1999 年 12 月给欧洲大部分地区带来灾难的暴风雨被许多人看作是气候改变即将到来的讯息。尽管把这定义为一场环境灾难是错误的，但是许多林业公司因此陷入了经济困境。

一些虽然是更局部、但程度相当的暴风雨在前几年已经在欧洲出现过，例如，1982 年在高地中心，1987 年在英国和布列塔尼，1990 年在德国南部。1999 年暴风雨的不同之处是大范围的地区遭受到了影响，无数的树木在很短的几天内被风吹倒，在法国 1.4 亿立方米的木材或是大约一年半的产量遭到破坏。尽管如此，这一灾害对于木材的价格或是在欧洲的建设领域的可用性并没有造成重大影响，这一事实证明了木材作为商品在国际上的储量是丰富的。

热带森林的管理

20 世纪 90 年代在法国用于建设中的木材的增加，部分是由于热带硬木的流行（其中有绿柄桑木[2]、吐根树、缅茄木、加蓬木、紫檀木以及南美柚木等等），特别是用于家具和室外用途。其他的欧洲国家遵循德国的榜样，自从 20 世纪 80 年代起禁止使用热带硬木，为的是保护热带雨林。事实上，联合国粮农组织（FAO）的一份报告估计，这样的结果只占了森林砍伐量的 6%。

每年要损失掉 1300 万公顷的热带森林，这主要是因为农业。森林由于经济的原因被破坏，用来建造牛的牧场或是咖啡、可可、甘蔗或是棕油的种植园，所有这些都是为生产出产品以出口到工业国。砍伐森林也是"刀耕火种"的自耕自给的农业的后果，这直接联系到发展中国家的贫穷和人口过多的问题。解决的办法是建立森林工业，使这些国家更加有效益地开发他们的硬木资源，不再出口原木，而是出口具有附加值的产品，例如锯木和板块。

热带森林的可持续管理由于物种繁多和所涉及的脆弱的生态系统的复杂性而变得更加困难。尽管如此，那些因为热带硬木的外表、颜色或是天然耐久性而想要采用它们的人们现在可以从可持续管理的森林里得到产品，那儿有些特别种类的原木在划定的区域内受到谨慎的控制。

环境证书

在 1996 年，当时的国际自然基金（WWF）发布了森林管理理事会（FSC）标签，这是一个对消费者的保障，确保产品都来自生物多样性被保护并且符合一定的社会责任准则的可持续管理的森林。这种森林一般超过 10 万公顷，主要位于亚洲，俄罗斯和加拿大。到 2001 年，加拿大已有 20% 的森林被森林管理理事会所认证，全世界有 1400 家公司对森林管理理事会认捐。在法国，成立于 1999 年的采购团体 ProForêts 的目的是促进这一标签的使用。同时，欧洲森林组织为西欧的小型的、3 ~ 7 公顷的森林制定了泛欧洲森林证书理事会(PEFC)计划。

环境森林证书计划也在亚洲、中美洲和非洲许多国家中建立起来。法国木材公司 Isoroy 帮助加蓬共和国为种植加蓬榄的森林制定了 Eurokoumé 标签，加蓬榄是一种用于胶合板的树种。这个计划同样也得到亲自然国际（Pro-Natura International）和 Biofac 的支持，他们是一群来自法国国家研究中心（CNRS）和许多大学的专家，关注保护热带森林的生物多样性。这些森林是许多动植物的家园，目前其中只有少数被认识，它们也许能够产出有利于科学和医学的物质。

---

1 在法国（德国和奥地利同样），每年仅砍伐和使用成熟的树木的 65% ~ 75%，如果不砍伐这些成熟的树木，他们就会枯死在森林里，并且制造出 CO_2。欧洲许多国家现有的大量的木材资源得益于第二次世界大战以后的大范围的植树运动。——译者注

2 产自西非的名贵硬木，绿带属（Chlorophora）。——译者注

欧洲的木材建造

在许多欧洲国家，使用木材被当作控制二氧化碳排放的有利工具。伴随着政府的鼓励，可以看到木材不断地被用于结构、外墙饰面、外装修，甚至于土木工程中。木材在住宅领域的运用有了急剧的增长。

在荷兰（一个没有本土森林的国家）制定了一个计划，使得木材在 1995 年至 2000 年间在建筑工业中的份额增加了 20%。在德国，预计在短期内，20% 的单体住宅将会使用木结构。在比利时，经济条件和政治将会结合起来以利于强劲增长的市场，在过去的五年里，木材在单体住宅市场的份额从 5% 增加到 15%。在法国，大约 5% 的住宅用木结构建造，而需求还在迅速地增加，由法国国家木材发展组织（CNDB）进行的市场研究指出，有 10% 的住户想要用木材来建造住宅，遗憾的是，建筑师和建筑业目前还不能完全满足这一需求。其他的工业国也在用木材建造建筑物。在美国和日本，木材占了单体住宅市场的 90%，但是建造技术很不相同。在美国，大多数的住宅由 5cm×10cm 厚的壁骨框架建成，采用两种系统之一，分别称为气球框架（分量轻而体积大）和平台框架。

在一些国家，特别是芬兰，大约有 90% 的住宅用木材建造，目前防火规范的改变允许建三至四层的结构，结果在斯堪的纳维亚，一些用木框架的低层住宅比用混凝土框架的同类住宅更为经济。

法国的木材建造

紧跟着其他欧洲国家，法国关于温室效应的政府委员会（Mies）提议，在 2000 年至 2010 年间将木材在建筑市场中的份额增加四分之一，即从 10% 增加到 12.5%，这将会使二氧化碳的排放量减少大约 700 万吨，或者达到京都议定书中法国所承诺的 14%，即到 2010 年，二氧化碳的年排放量将减少达 5000 万吨。

1996 年 12 月通过的法国关于空气和理性使用能源的法律表明了在环境方面增长的政治意识。五年后，这一法律的 21-V 条有关在建设中运用木材的条款于 2001 年年底生效。这一法律是原始草案的折中版本，取消了在公共建筑中使用木材的要求，仅仅要求公开承诺所使用的数量。

2001 年 3 月由业主方、建筑师和建筑公司的代表签署的"木材 - 施工 - 环境"的框架性文件可以允许建立一个适当的发展计划。这个文件包含了一个宪章，用 18 个签名者的承诺使它付诸实践。它在 5 个标题下定义了 10 个主要目标，这 5 个标题为交流、市场、竞争、研究和训练，以及规范和标准化。

在 HQE 项目中的木材运用

尽管在法国可用的木材供过于求，早期的 HQE 项目仍然经常忽略这一点。这一趋势随后被翻转，这要特别感谢法国国家木材发展组织（CNDB）。在最近的一些工程中，从项目的最初纲要阶段的木材运用就与 HQE 标准紧密地结合在一起。毫不奇怪的是那些以林业作为地方工业的地区表现出了对于木材作为环境质量指数的特别的热情。木材除了具有环境优势以外，增加其使用有着社会和经济的优点，即增加了在不发达的农村地区的就业率，并且为公共和私人领域在森林方面的重大投资带来了回报。

在法国的孚日地区，48% 的土地被森林所覆盖，木材工业的就业率大约占了总就业率的 25%。在 2000 年，区域理事会与恩斯提普（Enstib）技术大学和博伊斯克里特区域研究中心共同签署了一个三向的七年协定，特别规定了购置设备并鼓励技术转让。区域理事会将会给予地方政府或公司经济支持，援助那些使用木材超过工程造价 30% 的建筑工程。孚日省也计划在米尔库和瑟诺讷建造两个 HQE 学院，将会用到 1300m³ 的木材。在另一个森林稠密的地区阿基坦，法国木材研究所（CTBA）在波尔多的新中

波尔多，阿申廷的文化事务部，1994 年建
以 koto 木和深红柳安组成的两种颜色的硬木结构
建筑师：布罗谢·拉瑞·普埃约

心的建筑中大量地开发了木材的运用。

理性地使用能源

　　30 年来，全球能源消耗翻了一倍。电、热水、暖气和交通这些日常生活的基本元素都依赖于地球的自然资源，石油和天然气的储量迅速地减少并且越发难以开采。减少矿物燃料的消耗以限制温室效应以及与全球变暖作战是里约峰会的主要决议之一。

　　但为了维持或是进一步提高我们目前的生活质量，并且同时保护自然资源要求能源战略有一个根本转变，同时强烈的政治意愿和经济鼓励也要并行。

　　当一些欧盟国家已经采取了重大措施时，其他的国家目前只是有这个意愿而已。在这期间国际上可再生能源是一个不断扩大的市场，有些国家每年增长达 40%。

欧盟的决议

　　欧盟已经在里约峰会的协定下采取了行动，并且处于由于电力市场被解除管制而造成的国际能源市场迅速变化的环境。欧洲委员会试图将对可再生能源的支持与在建筑领域少消耗能源的努力结合起来。在 2001 年 1 月出版的 2001 ～ 2010 年的第六届环境行为计划认为，到 2008 ～ 2012 年应优先将欧洲的温室气体排放量减少 8% ～ 12%。

　　使用可再生能源资源在国家之间有很大的不同。在瑞典，30% 消耗的电能和热能来源于再生资源（主要是水力发电和生物电），这一比例在奥地利、芬兰和葡萄牙超过 15%，但在比利时仅为 1%。欧盟在 2000 年 12 月的方针要求，到 2010 年 21% 的电能将由再生资源发电而来。为了达到这一目标，不同的国家根据它们不同的地理特征、工业政策和政治战略着重于发展水力发电、风力发电、太阳能或是生物能源。

法国的能源战略

　　在法国，法国国家能源机构（ADEME）的目的在于提供多种方式的经济支持来帮助可再生能源部门在经济上能够生存，方式有：

　　－ 将多达 30% 的补助金用于最有前途的技术研究和开发；

　　－ 将 20% ～ 30% 的津贴发给那些采用了在小规模中试验过想法的"旗舰"工程；

　　－ 给予那些采用可靠技术的大型工程以经济援助，并且使得这些技术进入竞争的市场。

　　在 2001 年，大约 16% 的法国电力来自可再生能源。为了将这一比例达到欧盟制定的到 2010 年达到 21% 的目标，这种电能的生产应增长 35 ～ 40TW · h（万亿瓦时）。这一雄心勃勃的指标被规划为如下的细目：

　　－ 70% ～ 75% 的风能；

　　－ 15% ～ 20% 的生物燃气和来自木材的能源；

　　－ 10% 的小型水力发电；

　　－ 3% 的地热能；

　　－ 3% 的光电太阳能。

　　尽管节约能源的方法本身相当容易被运用，但是可再生能源的如此之大的涨幅要求有国家范围的投资。对于连接到国家电网的系统来说，同样可以预料，供电公司将会准备购买绿色能源。

　　2000 年 2 月通过的立法允许较大规模的用电大户自由选择供应商，并且由法国国家电力供应商（EDF）来提供可购买的无污染的能源，这种能源的购买价格是可再生能源发展的决定因素。在 2001 年 6 月，签署了一个关于风能价格的协议，规定第一个 1500MW（兆瓦）的安装容量在 15 年内的价格为 0.07 欧元 /kW · h，这是一个可能对风能工业有着重要促进作用的价格。对于生物能、小规模的水力发电、垃圾焚烧和地热能，该协议也制定了相当令人满意的价格。但是，法国的光电太阳能的固定价格为 0.15 欧元，比起德国的 0.53 欧元要低得多。

波尔多，法国木材研究机构 CTBA 的总部，2000 年建
建筑师：菲利浦·帕斯卡，Art'ur 公司

德国的能源战略

德国有着欧洲最多的人口，相应地二氧化碳的排放量很高。当绿党在过去 20 年中在政治力量中稳步上升之后，1998 年当权的"绿色社会主义"政府履行了一个当年的竞选承诺，即保证到 2020 年关闭大约生产德国 15% 的电力的所有核电站。政府于 2000 年制定了一个目标，即到 2005 年将二氧化碳的排放量从 1990 年的水平降低 25%，或者是 3500 万吨。到 1999 年底，已经达到了 15.3% 的减少量。

与新建和现存建筑中的节能措施相配合的是可再生能源科技的迅速发展，例如风能、生物能和太阳能，以及可以同时发电和产生热水的热电联供机组[1]。这些方法是不断强化的温度执行规范所支持的（见第 99 页）。

当第一个能源节约方法被引入时，四分之三的德国住宅已在 1979 年以前建成了。由于改造现存的住宅以符合新的标准代价昂贵，所以政府就向那些决定改造供热系统，使用可再生能源，安装较好的隔热层，或是安装高热工性能窗户的房地产业主发放补助金。这一改造计划，或者称为二氧化碳建筑改造计划，目的在于将每平方米可居住面积里的二氧化碳的排放量减少至少 40kg。

公众基金也对试验性的工程作出了贡献，例如那些使用被动式住宅标签的工程（见第 106 页），它们提供了一个测试新的创新技术的舞台，希望这些技术能在飞速发展的市场里迅速地获得强有力的地位。

太阳热能

到达地球表面的太阳辐射由通过云层的直接辐射和更多的漫射组成。在欧洲中部，每年入射到 1m² 平地上的太阳能是 1000 千瓦时，相当于 100 升民用燃料油的能量。其中一半大约是漫射的形式，因此，尽管太阳在冬季比夏季产生的热能较少，但仍然可以被终年使用。

在比利时，沃伦区域政府实施了一个名为 Soltherm 的行动计划，其目标是到 2010 年安装 20 万平方米的太阳能集热板，相当于每年 5000 ~ 7000 台家用热水器。这一计划伴随着经济激励机制。在德国，"清洁的太阳能"的口号于 1999 年启动了一个三年的战役来鼓励家庭、商业和地方政府使用太阳能，其目标是到 2003 年安装 250 万平方米的太阳能集热板，或者每年安装 40 万平方米，这相当于将二氧化碳的排放量减少了 75000 吨，无疑是一个重大的贡献。这一战役的一个不同寻常的因素是公共团体和专家间的合作意愿，为安装新建和翻新工程中的太阳能集热板的操作工人进行培训创造了许多就业机会。到 2000 年底有 40 万个太阳能集热板已经投入使用。

光电太阳能

德国也将其环境政策运用在光电电池工业中。这种电池使太阳辐射能转化为电能，现在德国有不少机构在制造这种电池。在鲁尔区的盖尔森基兴的太阳壳(Shell Solar)太阳能工厂，自动化的制作将生产成本减少了 20%。随着生产量的增加，光电太阳能板的价格预计在 2000 年至 2010 年间会降低一半。在与国家电网相关的容量方面，德国设定的目标是到 2004 年达到 10 万块光电太阳能屋顶板，或者是 300MW 的安装容量。联邦政府对此的预算为 11 亿德国马克（5.62421 亿欧元），包括对于非常有利于安装太阳能电池的财政条款：即无息贷款，在第一个两年期不用偿还贷款；贷款有五天的预先通知，并且假如这些太阳能板在九年后还在发挥作用的话，将免除从第十个年度起的付款。这些经济激励机制和其他的补助金可以从有些

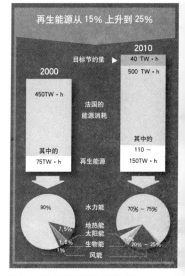

再生能源从 15% 上升到 25%

2000 ～ 2010 年间法国再生能源的细目图表

---

1 热电联供机组（Co-generator），原指利用工业废热发电的设备。Co-generation 现指能电共生的新方式，Co 表示共同，可以是 2 个，也可以是 3 个、4 个，还可称为汽电联产、热电冷联供。——译者注

国家的地方政府那儿得到。

在荷兰，国家的目标是到 2020 年使用 100 万块太阳能屋顶板。在埃滕勒尔最近完成的一个项目中包含大约 50 个"零能源"的住宅，这是因为光电电池所组成的罩篷生产出多于它们所消耗的能源。在瑞士，苏黎士的消费者或许要付一定的代价来选用光电发电站制造的"绿色"电能。法国目前还未积极地寻求将光电资源与国家供应相联系的途径，但是已有一定数量的私人的自发努力，例如：太阳神（Phoebus）工程，它从欧盟得到了经济支持。在法国，光电太阳至今仍仅仅是谨慎地前进而已，1995 年在 22 座住宅中安装了太阳能板，1997 年为 40 座，1999 年为 150 座。尽管如此，法国仍有一定数量的光电电池制造厂，包括在里昂郊区的完全能源工厂（Total Energie）。

风能

风能资源在欧洲正显示出特别强劲的增长趋势。在 1999 年欧洲的风力发电已经占了全球风力发电的 67%，容量为 5000MW，到 2000 年已经增长到了 12000MW，其中 6100MW 在德国（大多数在北部地区），2300MW 在丹麦，2250MW 在西班牙。目前估计到 2010 年欧洲的风力发电将达到 60000MW 至 85000MW，而安装范围从供给农场使用的单个发电机，例如丹麦的一个公共实践项目，到为一个居住区或是工业园区发电的几十个发电机的阵列。根据德国风能研究所（DEWI）的资料，2000 年德国已经建造了 1495 个风力发电机，并且正在将这一已安装的总数上升到 9360 台，它们每年平均运转 2000 个小时，提供 12TWh(万亿瓦时)的电能。

法国在欧洲具有第二大风能资源的潜力，仅次于英国。在 2000 年，法国已安装的风力发电的容量仅为 70MW。但是，法国国家电力供应商（EDF）和法国国家能源机构（ADEME）在 1997 年制定的 Eole 计划的目标是到 2005 年将总容量增加到 360MW。法国正期望开发风力资源来帮助欧盟实现"绿色"电力的目标。这一目标野心勃勃，即到 2010 年风能将达到 10000 ~ 12000MW。依照目前的成本 1100 欧元/kW·h 来算，这相当于 110 亿欧元的投资。开始的工程集中于法国风力最强劲的地区，特别在朗格多克 - 鲁西永地区和诺尔省加来海峡地区。9 个 300kW 的发电机沿着迪讷运河安装在敦刻尔克港的附近。

近海岸的风力发电显示出欧洲有 9000MW 的潜力，这一资源的开发会因关注对鸟类生活

德国，内卡苏尔姆，阿莫巴赫区的鸟瞰图，呈现的是安装了的 7500m² 的太阳能集热板

德国，费尔巴赫的风力农场

和渔业可能造成的影响而受到阻碍。2001 年开始在比利时海岸离克诺克海斯特 12.5km 处安装迄今为止最大的近海岸风力发电工程。该工程的第一期包括 60 ～ 100 台额定功率为 1.6MW 的发电机，他们在 2004 年投入运行，到 2010 年容量将达到 400MW。

来自木材的能源

生物能来自木材和生物燃气。它在欧洲能源中所占的份额在 2000 年相当于 4500 万吨石油，到 2010 年上升到相当于 1.35 亿吨石油，这一增长归功于欧盟的大力支持。在一些国家，木材能源领域是通过增加开发不足的森林工业中的新产量和使用可利用木材的高储量（部分是由于 1999 年 12 月的暴风雨导致的）来发展的。

在法国，木材占了能源消耗的 4%，并且是第三大能源资源，排在核能和水力发电之后。法国的目标是增加木材的年消耗，目前年消耗稳定在 1000 万吨（大约 4200 万立方米），尽管事实上可用木材的体积正在增长，储量目前为 3900 万立方米。在 2000 年全国已有 1000 座以木材为燃料的工业暖气厂和 500 座全国性的城市集中供热系统。生物能源规划和地方发展方案一起提供了 10% ～ 60% 的工程资金，其目的是到 2006 年建起 2000 个这样的供暖系统。为了促进木材作为能源资源并且减少大气污染，ADEME 和孚日省的区域政府之间签定了一个为期 7 年的关于建造一些以木材为燃料的暖气厂的框架协定。

在莫尔旺地区的欧坦的暖气厂是地方政府加盟全球可持续发展思路的一个实例。在 1999 年建起的 8MW 的以木材为燃料的锅炉提供了 70% 的当地市镇的采暖需求，相当于 3500 个家庭的需求。暖气厂取代了两套燃油供暖设备，大大地减少了二氧化碳(11000 吨／年)和硫(280 吨／年）的排放量。工厂还安装了减低噪声的设备，从而减少了对地方环境的影响，成为法国第一家这种类型的获得 ISO14001 认证的工厂。

生物燃气

从有机材料中开发生物燃气限制了温室气体的排放，也使得一部分的家庭、工业和农业的废物得以再循环。法国生物燃气的年产量为 15 万吨，约为天然气的 0.5% 以下，但是仍有潜力满足 5% ～ 10% 的需求。生物燃气能源的获得是通过燃烧转换成热能，或是通过热电机、燃气涡轮机将其转换成电能。

欧洲目前最先进的生物燃气工厂位于德国东北部的新布科，它将周围农业区的有机废物和肥料转变成电能和热能。每年这个工厂利用 8 万吨含有 65% 甲烷的气体，通过热电联供机组，将其中的 325 万立方米的生物燃气转化成电能，通过地方管网分配来供应 2000 个家庭的用电和 1500 个家庭的取暖。发酵以后的有机材料被用作肥料，比没处理过的肥料更容易被植物和土壤吸收。

在发展中国家，生物燃气对于环境和健康这两方面都能提供解决方法。在由德国经济合作和发展部资助的尼泊尔的一个项目中将安装 10 万个使用牛粪的小型生物燃气装置。其中的 65000 个在 2000 年底已投入使用，在室外地下贮水池制造沼气用于燃料灯和家庭烹饪。这一项目创造了大约 2000 个职位，建立了大约 50 个小型企业，既能制止砍伐森林，又能通过免除每日收集燃料的家务杂事以及减少与烟尘有关的呼吸系统的疾病而大大地改进当地的生活质量。

水力电能

大多数欧洲国家使用相对容易开发的水力电能。在法国，90% 来自再生资源（占能源总量的 15%）的电能是从水力发电站而来。除了一个工业用的容量为 1800MW 的水力发电站之外，还有 1700 个小型电站容量低于 8MW，大多数的额定容量少于 1MW。这些小型的发电站提供了目前法国 1% 的能源消耗，大约为 7TWh。欧盟提出的到 2010 年 21% 的能源将来自再生资源的目标，要求增加 4TWh 的水力

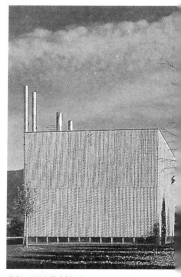

瑞士，比耶尔的木材暖气厂，1998 年建
建筑师：皮埃尔·邦纳和克里斯蒂安·布里德

发电，需要新建水力发电的容量为 1000MW。这需要重大的投资，折旧期超过 20 年。

小型水力发电的发展通常选择合伙的方式，将公共和私人的资金合并。在进行建新的工厂时，旧工业基地的发电机也在进行改换。在比利时，比利时可再生能源机构（Apere）正在关注从前的水车基地的改造。

实验项目

除了由国家能源政策相关的战略决定的中央政府资金外，有很多不同部属的、区域的或是地方的启动资金在支持社会住宅和公共事业方面的实验工程。

在北欧和中欧，在一个长期发展的框架中可以看到小规模的实验工程，他们被设计成可复制的，因此具有社会目的，其有效性是无可争辩的。在其他欧盟国家，尤其是法国，在转让通过这些实验获得的知识时的失败阻碍了发展的进程。在法国，创新是属于那些少有的勇敢的人，他们愿意在使用材料和技术中冒险，虽然这些材料和技术已在邻国广泛地被试验过，但没有获得 10 年保证所必须的官方认可[1]。

欧盟的实验工程

欧盟出资的低能耗的被动式住宅项目（Cepheus）创立于欧洲联盟兆卡计划（Thermie）[2] 之下，目的在于在本国层面上减少二氧化碳的排放量。该项目包括 250 个住宅单元，于 1999 年至 2001 年间在 5 个欧洲国家建造。其目的是说明通过根本削减用于采暖的能源消耗量，家用的矿物燃料的消耗能够及时减少至零，所有的能源需求被无污染的可再生

德国，因戈尔施塔特 – 霍勒斯施陶登，17 套公寓的木结构楼房，1998 年建
建筑师：艾伯＋艾伯

能源所取代。这些建筑符合由沃尔夫冈·法伊斯特在 20 世纪 90 年代早期创立的被动式住宅标准（见第 102 页），他对 Cepheus 项目的技术方面进行了监督。该项目也以成本效益为目标，即总的资本成本和运行费用以超过 30 年为标准不得超过常规建筑。法国仅有的符合该计划的是位于雷恩的萨瓦尔铁拉建筑（见第 164 ~ 168 页），这一建筑包括了 40 个使用了带有纤维保温层的黏土墙体和木板墙的被动式住宅单元。

Thermie 计划有许多其他的分支。其中的一个分支——能源和舒适性 2000（EC2000）的计划资助了许多工程，包括雅典阿法克斯总部大楼的节能和使用者舒适性的研究（见第 216 ~ 221 页）。而太阳城新住宅计划（Sunhvv）则着眼于节能、太阳能利用和绿色建设方面的创新和可推广的方法。Sunh 计划内的工程包括位于赫尔辛基的维基住宅建筑（见第 159 ~ 163 页）。

许多利用太阳能的实验住宅工程通过可再生能源研究机构"Read"获得资助。位于雷根斯堡的太阳寓所 (Solar Quarter) 包含有 500 栋住宅，由不同的建筑师按照诺曼·福斯特所草拟的总体规划进行设计。从诺曼·福斯特和托马斯·赫尔佐格的概念方案发展而来的位于奥地利林茨的太阳城（solarCity）的最后四期应该在 2003 年完工。

这一雄心勃勃的项目包括 1500 个形式为公寓和联排住宅的住宅单元，由 12 个不同的开发商进行建设。该项目的不同部分着眼于环境材料的使用，例如木结构，减少热量损失和被动与主动地使用太阳能。

巴伐利亚的社会木材住宅计划

根据多次国际首脑会议所制定的义务，德

---

1 在法国只能采用被 CSTB（一个国家认证研究所）认证的建筑材料，因为只有被 CSTB 认证的建筑材料才能够获得 10 年保证期的保险。在法国，大多数建筑有着由一个专业研究所发给的 10 年的保证期。在 CSTB 作测试需要很长的时间并且价格非常昂贵，CSTB 垄断了这一切并且赚了很多钱。结果是虽然这种材料在德国被认证并且在德国被采用很多年了，仍然不能在法国使用，因为没有获得 CSTB 的认证。——译者注
2 即欧共体鼓励使用可再生能源和建筑节能革新的一项计划。——译者注

国的几个州出台了各自在住宅领域的实验工程。巴伐利亚内政部于1992年颁布了一个题为"用木材建造的出租住宅"的计划。当法国在20世纪80年代已经制定了一些鼓励木材建筑的措施时，在德国还是个首创。

巴伐利亚的计划吸纳了22个地段的900个住宅单元，目的在于表明可以在既不损失舒适性，也不损失建筑质量的情况下降低造价，以此来推动社会住宅领域的发展。整个计划预算为6000万德国马克（3070万欧元），工程造价被限制在1800德国马克/m²（920欧元/m²）以下。这些工程由6个德国和国际建筑师承担，他们用木结构和木贴面板的外立面发展了不同建筑体系的样板。由丹麦建筑师Vandkunsten设计的位于纽伦堡－朗瓦塞（Langwasser）的住宅楼是1993年完工的第一批工程之一。最新近的工程是位于因戈尔施塔特－霍勒－施陶登的由艾伯＋艾伯设计的1998年的建筑，它包括四层楼的17间公寓，其内墙和楼面采用了钉接的层压木板。

这些工程完工后，在多层住宅中使用木材建造迅速地增加。在德国、奥地利和瑞士进行了针对这种结构与声学和防火规范的一致性的优化方法的一些研究。

法国的 HQE 工程

在法国，惟一得到国家支持的实验性试点计划是13个REX HQE工程，由建筑和建设规划部门（Plan Construction et Architecture）提供资金。这些工程于1993年在巴提马特（Batimat）展览会上公布，包括分布在22个区域的700个社会住宅单位，符合25个给定的环境目标。遗憾的是，这些工程既没有在建筑方面又没有在环境信任度方面提供使人印象深刻的范例，对社会住宅领域没有起到真正的作用，之后的建筑也没有看到明显的改进。

法国国家能源机构（ADEME）通过区域的自发性向HQE工程提供了技术支持和资金。金额可以高到环境特性研究费用的50%，这些研究是由聘请的行业外的顾问（例如设计工程师或是审查部门）进行的。这些资助金是提供给公共和服务领域建筑的开发商和管理公司的，其研究可以涉及环境管理、能源控制、使用可再生能源或废物管理。向开发商提供支持的AMO-HQE计划成为由ADEME资助的关于可持续性研究的组成部分。

区域和部门层面的启动资金的目标主要针对公共建筑。HQE计划下的公共工程首先出现在环境主义者有政治影响力的地区，例如法国诺尔省加来海峡区是第一个建造HQE学校的地区之一，这些学校包括由露西恩·克罗尔在科德里建造的和由伊莎贝拉·克拉斯和费尔南·苏佩在卡拉斯建造的学校（见第190～193页）。对于后者，增加的成本费用中的大约8%由区域政府来负担。

绿色建筑的未来

今天的欧洲，越来越多的建筑以绿色建筑为目标来设计，即将使用者的最佳舒适性和保护自然资源和生态系统相平衡。尽管如此，在环境和建筑质量方面仍然经常有差距。

环保建筑的建设与所有的新方法一样要求有开发商、设计方和工程承包方的推动和承诺。所有这些方面必须再次关注标准实践。不管采用哪种方法，在此方面投入的时间以及不断发展的新的反馈终将带来迅速的回报。

对于符合欧盟关于减少二氧化碳的排放和节约能源的雄心勃勃的目标来说，绿色建筑的建设是必要但不充分的条件。对环境的考虑也必须被应用于规划过程，尽管规划是按城市和区域的尺度制定的，但是设计师的头脑中应永远具备人性的尺度。

本书描述了六个地方政府将环境思考结合到规划过程中的方法，也介绍了23个根据环境原则进行设计和建造的单体建筑工程。所选择的实例涵盖了广泛的工程种类，包括私人住宅、社会住宅、公共建筑以及商业和服务建筑。其对环境问题的切入、造型和技术的质量以及所提供的各种解决方法证明了环境方案不仅仅是合乎需要的，并且在合理的预算以及在当代建筑背景下是切实可行的。

第二部分

城市化和可持续发展

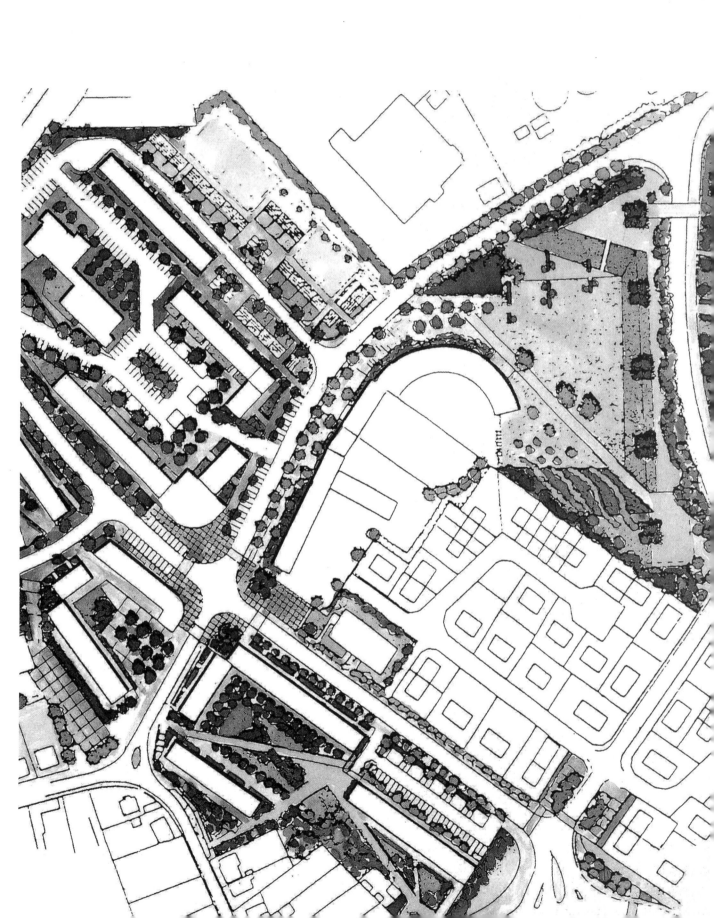

随着全球的通讯革命和对于地球环境及其人口受到威胁的意识的增长，我们的生活呈现出了新的尺度。除了新的能源战略和建筑设计与建设的环保方法之外，21世纪的开始让我们面对重要的社会选择。

走向全球的可持续发展

环境主义远远走在了建筑的前面，环境的观念起始于城市规划和土地利用，通过全球的跨学科战略得以广泛运用，影响到了我们生活的方方面面：

- 基础设施；
- 能源战略；
- 工业和制造业；
- 自然资源的利用；
- 教育；
- 健康；
- 社会结构。

我们的城镇和城市的可持续发展的目的是通过在技术进步与增进健康、经济和社会条件这两者之间求得平衡，为30亿的城市居民改善生活条件。面临的问题是同时满足发展中国家的基本需求和提高发达国家的生活质量。

城市的爆炸

过去的100年见证了人类历史上前所未有的人口爆炸。在1900年，世界人口中仅有大约14%，或是大约2亿人口居住在城市里。而到了21世纪初，50%的世界人口是城市居民。在欧盟国家，70%以上的居民的生活质量已经依赖于城市环境。但是，未来人口的大幅度增长将会发生在发展中国家。据世界银行的预测，到2025年，发展中国家80%的人口将会生活在城市里。这种没有控制的增长常常会引起对于提供粮食具有重要意义的可耕地的损毁，并且引起城市中大量棚户区的泛滥，而这些棚户区的居民占世界人口的相当大的比例，这是他们最初并且是惟一体验到的城市生活。

在过去200年里，世界上最大的100个城市的平均人口呈现如下增长：

1800年：20万人口；
1900年：70万人口；
1950年：210万人口；
2000年：500万人口。

按照今天的标准，一个20万居民的城市是一个中型城市。城市规模的扩大使得在30年期间人们所进行的建设相当于整个先前历史的建设。据估计再过40年，进一步的发展将会需要1000座城市，每座拥有300万居民——这些城市中的大多数存在于发展中国家。

这一前景带来了一个紧迫的现实，即用可持续原则建造明天的世界的必要性。工业化国家的专家和决策者必须着眼于改善那些已经出现失业、种族、宗教、社会岐视以及暴力蔓延的城市生活质量。

可持续发展是个长期的工程，其核心体现了一种对于城市里由于社会破坏而产生的人类和经济代价的意识。扭转发达国家由于发展造成的破坏和控制发展中国家正在出现的问题所需的花费是无法估计的，很清楚这些花费是巨大的。我们等待的时间越长久，花费就会越大。

城市环境论

环境论的先驱之一是德国学者埃克哈特·哈恩。在他的1987年的论文"生态的城市规划"中，他陈述了可持续的城市发展所包含的问题，并且提议了第一套有望实现可持续发展的方法。随后，一个关注理论研究和个案分析的国际项目完成了1990年的一份报告——"生态的城市重构"。这个报告定义了要考虑的八个范围，即：

- 伦理道德和对个体的尊重；
- 参与和民主化；
- 通过网络进行组构；
- 对于自然世界和感官经验的回归；

－城市密度的控制和混合发展；

－尊重地方风气或是地方精神；

－生态和经济；

－国际合作。

这些考虑的范畴能够通过地方环境发展战略予以应用，通过建立"生态站"，使之成为信息、交流、活动和文化的中心。通过采用一系列覆盖三个层面的干预方法（见下表），它们形成了环境城市规划的框架。

可持续的都市化依赖于可靠的政策和决策者、规划师、建筑师的专业能力以及建筑及土木工程行业的发展，它充分利用了建筑和自然环境来产生社区的经济和社会效应，它对日常生活有着以下积极的影响：

－更清洁、更少噪声和污染的城市；

－给步行和骑自行车的人以交通优先；

－更受欢迎的公共空间；

－增进的社区生活和市民自豪感。

一个城市要达到可持续性，也就是说具有长期可行性，必须限制其对环境的有害影响，并且居民的居住和工作条件必须舒适。

可持续发展的政策的运用要求来自政治力量和中央政府方面的支持。

目前，在这一领域最活跃的地区政府是人口迅速增长的城市的政府，例如奥地利的梅德（见第 62 ～ 64 页），以及例如斯图加特（见第 65 ～ 70 页）那样的

具备将远期措施付诸实践的经济来源的城市政府。布赖斯高地区弗赖堡（见第 71 ～ 77 页）和雷恩（见第 85 ～ 91 页）是两个迅速发展的大学城的范例，在那里可持续政策由效忠于环境主义的政治家们着手实施。

欧洲城市中的可持续性

对于可持续发展的政治承诺最初是在国际层面上的，接着在多次联合国的首脑会谈上，然后才在欧洲的层面上。国家层面的战略为了符合这些承诺而制定的，并且通过对例如空气和水污染，以及废物管理的这些问题的规范和立法来贯彻实施。一旦这些国家层面的目标被确立，区域政府有责任通过运用环境评判标准来决策城市规划、社会住宅、交通和公众的环境舒适性，从而将其落实到地方上。

尽管立法和规范到位，中央政府面对新的环境、经济和社会现实的惯性经常耽误了他们迅速和有效地运用这些立法和规范。于是，区域政府和当地的开发商在可持续发展中就要扮演主要的角色。自从里约峰会以来，出现了越来越多这样的主动性：不断增多的区域、城市、乡镇和村庄建立了自己的 21 世纪议程，所采用的方法包括土地利用、绿色空间、土壤质量、旅程管理、对能源、水、废物的管理以及社会措施等方面。尽管对于空气和水的污染的对比方法相对容易，但是在项目之间进行总体比较却更加困难，这是因为主观标准使测量指标更加复杂

可持续的城市发展方法，分为三个层面

城市设计和技术	环境问题和地方民主的交流	经济学和环境
建筑和环保的建筑物	相关个体的参与和责任	能源税
采暖和电力供应	环境的信息和协商评议	污染税
水管理	行政和决策权力的分散化	根据消费量付款
旅程管理	环境训练、顾问咨询和资格评定	商业和社会事业机构的环境账目
废物的减少和再生	合作社、房地产发展与市场销售业务的新模式	规划工具、建筑标准和立法的改进
绿色空间、保护自然环境	创造生态站、地方环境和文化的交流中心	经济协助和激励机制
城市气候、空气质量	创立能源、水和废物管理机构	对于工业、商业和工艺的环境战略
土壤和水的保护	新的住宅和邻里发展的模式	创立环境服务、商业和行动中心
防止噪声		在环境领域创造就业机会
食物的供给和健康		

资料来源：埃克哈特·哈恩，《生态的城市规划、理论和概念》。

化。尽管如此，越来越多的欧洲乡镇和城市现在值得被赋予"可持续"的标签。

欧洲的网络

在1994年丹麦阿尔堡的第一次可持续城市大会上，总共有84个地方政府作出了承诺，起草自己的21世纪议程。除了运用可持续原则之外，大会文件提倡交换数据、建立合作网络、促进旗舰工程以及建立一套城市标识。

与此同时，气候同盟的700个成员组织同意采用一些措施，到2010年将二氧化碳的排放量减少到1988年排放量的50%的水平。奥地利的小镇梅德(见第62～64页)于1993年参加了该同盟。为了达到其雄心勃勃的目标，梅德镇于1998年设立了奥地利的第一个环境学校，并且促进了可再生能源在公共建筑中的使用。

对话和协同工作是21世纪议程的主要方面。在考虑技术进步和日益增长的大众环境意识的同时，为了成功地运用管理和财政制约手段，要求各个方面相互间进行合作。其目的是将个体和社会事业机构所承担的责任达到一致，包括行业、地方政府、其他团体和一般公众。每一种情况都有各自的解决方法，经验的比较将是不同社区之间出现共同文化的第一步。这将会支持创造一个在欧洲范围内的策略，目的是在生活质量、保护环境和经济发展之间取得新的平衡。

西方世界必须对发展中国家负起责任。西方的民主政体在发展其环境战略的同时，变得更加能够将技术和专业知识传递给发展中国家。举例来说，保护生态系统、节约能源以及水和废物的管理是能够通过地方团体间直接的合作而起作用的。

荷兰的先锋

荷兰很高的人口密度对环境造成的相当可观的压力可以用来解释其对于可持续发展所持的先锋态度。此外，有些专家预言，由于在21世纪全球变暖所导致的海平面的上升，可能淹没多个荷兰乡镇。

1993年鹿特丹将环境优先权引入到发展计划中。

1992年以来，阿姆斯特丹的对于新建建筑的规范和建议中已经包含了一个更加环保的材料的选择清单。好几个政府部门已经遵循可持续的路线建设了一些新的开发项目。

早在1988年，荷兰能源和环境机构(Novem)开展了一个试验性的低能耗住宅项目——Ecolonia，它位于莱茵河畔阿尔芬，按露西恩·克罗尔所做的总体规划来建设。

工程使用了DCBA环境评估方法(见第22页)，用环境评判标准来决定材料的选择、能源的消耗、水管理、废物处理和种植。从Ecolonia项目中收集到的数据和获得的专业知识成为在决定20世纪90年代从事其他类似项目的参考因素，例如位于阿默斯福特的卡滕伯克(Kattenbroek)项目、位于代尔夫特的Ecodus项目，以及阿姆斯特丹的GWL行政区(见第78～80页)。位于阿默斯福特的尼乌兰是第一个大量应用可持续发展原则的新的开发项目，包括1994年至2001年间建造的4700个住宅(见后图)。

斯堪的纳维亚地区的项目

随着在丹麦召开的第一届以城市生态为主题的国际会议，斯堪的纳维亚地区也迅速将关注的目光转向于此。在芬兰，环境评估系统Pimwag在位于赫尔辛基的维基的一个实验性的开发项目中进行了测试(见第81～84页)。在瑞典，可持续的原则被运用在位于马尔默的项目中和斯德哥尔摩中心区的恢复经济发展项目中。

在2001年，马尔默举办了一个主题为"从长远的观点来看可持续的城市"的国际展览。展览涉及褐色土地地区的城市开发、绿地的开发、交通战略以及建筑的环境质量，并且还导致了一个在厄勒海峡的支流的实验性开发项目的建设。这一项目包括26幢住宅楼，是用木材修建的2～4层楼的建筑，能容纳500人，配有教育设施、办公和商业设施。景观包括两个公园、一个渠道和一个水边的休闲区。

德国的城市生态

位于德国布赖斯高地区弗赖堡城(见第71～77

页）长期以来一直是环境主义的国际标准范例。斯图加特也提供了自从 20 世纪 80 年代以来为公共设施和社会住宅应用能源管理策略的实例（见第 65 页）。

对于国际园艺展览（IGA），例如 1993 年在斯图加特举行的一次展览，和国际建筑展览（IBA）的各种不同层次的补助，使得具有深远影响的项目得以在地区和区域的尺度上建成。在这些项目之中最好的实例是鲁尔区埃姆舍山谷的开发项目（见第 46 页）。

在柏林，20 世纪 80 年代出现不少"软创新"的社区项目的开端，其目标是环境和社会这两者。其中最著名的是位于滕珀尔霍夫区的乌法工厂综合楼的翻新和位于克罗伊茨贝格区的 103 号大楼。自从 1989 年柏林墙倒塌以来，政府将注意力集中到前东柏林的可持续的重建之中。一些私人投资者引领了方向：位于波茨坦广场的由伦佐·皮亚诺设计的新的戴姆勒克莱斯勒总部大楼，它包含 44000m^2 的办公楼、公寓和商业房产，使用了太阳能和雨水回收系统（见第 53 页）。

"伦敦原本可以是这样的"

伦敦的工业烟雾臭名远扬，是欧洲可持续性最少的首都之一。在 1970～2000 年间特别是由于空气污染造成的生活质量的下降，导致伦敦中心失去了大约 30% 的人口，相应地职位也少了 20%。人口移到郊区，郊区继续扩张。

在 1986 年，建筑师理查德·罗杰斯提出了一个重构城市中心的方案，题为"伦敦原本可以是这样的"，方案同时带来了建筑、环境、交通和社会的一体化。在这之后，新的城市政府制定了一个空间发展战略。作为欧盟制定的协商性文件——一个关于欧洲空间发展前景的规划的产物，"伦敦规划"覆盖了在可持续发展框架内的经济和社会方面的解决方法，包括在行政区层面提出的问题。

罗杰斯在其"千年规划"中，提出通过增加到达河岸的公共通道将焦点从伦敦中心转移到泰晤士河。他的有些建议现在已经实现了，例如新的千年桥和沿河的步行道。这一规划案中最大的构成是千年公园，这是一个位于格林尼治半岛的，接近 20 公顷的新的公共空间，这一公共空间建造在原先受污染的土地上，为这个重生的地区提供了一个"绿色的构架"。

法国的可持续城市项目

在 1999 年底，51 个 21 世纪议程的项目被提交到法国环境部。这些项目要求符合有关社会平等、经济效益和改善环境的评判标准。为了达到这些目标，25% 的地方政府采取了"组织化"的方法，通过训练和缔造专门的组织架构；余下的 75% 按照不同的领域（住宅、能源、城市或者景观）来选择方法。斯特拉斯堡通过

"伦敦原本可以是这样的":
位于萨默塞特住宅附近的沿泰晤士河岸的步行区方案的草图，理查德·罗杰斯设计事务所设计，1986 年

公共交通政策这一方法，而昂热则通过控制噪声污染这一方法来提供追溯到几年以前的可持续战略的实例。但是，诺尔省加来海峡区域是第一个率先将可持续发展战略执行得更广泛的地区，特别在敦刻尔克和里尔。

在敦刻尔克地区，当地工业和地方居民之间达成了一个扩大港口的合伙协议（见第 46～47 页），并建设法国的第一个风力农场。敦刻尔克的 21 世纪议程纲要也包括两个 HQE 住宅工程，分别是建于近海岸的两幢新楼里的十个住宅单元和在格朗德－森特（Synthe）的 104 户住宅的翻新。这两个工程有着共同的目标，即：

－通过与居民的紧密联络，改善社会环境和减少破坏；

－减少能源消耗，从而减少费用，因此减少住户不付水电费的问题[1]；

－长期投资于高质量的环保材料。

在里尔，1997 的城市总体规划清楚地提出，未来的城市要在可持续的框架内发展。城市更新的政策着眼于在现状的城市外壳里重构现存的地区，而不是跨越这一现存的外壳谋求新的发展，同时要给 21 个遭受经济、社会或环境破坏的地区以优先权。在圣埃莱娜岛，社区选择了将可持续原则付诸实践：紧跟着一个初始分析和一个由城市发展机构领导的研究之后是一个关于环保性城市化的资金和其他方面问题的可行性研究，由此产生的原则成为服务于重构其他行政区和创造新开发区的参考。

东欧的城市

在埃克哈特·哈恩的"城市生态重组"的研究（见第 36 页）中有 4 个个案分析，包括布拉迪斯拉发和克拉科。他绘制了关于东欧现状的警告图。布拉迪斯拉发是斯洛伐克污染最

严重的地区之一，而克拉科被认为是环境危险区。在这两个个案中，空气、水和土壤污染与毁坏森林一起达到了令人担忧的水平。除了缺乏环境保护的方法外，还明显忽略了针对核工业和有毒废物垃圾的基本安全预防措施。与污染相关的疾病，例如支气管炎、过敏、白血病和癌症在这个地区比周围的乡村高出了 30%。

东欧环境问题从本质上来说根源于前共产主义政权的经济和能源政策。对于能源工业给予补助金，并且人为地维持低价，同样也鼓励了消耗、降低了生产力还增加了污染。尽管 1989 年柏林墙倒塌后掌权的政权实施了新政策，但大多数东欧城市仍然缺少采取足够环境措施的必需的资金来源。节能措施的引入带来了一线希望。但是，如果需要一个迅速而长久的解决办法，来自欧盟的经济资助和合作，以及着眼于适应地方的战略是至关重要的。

可持续发展和城市规划

我们乡镇和城市的长远未来不能被弃置于国际市场的变幻莫测中，它必须被地方政府通过真正由使用者导向和可持续发展的政策来直接指导。

初始要求

一个沿着可持续路线发展的乡镇必须有一定的条件，即：

－来自被选出的政府和行政方面的支持；

－所有方面，包括商业、地方社团、学校和大学等的合作愿望；

－居民的积极参与；

－包括建筑师、工程师、城市规划师、景观设计师、选举出的公务员以及技术服务人员等所具备的专门技能的汇集和配置。

---

1 住在社会住宅里的人们不是一直能付得起水电费的，他们有时干脆就不付。由于社会的原因，住宅的主人至少在一段时期里必须接受这个事实。——译者注

专家的参与经常能够带来简单和具独创性的结果，符合普遍关注的问题和紧张的预算。因为当选政府希望改进他们选民的生活质量，而采用环境方法是一个有实效的方法，目的在于保证项目的成功和经济性。

目标

对于将可持续原则应用到土地开发和城市规划而言，在整个欧洲，战略性的目标是广泛一致的，其内容如下：

－取得在城市发展和保护农业用地和森林之间，以及休闲用的绿色空间之间的平衡；

－保护土壤、生态系统和自然风景；

－多样化地利用城市空间，达到居住空间和工作空间的平衡；

－建立社会混合区（居住和其他用地）；

－管理旅程和控制机动车交通；

－保护水和空气的质量；

－减少噪声污染；

－废物管理；

－控制自然和由技术带来的灾害；

－保护特定的城市地段和保护我们城市的历史遗产。

地方政府为了实现这些广泛的目标，必须将其与当地的背景准确地结合。所有部门一起合作，当特定的需求逐步出现时，目标可以被修改和完善。

方法

在起草一个21世纪议程纲要前，或者更通常地说，在用环境参数定义一个城市规划前，必须有一个对于现状和背景的分析。由于地方团体、商业和居民的参与，项目的主要脉络便由地方政府来定义。针对这些脉络中的每一个必须：

－研究现存的方法；

－用可接受的限度或是用可量化的变量的极限值来定义目标；

－提议采取专门的行动；

－将适当的职责分配给相关的方面。

由此需要有一个社区内的跟进的政策和对于首创举措的评估，这样才能够从中学到经验并且提高这些举措的重复生产力，不仅仅在相关的地区，而且考虑到将来有可能将这些经验和举措转移到其他的国家和地区。

在法国，法国建筑研究机构（CSTB）和卡拉德顾问公司已经制定了一个评估表，来帮助当地政府草拟他们的计划。通过将目标与可持续发展的原则相匹配，这一系统有助于定义适合于一个城市或地区的特殊背景的目标。

资金

可持续城市化是一个长期的工程，它的总费用包括建筑和基础设施这两者的建设、改造和维护，其目的是优化初始投资（包括拆除费用）和操作费用。可持续方法，特别是对建筑管理保留有责任的开发商，对于当地政府也有经济上的益处。运行费用从开始阶段就可以通过采用可持续的方法来减少，例如：

－从设计的初始阶段就选择一体化的能源节约系统（特别是在社会住宅和公共设施项目中）；

－选择低维护的材料、技术和建筑方案；

－建立雨水和废物管理的合理系统。

对于位于加来的一所学校的可持续建设来说（见第190～193页），诺尔省加来海峡的区域政府估计它的初始投资比常规建筑高了8%，但是运行费用却降低了25%～30%。类似的运行费用的降低已被斯图加特经过15年的时间所证明了。

对于较高的初始投资有如下的解释：

－为每个工程进行新的研究和试验的必要性；

－还没有被大规模使用的创新材料和技术的价格目前昂贵；

－需要这些领域内较少的有资质的专业人士的参与。

在更加广泛地使用可持续原则的国家，越来越多的公司进入了这个市场，并且材料和技术的价格也迅速降低。德国作为21世纪发展最为迅速的国家之一，其公司尤其在这个市场中取得了强势地位，因此这应该会给德国今后的几十年的经济发展起到不可忽视的积极的推动作用。

法国的立法框架

在法国，创建可持续发展框架的基础目标是在让·皮埃尔·苏尔(Sueur)所起草、发表于1998年的题为"明天的城市"的报告中被定义的，它也在各种各样的立法文件中被定义，尤其是在1999年5月由国家土地和环境部颁布的Voynet报告和2000年12月13日的"都市的连带性和更新"(SRU)的立法中。

Voynet文件陈述了以下目标：

- 抑制城市扩张；
- 联合一致的资产和资源的管理；
- 高效和负责任地使用集体财产；
- 减少环境破坏和危害；
- 与社会闭关主义作斗争；
- 与财富和商业的过分集中作斗争。

"都市的连带性和更新"(SRU)立法采用城市政策的广泛途径，引入有利于社会异质和支持的方法，即拥有超过5万居民的集合城市的行政区必须至少包含20%的社会住宅。该立法定义了新的城市规划文件，用地方城市规划(PLU)代替了过去的土地利用规划(POS)。新的城市规划文件必须能和整个集合城市或地区的土地利用规划(SCOT)相协调。

土地利用和管理

有效地落实一个可持续的城市规划的前提是地方政府控制着一定数量的土地，并战略性地长期拥有。

目前，环境城市开发项目多数在老城区的翻新、原有工业用地的改造和企事业开发区（在法国被称为Zac）内。

房地产政策

政府在地方房地产市场中的强势地位是进行合理的城市规划的先决条件，尤其是当其决定采用一个环境方法时。这样的强势地位使得政府能够：

- 在合适的时机指定用于公共项目的用地；
- 更容易运用环境规则和方法；
- 以更合适的价格获得土地；
- 对给定的地区以可能的可选的用途来对其未来进行规划。

真正有效的房地产政策具有前瞻性，从而能做出较好的战略性选择，并能抓住出现的机会，无论它们是否适用于通常的法规框架。在可能的情况下，土地的获得可以不考虑其已确定的未来用途，并且购买的契约中将会附上合适的法律保护条款。

无论从环境的、社会的还是从经济的角度，保护土地的需求正变得越来越明显。在雷恩（见第43页），房地产战略是城市规划政策的一个重要部分，其政府早就认识到任由城市进一步扩张的危险。代之而来的是通过一些战略将开发的重点置于城市本身，这些战略包括重新塑造公共空间，发展置换用地，改造工业用地，在开发不足或稀疏区增加密度，这一切使得袖珍的乡村景观——"绿色走廊"被保留了下来。

压缩的城市

从20世纪60年代和70年代基本的、审慎的城市化可以看到，城市扩张到了它周围原来的农业用地之中，作为结果而产生的新镇和行政区符合了当时的需求，但是，没有考虑人口和环境的长远后果。

可持续的发展拒绝这样的扩张，它通过对现有城区的再开发来支持城市特征和文化的再造，包括：旧区的翻新、前工业区和军事区或是港区等的改造。运用于城市发展的一条基本的可持续原则是增加密度，实现这一点的第一步是移开独立住宅，将私人用地放在城市边缘。房地产的价格，特别在人口高密度地区的价格对此有重要影响。

在一个稠密的城市，居住、工作、服务、休闲享受之间的接近可以最充分地利用空间，同时最经济地使用自然地带和高效的公共交通。所面临的挑战是保证一个与郊区花园住宅相比具有足够吸引力的、生气勃勃的环境，从而可以阻止家庭一旦条件

	标准的优先购买权
	加强的优先购买权
	延缓的发展区

允许就从内城搬出。可持续的城市规划也允许商业、研究设施和高等教育机构等在同一个地区的协同发展。

住宅加密

　　一栋建筑对于其周围环境的影响取决于它的位置、形状、结构、材料和能源需求。对于一栋住宅楼，这些因素能够在每一个住宅单元中表达出来。当场地、居民的要求和地方城规相一致时，将若干住宅单元组合在一个简单而高密度的体积内能够带来相当可观的环境和经济利益（见下表）：

　　－减少用地；
　　－较小的建筑外围护；
　　－减少所用材料的体积；
　　－减少能源消耗；

　　－降低施工造价。

　　满足以上利益的最简单的方法是建造多层单元住宅楼。在居民偏爱独立住宅超过公寓的地方，选择折中的方法也许更为合适。20 世纪 70 年代在法国建造了一些试验性的"折中住宅"开发项目。在德国斯图加特的布格霍尔茨霍夫（Burgholzhof）区（见第 69 页）也有一个这样的工程，它包含两栋叠加的有十间公寓的联排楼，每间公寓有两层楼。

　　如果要阻止城市的扩张，一些老城区必须加密。这取决于现存建筑物的结构，可能可以增加一层楼或者两层楼，通常使用木材，重量相当轻。对于很大的城市楼群，将新建筑建在围合的院落空间里有时也是一种可能性。对于 U 形体量的楼群，也许能通过增加一个第四边来完成，这样会创造一个更私密的空间。

雷恩市地方政府的战略性的房地产购买图方案

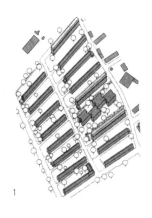

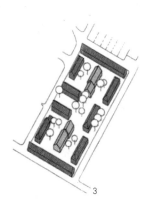

德国，北莱茵－威斯特法伦州，三个
在现有行政区内增加住宅密度的例子：
1. 科隆，霍恩豪斯，若因拉斯开发项目，
三个住宅楼向上的扩建
2. 明斯特，维茨莱本，
通过建造三个新建筑来完成城市楼群
空间
3. 诺伊斯，菲尔森勒 (Viersener)，
在现存的城市楼群间建造两个新建筑

低层高密度住宅

低层高密度住宅是对增长的城市人口问题的回应，并且是对于偏爱独立住宅超过公寓的地区的有效解决方法。在德国，城市地区的土地价格非常高，出现了不断增多的由低能耗的联排住宅组成的环境居住项目。大多数地方政府有来自州的经济支持，拨出一块块 200～300m² 的土地建造联排住宅，目的是使年轻家庭可以购买第一笔房产。在能源 2000 可持续建筑计划之下，奥地利和瑞士也有类似的方案。

在 1996 年，巴伐利亚地区政府启动了实验项目中最雄心勃勃的被称为住宅模式的工程，由大约 7000 个住宅单元组成，可容纳 2 万居民，占据 12 个行政区。其中大多数是联排或半独立住宅，满足低能住宅（见第 100 页）或被动式住宅评判标准（见第 102 页）。尽管与钢材和混凝土结合运用了很多木材，但没有任何材料是强制使用的。新住宅的开发和地方政府紧密合作，目的是在尊重环境和社会评判标准的同时降低住宅的造价。

作为这个计划的一部分，1996 年在因戈尔施塔特城举办了一个针对新城市开发的概念设计竞赛，主题是"走向经济和环境的社会住宅的新途径"。这些项目中的第一个工程是由维尔讷·博伊尔勒建成的，包括 54 个木框架的联排住宅（见第 45 页图）。这一开发项目的高密度和线性体型被外部空间的木质雨篷和小型围合私人花园的景观处理成功地缓和了。

居住区中的可持续发展

对于大多数城市居民来说，日常生活被他们所处的邻里空间所限定。人口的大部分——儿童、老人、经济不活跃的人们，他们的生活几乎都发生在邻里中。这样的区域尺度适合应用可持续的城市化工程，能够在地方层面处理有关例如能源和水的利用、噪声、垃圾收集和分类，以及社会隔离等问题。

在欧洲已经有一些开发区是遵循可持续路线而建造的，在建筑、环境和城市规划方面都取得了成功。所有这些都是基于混合用途和社会差异性的整体观点，有些还提出了环境交通解决办法和使用无危害的、再生的和再循环的材料。景观的目的是适合周围环境和保护生物多样性。大多数这样的地区得到了地方政府的资金，有的是给试验工程的一次性资金，有些是给土地价格的补助金。

第一批"绿色邻里"之一是位于莱茵河畔阿尔芬的 Ecolonia，随后是由阿默斯福特设计的更大规模的"绿色邻里"（见第 39 页）。在 2000 年德国有一些这样的项目已经完工，例如位于斯图加特的布格霍尔茨霍夫 (Burgholzhof)（见第 69 页），位于乌尔姆的松

不同配置的 8 个住宅单元的表面积、采暖能耗和施工造价的比较：8 栋独立住宅，2 栋联排式住宅其中每栋有 4 个住宅单元，和一栋有着 8 间公寓的住宅楼

	8 栋独立住宅 （单层加地下室）	2 栋联排式住宅，每栋有 4 个住宅单元 （单层加地下室）	一栋有着 8 间公寓的住宅楼 （两层楼加地下室）
场地面积	100%	70%	34%
外围护表面积	100%	74%	35%
采暖能源	100%	89%	68%
施工造价	100%	87%	58%

资料来源：H. R. Preisig et al.，生态的建筑竞赛，苏黎士，1999 年，第 109 页。

讷费尔德，和位于鲁尔区的作为埃姆舍尔工业园区国际展览的一部分的一组开发项目（见第46页）。

两个最成功的项目都位于布赖斯高地区弗赖堡，分别是城市边缘的新的里瑟费尔德行政区和一个建于前法国军营基地的内城区沃邦（见第72页）。成功的实验项目鼓舞着进一步的发展：当萨瓦尔铁拉建筑在欧盟的兆卡计划（Thermie）之下完成以后（见第164~168页），雷恩市在2001年开展了博勒加尔开发区的新的一期工程，这一期工程要求发展商和建筑师将环境保护措施整合在一起（见第90~91页）。

城市更新

可持续城市发展将能源和水的保护、废物管理、消除噪声以及创造舒适的居住环境与改进利用外部绿化形成的微气候相结合。这一结合必须与社会措施携手并进，即居民和用户不仅可以对他们的建筑的设计和管理提出意见，而且还可以参与到施工中去，这不仅仅限于他们的住宅，而且还包括他们所使用的公共建筑或者办公建筑。[1]

在欧洲的首都中，柏林在这方面最有经验。在1989年德国统一之前，西柏林被围在东德中，这一特殊的城市交通系统需要一个特别的解决方案。西柏林在20世纪80年代将可持续原则运用到居住区和前工业区的更新中，同时也将继续用于1989年以后建造的新的政府、行政和商业中心中（例如波茨坦广场）。

与IBA建筑博览会相对照，柏林城市更新机构"Stern"早在20世纪70年代就致力于城市的废弃地块的"软性"再发展的研究。第一个例子为克罗伊茨贝格区的第103号街区（见第46页），包括332个住宅单元、41个商业单位和18个教育、文化和社会设施。这一项目曾触发过一次政治冲突：1981年，这一街区的

建筑要被拆除来建造高速公路，一群抗议者蹲坐在其中的一栋建筑中，要求保护这一个街区。当时成立了一个居民联盟，最终导致引入各种各样的还在试验阶段的技术，例如光电电池、通过燃气型热电联供机组的供暖、屋顶绿化、在屋顶上收集到的雨水用于植物灌溉并且将中水用于厕所冲洗。现已私有化的"Stern"目前正致力于前东柏林的普伦茨劳贝格区的更新工程。

工业区中的可持续发展

1990年，法国的第三大港口和15个"重度危险"的工业设施的所在地——敦刻尔克镇，通过在社区、港口以及多个地方研究所间签署的一个环境质量协议对可持续发展作了保证。1993年实施了一个"工业环境方案"，涉及工业区的位置、管理和相关的环境问题及其危害（见第47页）。这是法国在工业和地方集体间加强可持续合作的最好的范例之一。

1993年在鹿特丹，经过地方行政、商业、区域与国家政府协商后，草拟了莱茵蒙特土地和环境规划。这一规划的目的是将港口的扩建与新工厂及伴随的基础设施以及保护环境和城市百万居民的生活质量取得一致。为了保证1500公顷港口发展的可持续框架，拟定了以下的原则：

－将港口向位于港湾的回填土地延伸，而不是向附近未开发的土地延伸（尽管回填费用更高）；

－改进港口周围和内部的交通循环的措施；

－限制产生污染的工厂靠近居住区；

－通过更多地使用火车、水运和输油管来减少道路交通；

－改造随着海岸再开发而腾空的前工业区；

因戈尔施塔特－霍勒斯施陶登，木框架的联排住宅，1999年建
建筑师：维尔讷·博伊尔勒

---

1 英译本中有关这段话的翻译不正确，译者根据作者的法文解释对这段话进行了修改。——译者注

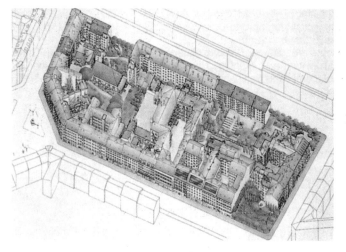

柏林，克罗伊茨贝格区的第103号楼的"软"翻新，柏林的第一个环境改造工程之一

－保护自然环境，包括现存的绿地和休闲地区；

－保护乡村景观。

这些原则已经被逐步运用到了总共50个不同的项目中。

区域尺度上的城市更新：埃姆舍尔工业园

大面积被废弃的工业用地、已废弃的铁道岔道或是位于许多城市内部或外围的船坞有着较大的、有时是区域尺度上的可持续发展的机会。这样一个棕色地块的开发的最为戏剧性的实例是在德国鲁尔煤田的埃姆舍尔山谷。这个区域有250万人口并且覆盖了16个地方行政当局，这里曾经有一个迟到的但是轻率的工业转型，没有注意环境或城市质量。

自从20世纪80年代晚期钢铁工业的衰落和矿井的关闭以来，北莱茵－威斯特法伦州政府已经致力于该地区的改造，强调复兴埃姆舍尔山谷、保护风景和创造可持续经济更新的条件。作为这一开发的最后一笔，土地部门和地方政府联合创办了特别的国际建筑博览会（IBA）。

埃姆舍尔工业园区的国际建筑博览会覆盖了800km²的面积，并且打算举办20年以上。通过大约85个项目影响到了所有的活动区，经

由这些项目所产生的机会为区域的社会和经济的改造创造了社区内的生命力。主要包括以下5种类别：

－覆盖了大约30km²的19个景观项目，将被工业分隔和污染了的开放空间连接和保护起来，再一次赋予生机；

－沿着350km的埃姆舍尔和其下属区的10个生态更新计划，通过保护河岸和建造高效的净化水厂来修复被重工业造成的破坏；

－7个重建废弃了的工业基地项目，其中有几个被列为重要历史文物；

－采用公共和私人投资相结合的22个商业区和科技园；

－26个住宅项目，包括3000个新建和翻新的住宅单元。

埃姆舍尔工业园区的国际建筑博览会力求取得高质量的建筑、优秀的环境设计以及将社会原则成功地运用于开发中。这一地区的重生是通过现有的国家层面的补助金计划来提供资金的，同时也有来自联邦政府的结构发展资金和欧共体的资助。总共大约有25亿德国马克（12.78亿欧元）被投入到这些项目中，其中大约三分之二是公共资金，余下的来自私人领域。

由茹尔达与佩罗丹设计的黑尔讷－索丁根培训中心（见第104页）和位于埃森－卡滕贝

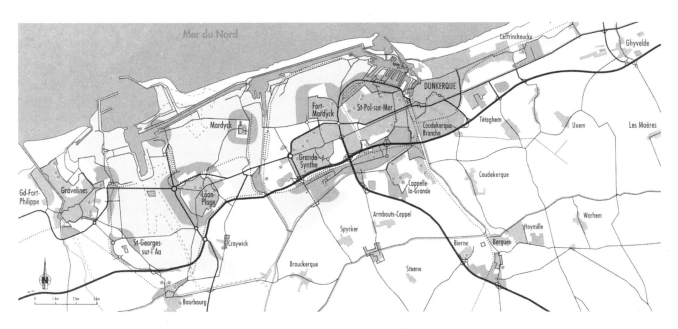

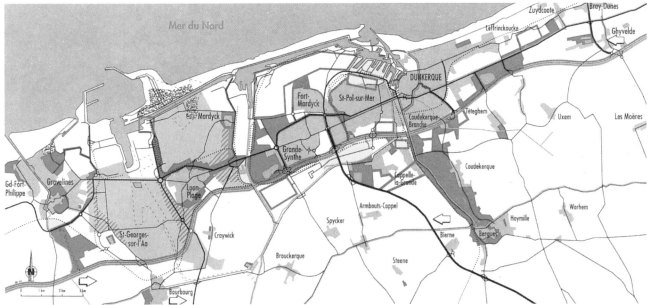

表现敦刻尔克周围的工业区的地图
上图： 将商业区移入桔黄色的地区必须考虑由于工业区（黄色）接近市镇（灰色）所产生的问题
下图，景观原则
（资料来源：Agur-VDB)

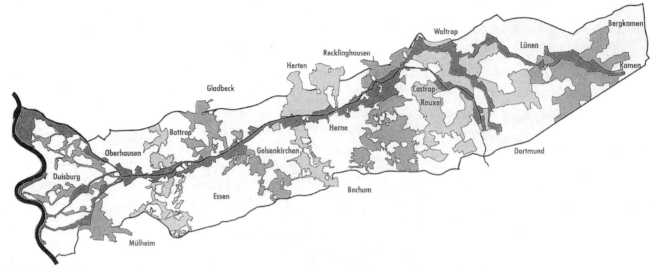

埃姆舍尔公园的总平面

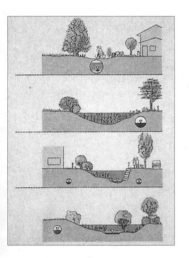

埃姆舍尔公园被污染了的水道的环境处理：
- 完整的涵洞；
- 有混凝土排水口的水渠；
- 有着废水收集器的城市水道；
- 天然水道和废水收集器

格的由原来的关税协会 XII 煤矿建筑改建的文化中心是其中最著名的两个建筑作品。不过，博览会也包括了许多有意思的住宅发展项目，其中有不少"花园村庄"工程，包括由西斯科维茨 (Szyszkowitz)+ 科瓦尔斯基设计的孔佩尔布什发展项目和彼得·胡贝勒设计的位于盖尔森基兴（见第 20 页）和吕嫩的低造价、生态的、自行建造的联排住宅。

污染和减噪

城市居民每天被噪声、污染的空气和低质的水这些危害所折磨，导致多种身心疾病，包括呼吸系统的疾病、过敏和癌症等。20 世纪 90 年代以来，为了符合新的国家和欧洲标准的要求采取了越来越多的措施。

水污染

在欧洲的一些地区，在 20 世纪 90 年代晚期，主要由于农业肥料和动物粪便中的亚硝酸盐和磷酸盐，使得地下水和水道的污染水平达到了警戒水平。因而出台了新的法律。由于上述危险迫使农业部门重新考虑其做法，并且实际上确有必要寻找其他增加产量的方法。

欧洲议会于 2000 年 10 月通过的第 2000/60 号水框架指示性文件是用来进一步防止在水质方面的破坏以及加强水质生态系统的保护。这一文件提倡可持续地利用水资源，考虑环境法的基本原则，包括预防、制止、在根

源上补救，"谁污染，谁赔偿"和使用最有效的科技。

这一指导文件定义了三套关于内陆表面水、海岸水、移动水和地下水的目标。尽管不强求其成员国符合这些目标，文件还是提供了使他们能够达到目标的手段。文件指出像这样的环境措施费用应该包含在水价里。

噪声

城市噪声大部分由公路交通和工业产生出来。增长的交通量，特别是重型卡车导致了噪声值的高增长。为了减噪，有以下各种方法：
- 通过防噪引擎和防噪的道路表面材料限制发出噪声；
- 通过使用道路屏障减少噪声的传递；
- 建筑采取隔声措施。

在荷兰，噪声被当作城市居民主要的环境问题，路面交通被看作是主要的原因。在 1994 年的调查中，25% 的被调查者反映，他们从交通噪声中遭受到了"严重的干扰"。于 1982 年生效的减噪法律是首部环境立法之一，另一项修订的法律将于 2003 年生效，在这部法律中，责任被移交给区域和地方政府。为了在敏感地区将噪声值降到 55 分贝以下，减噪计划必须实行。

空气污染

每年欧洲的城市政府用尽各种方法对付空气污染的"高峰"，例如旅程定量配给，它

在效用上和执行上已经取得了不同程度的成功。这些夏季的污染警报可归因于交通和工业废气的混合作用。最近几年空气污染水平上升的警报导致加强城市空气质量监测的需求。在法国，监测的预算从1995年以来增涨了3倍，到2001年超过了3800万欧元。在所有超过10万居民的城市里，污染水平都要通过约680个固定监测站进行测量，记录二氧化硫（SO_2）、氮氧化物（NOx）、一氧化碳（CO）、铅和臭氧的水平。更近期的污染物质，例如苯和重金属也受到了追踪。

到2004年，题为"为了欧洲的纯净空气"的欧盟计划将为达到第六届环境行为计划所制定的目标提出实质性的方法，特别是在去除最危险的大气污染物方面，例如微粒子和对流层的臭氧。把欧洲标准应用在更清洁的燃料、燃烧和小汽车废气排放上也许比封锁城市中心的交通有着更重要的作用。但是，毫无疑问，需要对在城市中使用小汽车的方式有重新的考虑。

旅程管理

环保性城市化大体上要求转变对于城市的态度，尤其是我们出行的方式。旅程战略是城市生活质量和经济活力的重要因素。在法国，作为1996年空气污染立法的结果所制定的地方交通规划（PDUs），对公共运输、交通和停车确定了组织原则。所有超过10万居民的乡镇必须起草这样的规划。

增加中心区和内城区的混合使用，特别是在开发区，对于减少在住家、工作地点和服务设施之间的交通距离是具有实质意义的，它促进了在机动车、自行车和行人之间较好的平衡。

小汽车交通

50年前，全世界26亿人口拥有5000万辆汽车。到2000年，60亿人口使用5亿辆车，依照这样的数字增长，到2050年将达到10亿辆。如果要限制城市空气的污染，必须改变行为，尤其是私人不再随便地使用他们的小汽车，特别是在短途旅程中。

小汽车交通对于空气污染、温室气体的排放（特别是二氧化碳）、疲劳和交通事故方面负有责任。许多城市用运输和停车政策来促进利用公共交通工具，以代替小汽车。其他解决办法还包括同乘小汽车，这种方法在有些欧洲城市里日益流行。

引擎设计的改进、减少有毒的尾气排放也能减少噪声和污染。有些地方政府通过选择生物燃料汽车（像在巴黎所使用的那样）或是太阳能驱动的汽车为他们的公务车队树立了榜样。

公共交通

扩展公共交通服务系统，例如公共汽车、地铁系统和有轨电车，显然是保护城市环境、空气质量和生活质量的驱动力的重要部分。下列多种相关要素能促进公共交通的利用：

－ 更好的环路系统来保证市中心以外的交通；

－ 一个紧凑的城市路网；

－ 仔细筹划的时间表和价目体系；

－ 改善的服务体系，包括更新车辆和较好的安全保护系统。

在一些国家"停下小汽车换乘公车"的方案已经运转多年，而且被证明是非常成功的。来访者将他们的小汽车停在城市周边紧邻汽车站或火车站而建的停车场中，然后乘坐这些公共交通工具去城市中心或是其他有吸引力的场所，如体育馆或展览中心。

斯特拉斯堡的有轨电车系统开始于1989年，而最后的两条轨道线于2000年投入使用，这一系统表明其使用不只是一种交通方式，而且也是一种城市管理工具。有轨电车网联系并且活跃了城市的各个地区，还改变了城市街道的感受，给小汽车以更少的空间。车道间的草地和绿化带也减少了地表水的径流问题。

其他法国乡镇，例如格勒诺布尔、南特和奥尔良也选择了有轨电车系统。在里昂的商业中心天主区有一个重新改造的道路系统，留有小汽车、汽车和有轨电车的空间，并且为更安全的步行道提供了宽阔的铺地和中心保留区域（见下面的剖面图）。

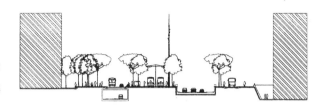

里昂，维维耶－梅尔勒的散步大道的剖面
建筑师和城市设计师：亚利山大·克姆多夫

自行车

在阿姆斯特丹、哥本哈根、赫尔辛基、布赖斯高地区弗赖堡以及蒂宾根等城市的街道上已有很多自行车了。在德国以及荷兰和斯堪的纳维亚地区的更大范围里，城市自行车道很普遍，通常在路的两侧。在哥本哈根，自行车道相对于路面略微高出一点，但在转弯处低于人行道。这种不同标高的系统将车行道、自行车道和步行道清楚而安全地区分开来。

哥本哈根，道路和人行道之间的自行车道

在城市里广泛使用自行车提出了一个自行车的停车问题，特别是在公共建筑、住宅楼群、汽车站和火车站周围。在斯堪的纳维亚地区，逐步找到了一些实用又安全的解决方法，在百货公司、学校和大学、文化和体育中心的前面以及邻近步行街区都配备有大型自行车停车场。

斯堪的纳维亚地区的许多乡镇有自由的自行车贷款方案，目的在于鼓励居民和来访者使用自行车。哥本哈根有一个投币退币系统，就像是超市的手推车，当自行车被放回原处时，硬币就归还原主；自行车的显著的专门订制的外观、嫩黄色的实心轮胎，以及使用非标准的部件均减少了失窃的机会。在 1998 年，一个使用电卡的类似方案被引入到雷恩（见第 89 页）。

赫尔辛基公园的自行车道和步行道

步行化

在许多欧洲国家，鼓励人们利用步行街网络更多地徒步来回市中心，并且为步行者创造愉快和安全的路线。通过将传统的街道重新设计成为"城市的院落"而改进居住区域，减少了很多道路交通流量。这可以通过以下的方式来实现：

－禁止过境交通穿越道路；
－给步行者先行权，并且引入"完全慢速"（10km/h）的速度限制；
－使街道能让孩子们安全玩耍；
－限制停车。

在代尔夫特，自从 20 世纪 70 年代就出现

哥本哈根，步行区旁的自行车停车场

了这样的街道，居民和特定的地方政府部门就其改造设计进行了合作。这引发了对公共空间的更私人化的占有；邻居们照管住家周围的绿化，从而使得城市空间更加温暖、更具有社区归属感。

能源管理

建筑领域是最大的能源消耗领域之一，能源是在以下的建设周期中消耗掉的：

－制作和运输材料；
－场地施工；
－建筑物整个使用周期中的采暖、空调、热水供应、照明和设备电器的动力；
－拆建和运走碎石。

欧洲能源政策的选择已经在本书的第一部分作了讨论，陈述了与可持续发展相关的问题。而本书的第三部分对于用来减少在建设过程中所消耗的矿物燃料的被动式和主动式措施有更详细的介绍。

节约能源的潜力

在城市规划中下列几个因素能有助于减少能源消耗：

－城市密度（一栋紧凑的住宅楼中的每户比 5 户的联排住宅中的每户少用 20% 的采暖能源，比一个独立住宅少用大约 40% 的采暖能源）；
－场地的设计能够充分利用被动式获得的太阳能，通过限制邻近建筑物的阴影、场地的地形和绿化来保证充足的入射太阳光；
－最合适的屋顶坡度和建筑朝向能最佳使用太阳能集热器和光电太阳能板；
－一个理性的能源供应战略。

由彼得·格莱斯基博士设计的电脑程序"Gosol"，被当作在城市规划中增加使用被动式太阳能的工具，使得所有这些因素能够被模拟和优化。结果平均的能源节约总量达到 5% ～ 15%。乡镇和城市政府通过将这些原则应用到

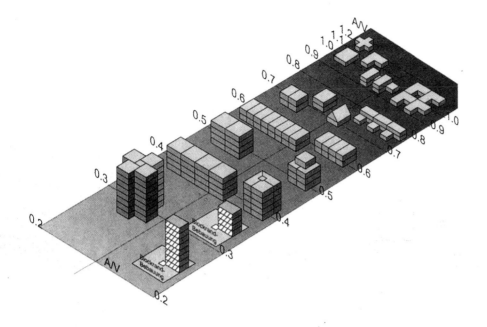

建筑外围护面积和使用空间的比率的比较，作为建筑形状的一个功能。比率越小，建筑的能源效率就越高
（资料来源：太阳能研究室的图表，由格莱斯基·彼得博士于 1997 年制作）

所有公共投资的建筑中，从而在这个领域里设立了范例。为了鼓励向私人领域的推广，地方政府可以采用奖励的方法或者干脆采取强制的方法，方法如下：

－在新的开发项目和现存的居住区中鼓励更高的密度（见第 44 页）；

－在新建和现存的建筑中资助节能措施（增加保温层、低辐射双层玻璃、更有效的采暖系统、太阳能热水器等等）；

－引入优化建筑平面的规则，以最好地使用主动式和被动式太阳能采集，例如在布格霍尔茨霍夫（Burgholzhof）和斯图加特（见第 69 页）；

－契约性地将售卖公共发展用地和低能耗建筑的建造联系起来，例如在布赖斯高地区弗赖堡（见第 71～77 页）。

区域集中供热系统

每一个欧洲国家都制定了自己的战略，并且在立法上和经济上给予相应的支持，以鼓励可再生能源资源（风能、太阳能、水力发电或是生物能源）的开发与本国情况密切相符。这些与土地的使用和开发有关联的战略性决定必须在区域层面重复运用。

区域层面的方法包括建造利用家庭垃圾的城市供暖系统，例如在巴黎和雷恩的供暖厂。柏林则使用从气体发电机产生的热，这是一种高效的、几乎不产生污染的科技。为了避免在输送过程中能源损失过多，能源工厂应建立在较小的规模上，例如针对一个重新整修的城市地块或是一个新的住宅开发项目。

在历史上节能措施大部分局限于住宅。最近几年，有些政府开始为公共的和服务建筑开发新的能源管理模式。在奥地利的具有环境意识的小镇梅德，供热厂用修剪树木的木材作燃料，而社区的建筑物则由光电电池来供应电能。

可持续的住宅工程

欧洲的城市不断趋向低能耗、环保的住宅工程。有一些则是把对现有建筑的节能措施的补助金和提供给低能耗住宅的补助金，例如低能耗住宅标签，结合起来。在改变消费者习惯的努力中，政府通过展览、发放小册子和在公众会议和学校的演讲来提供信息和建议。

最近几年可以看到使用太阳能的住宅在增多，特别在德国和荷兰。总的来说这些住宅都有地方层面的资助，而且经常受到区域、国家和欧洲的资金支持。位于林茨的由诺曼·福斯特爵士和托马斯·赫尔佐格设计的太阳城包含了 1500 个住宅；在 1999 年，在德国的乌尔姆造了 113 座由太阳能提供能源的被动式住宅，完成了它对气候联盟的承诺。作为汉诺威 2000 年博览会的一部分，建筑师考特卡普夫和施奈德设计了一个包含 13 幢半独立和联排的木框架

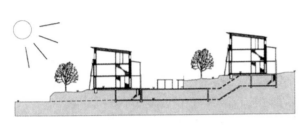

乌尔姆，松讷费尔德的"太阳寓所"，
1999 年建
剖面和全景
建筑师：考特卡普夫和施奈德

住宅的项目，排列之间互不遮挡，从而充分利用了太阳光（见上图）。

环境的水管理

对于一个地方政府，可持续的水管理政策必须有如下几条：

－保护地下水和地表水；

－减少不断短缺的自然资源——饮用水的消耗，并保证其质量；

－减少待处理的废水的容积，从而减少废水处理的费用，费用包括不堪重负的网络的扩建和新排污站的建设；

－环保的水处理过程；

－为了减少洪水泛滥的危害，改进地表的下水道系统（保持可渗透的地面面积）；

－在绿色空间里创建蓄水池，从而改善空气质量和改进社会环境。

减少洪水风险

近年来在欧洲越来越频繁的洪水灾害已经证明了对树篱和灌木丛的破坏、在水道中开凿涵洞、对河岸缺乏维护，以及由于混凝土和铺路柏油的散布而导致的土壤渗透性的全面损失等等所造成的灾难性的后果。需要根本的解决方法来保护人类生命和财产，以及减少造成这么多环境污染的废物。

防止洪水灾害的最基本的方法是禁止在洪水平原上开发，还必须有河岸的自然重构、重新种植树木和灌木，还要改造曾经能够保留许多地表径流的原有的河岸和树篱。这一政策被梅德镇在 20 世纪 70 年代所采用，目的是限制莱茵河洪水的泛滥（见第 62 页）。

在法国，包括南希和波尔多在内的一些地方政府近来采取了措施来收集并且截留雨水，减少其对于排水系统的影响。除了集水池的建设以外，一些例如停车场、露天运动场、庭院和市镇广场等开阔地在大暴雨和洪水时也可做为临时贮水区。塞纳－圣但尼省完成了一些类似的方案。在昂热，一个 600 公顷的绿化带——圣欧班，阻挡了一部分从缅因河及其支流而来的洪水。市中心的 45 公顷的巴尔扎克公园在 20 世纪 90 年代被重新设计为水草地，其中种植橡树、桦树、杨树和白柳树等地方树种的林荫道和河渠系统用来阻挡洪水并过滤城市里被污染了的地表径流。

水的循环

在德国，法律和地方规范中表述了环保性的水管理方法：

－只在必要的场所使用饮用水（联邦和区域水立法）；

－地方有责任进行雨水管理（联邦和区域水立法）；

－建造蓄水池和其他措施帮助雨水排入土壤（地方土地利用和发展规划）；

－收集雨水（一些地方发展规划）。

地方政府能够通过采取简单和低造价的步

骤来引导减少公共建筑和社会住宅中的水的消耗，同时要求新建工程和翻新工程采用更多的经济节约措施。

独立住宅的家庭用水比住宅楼的家庭用水高出 50%，其中相当一部分是用于花园浇水，而这部分用水绝对不需要饮用水。在家庭花园中提供雨水蓄水池是一个简单和经济的方法，这对于提高屋主的责任感有好处。在德国，许多地方政府从 20 世纪 80 年代晚期就开始推广这一策略，以补贴的价格来提供雨水收集罐。在 2000 年，类似的运动也在雷恩市展开。

雨水收集

在德国，雨水收集和再利用在住宅中、公共建筑中甚至于服务业和工业领域中都很普遍。不同于法国的是，总的来说不要求专门的认可。当水用于一些整年都要进行的活动时，例如冲马桶、洗机器、清洁和生产过程，收集雨水则更加经济。不少大型企业安装了收集器，部分是为了促进"绿色"概念，但更主要是为了减少正变得越来越昂贵的饮用水的消耗（见第 107 页）。

柏林波茨坦广场的戴姆勒·克莱斯勒建筑周围的城市水体区（见上图）是一个特别好的例子。一个由小溪和池塘组成的水网将环境与美学相结合，在这个原本很拥挤和繁忙的商业区，形成了一个 12050m² 的安静和放松的地段，这不仅给该地段带来了特点，也提供了一个更加健康和愉快的微气候，尤其是在夏季。雨水用不同的方法加以处理，17000m² 的屋顶空间（屋顶的总面积为 50000m²）进行了屋顶绿化，不能被植物吸收的水分贮存在总容积为 2600m³ 的蓄水池中。每年收集的 7700m³ 的雨水随后用于冲洗马桶、浇灌植物和灌注室外水池。

水通过生物力学净化来保持清洁，仅在必要时才采用高科技设备，例如在关键的夏季。

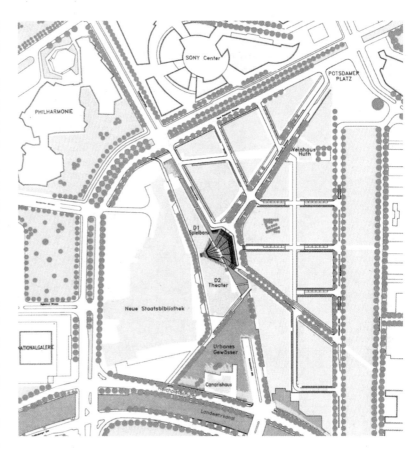

柏林，波茨坦广场的戴姆勒·克莱斯勒大楼，
建筑师：伦佐·皮亚诺
总平面图表现雨水收集系统的范围
设计师：阿特利尔·德莱赛特和汉斯·奥拓·瓦克
左图：水池之一的细部

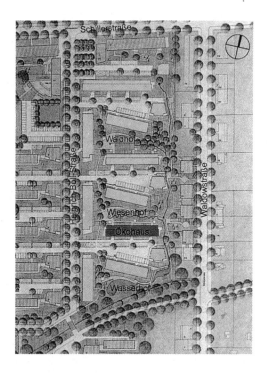

柏林，潘科区，海因里希·伯尔的开
发项目，1999年建
建筑师：维·布伦讷和约阿希姆·艾伯

维护土壤的渗透性

在乡镇和城市中，管理水循环需要在不可渗透的表面，例如在柏油路面、混凝土与可渗透的表面，如草皮之间取得平衡，即灰色空间与绿色空间之间的平衡。近来的自然灾害表明这种平衡在一些地区是如何消失的。为了重新取得平衡，可以快速而简单地贯彻实行以下一些已证实的方法：

－为平屋顶绿化改造提供资金；

－为停车场选择可渗透的表面（如固定的草地或草皮，以及穿孔的铺地板）；

－推广在庭院空间中设置草地。

在城市里，有一些大面积硬地的区域，必须采取措施帮助雨水蒸发和自然地渗透入地下。为了减小对于排水系统的压力，应该在每个建筑用地采取以上的措施，以疏导水流并且限制要处理的废水的体积。在花园和绿色空间里，将地表水汇集到排水深沟、长满草的明沟或者是种有植物的小水池是经济而且有效的方法。这使得水可以逐渐渗入到土壤中，有助

于将地下水位保持在自然水平，并且利于蒸发、增加空气湿度并改善微气候。

在德国，有些州已有法律要求土地所有人处理自己围墙内的雨水，而将雨水管连接到城市总的雨水系统需要特别的认可。后来许多地方政府试图完全废除他们的雨水排水系统，从而大大地节省了费用。"渗水坑"系统经常是通过池塘或是生物小区使得下水道直接进入地下，这一系统在黑瑟区、北莱茵－威斯特法伦州和巴登－符腾堡州的公共服务建筑和新的开发项目中很普遍。在柏林，这样的实例包括1999年位于海因里希·伯尔的开发项目（见左上图），这是一个有着216套公寓的试验性的社会住宅项目，将经济和环境质量相结合。这一项目位于前东柏林的潘科居住区，由非盈利的福利住宅和住宅建造机构（GSW）所建造。它使用生物气候学的原则、无危害的材料、节能措施和大面积的光电太阳能板；这一项目还有一个将雨水收集用于院落景观的系统。有三大景观院落，在每一个院落，水流流进鹅卵石沟渠和长

满植物的可渗透的地沟。雨水罐上覆盖了一个喷泉，用光电电池作为电能，水的流动使得空间活泼而有生气，激发儿童游戏的灵感。

绿色屋顶

历史上的乡镇和城市以石块、混凝土和沥青为主。高层建筑阻碍了空气的自然流通，妨碍了风有效地更新街道标高的空气，导致典型的城市微气候的高温、低湿和高污染水平。

这一现象可以通过采用大面积的草皮和种植屋顶来防止。植物和土壤中保存的水分的蒸发增加了空气湿度，并使空气降温，同时有助于沉淀空气中的灰尘。这样的屋顶绿化也提供了建筑的隔热层，帮助减少能源消耗，并且进一步减少温室气体的排放。在大雨时，它们能保存并且逐步地释放水，否则，水将会直接流入排水系统。因此降低了由于总的渗透性的丧失而造成的这些排水系统的超负荷和下水道水位突然上升并发生洪水的危险。

在德国，有一种关于从不可渗透的表面排水到主要下水道系统的地方税，这个税种是对于进行屋顶绿化或是"渗水坑"系统的明确的鼓励。

许多城镇建立了这样一个原则，即如果要移开地面上一块绿化，相应地要在屋顶层种植相同面积的绿化。在一些地区，这一原则是强制执行的，并且被结合到了地方发展规划中。许多地方政府给予屋顶绿化以如下的经济资助：

— 达姆施塔特市允许资助高达 20000 德国马克(10226 欧元)；

— 斯图加特市和不莱梅市，资助高达总造价的 50% 或是 35 德国马克 / m^2 (17.90 欧元 / m^2)；

— 巴克南市和杜伊斯堡市，资助高达造价的 50% 或是 50 德国马克 / m^2 (25.56 欧元 / m^2)。

其他城市在引入屋顶绿化时，减少了对于不渗透表面的税收：位于布赖斯高地区弗赖堡市、艾克斯·拉·沙佩勒市、帕德博恩市和吉森市等减少税收大约 50%，而在希尔德斯海姆市则减至为零。

其他的一些工业化的国家的市政府也引入了类似的方法，特别是在意大利和日本。

柏林，屋顶绿化

在柏林的马克斯·施梅林大厅的开发项目中，屋顶面积为25000m²，颁发规划许可时要求雨水排在项目红线内。当场地条件允许时，这一规划许可不断被强制执行。

绿色空间

城市政府在寻找方法以保持乡镇和城市里的生活质量时，对于城市里绿色空间的价值意识不断地增加。保护开放空间、保护植物的生命、生物多样性和河岸的再生等都包含有社会和文化问题。城市绿色空间的正确的环境管理要求规划师、建筑师、景观建筑师和工程师之间有紧密的、创造性的合作。

绿色空间的调节作用

在污染和噪声攻击感官的环境中，尽管绿色空间自身不能解决问题，但是能有一个相当可观的常态化的作用。绿地在以下几个方面改善了城市环境：

－树木通过蒸发作用在经常干燥的城市环境中增加空气中的水分；

－大量的植被能降低温度，在炎热的季节差不多能降低1~4℃；

－光合作用贮存碳并且释放氧气；

－叶子吸收灰尘并固定有毒气体，减少了空气污染（1公顷林地每年吸收大约50吨的灰尘）。

植被有助于调节和再生水的自然平衡。它增加了地面吸收水分的能力，并且帮助维持地下水的水位，因为部分被植物所保留的水分找到了进入土壤的通路，这些水在达到地下水位以前被自然地过滤了。

绿色空间也有助于防噪，因为植被能够吸收声音，尽管这种效力取决于种植的密度和植被种类。其他的优点包括：

－对于居民身心安宁的积极作用；

－提供社交和休闲的空间，尤其是给年轻人；

－提供经济机会，例如市场园艺、城市农业和与森林相关的活动；

－保护自然环境、野生生命和植被，并且和侵蚀作用作斗争。

生态系统的保护

市镇的特征是由自然和建筑环境之间的关系所建立的。一个客观量度，例如每个居民所拥有的绿化面积，在不考虑城市里绿地配置时就毫无意义，这种绿地配置包括绿化与周围建筑的关系，以及绿化的功能（公共公园、专用的休闲区、私家花园、小块出租副业生产地、森林地等），密度、特征和植物种类也很重要。为了维护和保持城市里的生态平衡，应根据当地地方物种来种植多种树木和植物。在德国，城市政府采取这一措施已有相当长的时间了，以低价鼓励居民购买传统的地方树种，否则这些树种将会消失。

在许多欧洲城市，例如柏林和纽伦堡，绿地的破坏导致生物种类的减少。在德国，据估计，每年有一种动物种类和一种植物种类消失，在生物链中一个种类的消失又威胁到10至20个其他以不同方式依赖其生存的物种，所以保护这些将灭绝的物种是绝对必要的。在斯德哥尔摩市，政府意识到了由"原生森林"所扮演的生态作用，因而创建了一个"生态公园"，这是一个位于城市边缘的、自然的、不被干扰的森林地带。在公共和私家花园里，修剪过的草坪不断被天然的草地所取代，拥有了广泛种类的野生花卉和草皮，它们吸引了昆虫，创造出局部的、小尺度的生态系统。

景观工程

城市的绿色空间有许多功能，这取决于它们的规模、建设方法和在城市中的位置。当人们从市中心搬到周围的乡村时，提供散步的和其他户外休闲活动的开放空间变得更为重要，许多地区是专门以此理念而设计的。为了保证

哥本哈根中心的绿色空间

赫尔辛基中心的一个公园

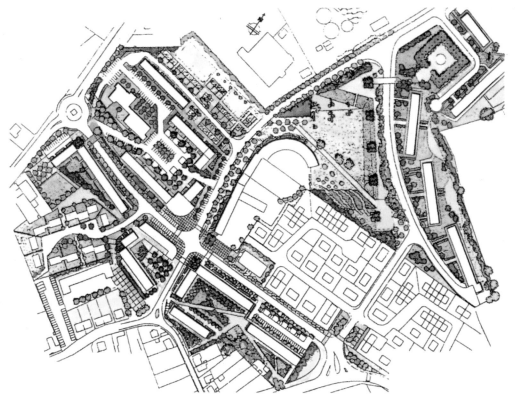

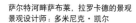

赫尔辛基,鲁奥科拉赫蒂的庭院绿化

最佳利用现有的和潜在的空间,城市应该有其"绿色规划",制定出目前的和未来的需要和战略,并且当机会出现时得以把握。第一步是与居民协力起草对于现状的详细分析,包括气候、地形、土壤条件、人类和自然环境、植物群落和动物群落,以及对于需求的定义。

在法国的萨尔特河畔萨布莱(见上图),有一片建于 20 世纪 60 年代然后被忽略了的五层楼住宅的场地,在 20 世纪 90 年代初,通过创建一个"绿色网格"这一场地被更新。现有的 550 个公寓被翻新。为了增加密度,在附近又建造了几栋符合大众口味的新的住宅楼。在建筑群周围以及建筑之间也对过去未限定的公共空间进行了重新塑造和景观设计。停车场被景观化,创造了 1.5 公顷的城市公园,步行道被加上标识,绿化和景观框架的设计为每一组住宅楼提供了可识别性。这一 20 世纪 60 年代和 70 年代的住宅工程的"居住化"是由社会土地所有者与城市政府共同领导并与当地居民合作的。它是重新定义外部空间中的公共和私人特性的有用工具。

庭院绿化

处理内部广场和院落的问题在城市改造工程中很普遍。无论在有效性方面或是范围方面,法国的许多将灰色空间再恢复为绿色空间的努力都还未取得像其他国家在过去 30 年里所取得的成就,这一努力的目的是在高楼林立的地区改善微气候。

在 20 世纪 70 年代的哥本哈根,城市理事会的一个关于复兴老住宅和更新休闲区的决定,引发了在城市内环有系统地进行内部庭院的重塑。结果,每年在城市密度最高的一些地区创造了约 1 公顷的花园,其中每个花园为 800 ~ 1000m² 。工程的设计和管理由地方当局无偿进行,建筑成本由市政府负担,并由建筑物的业主分 10 年付清。

大约 20 年以来,许多德国城市与居民合作制定了在其老城区的城市建筑群中创建绿化带的政策,这些城市中有柏林、斯图加特和蒂宾根。在柏林,舍讷贝格的 89 号街区(见右图)的翻新工程开始于 1986 年,将能源和水的节约措施,废物管理和无危害材料的政策

柏林,舍讷贝格区,第 89 号街区的庭院绿化

与创造绿色的屋顶和庭院结合起来。在慕尼黑，"城市居住"组织说服了政府将 50% 的资金提供给一个大型的庭院绿化工程，建成的这些景观社区空间通常配有儿童游乐设施、自行车架和一列列的垃圾回收箱。这些由地方当局领导的，但又集合了几百个家庭的社区工程有着真正的社会影响力。在慕尼黑共有 65 公顷的庭院空间现在改造成了绿色空间，造价仅为新建同样面积的新的公共公园的 1/50。

屋顶花园

城市基础设施工程也能为景观创造机会，提供绿色空间和雨水收集系统。巴黎的埃克托尔－马洛特工程（见第 59 页图）连接着艺术高架铁路开发项目，这一曾经将巴斯提勒市区与布瓦西樊尚斯公园相连接的铁路线，现在已改造成了一个景观散步道。这一工程创建了拥有 442 个停车位的 7 层停车场，覆盖有 $2300m^2$ 的屋顶花园。这些"空中花园"由种植有枫树的砖铺地的上层广场和十字交叉的石砌步行道的较低的平台组成，步行道两侧排列着芬芳的开花植物和灌木。凳子和喷泉精巧地结合在构图中，紫藤覆盖着的凉亭引导人们进入邻近的居住区。雨水被水渠汇集用于灌溉。枫树种于 2m 厚的土壤中，通风是通过整合到铺地中的穿孔砖来实现的。由下层停车场的空气间接加热的花园楼板，与水渠里的水蒸气相结合，创造了一个温暖、潮湿的微气候，促进了植物的生长——尤其是竹丛，那是鸟儿的庇护所。

垃圾控制

垃圾处理和处置是一个不断增长的国际关注点，减少垃圾体积是京都协议的目标之一，而再循环是欧盟第六届环境行动计划（时间期限为 2001 ～ 2010 年之间）的 4 个优先目标之一。

家庭垃圾

垃圾处理是城市政府今后几年将要面对的主要问题。随着传统的垃圾填埋场被关闭，取而代之为更专业的仅仅处理非循环的、稳定垃圾的垃圾堆放场，正在上涨的处理和处置费用在 2002 年有可能进一步地增加。面对这一变化，以及越趋严酷的规则，政府正在寻找有效的、环境可接受的垃圾处理方法，这些垃圾包括家庭垃圾，甚至是更大量的施工和拆除工地的废物（见第 119 页）。为了防止体积和价格螺旋形地失去控制，政府正在期待垃圾的再循环、分拣和能源提取。

垃圾分类

家庭垃圾分类在 20 世纪 80 年代早期被引入到德国，现在正遍及整个欧洲。它有三个主要目的：

－分离有毒或危险的垃圾，例如药品、电池、含有化学物质的物品、重金属或石棉；

－玻璃、金属、纸张、塑料和其他可以再利用的材料的再循环；

－去除生物可降解的元素，以减少最终的垃圾体积。

将不能再循环的垃圾分类，可以在不产生污染的情况下，以可持续的方法处理每一类垃圾。欧盟的目标是，在分类后 30% 的家庭垃圾可以再循环，20% 通过生物学的处理被再利用。

为了成功进行垃圾分类，要求人们积极地合作，要求家庭和办公室有必要的收集设施，而且还要求有一个足够收集的基础设施。提供不同的垃圾箱占了较多的空间；在一些欧洲城市，住家已经配备了按有机垃圾、纸张、包装和不可循环种类分类的垃圾箱。除此之外还必须有能够处理大量收集物的再循环工业，以及足够大的再循环产品（例如再生纸）的市场。

社会方面

改善城市里的生活质量也包括减少社会排斥主义，并且保证肩并肩生活在一起的不同社会阶层的平衡。为成功达到这一目标，要求有政治家、专业人士、技术服务和地方组织的共同努力与真诚合作。

巴黎，埃克托尔·马洛公共公园和小
汽车停车场，1996 年建
全景和剖面
景观和城市设计：克里斯托·福鲁克
斯

健康和舒适的益处

生活的质量也许可以通过以下因素来提高：

－优秀的建筑设计，它反映使用者的需求和愿望，并且使用无危害的和天然的材料创建更好的感官环境；

－优秀的城市设计，它能够创造绿色空间并且减少噪声污染、空气污染和其他不利的因素。

另一个因素是自然光。一些研究表明，暴露在自然光中对于人的身体健康和心情愉快有非常积极的影响，这还与减少疾病发生率以及人们在学校和工作场所的较好的表现相关。

我们接收到的仅仅 25% 的光线对于视觉是必要的，我们的身体利用剩余部分的光线来调节新陈代谢和荷尔蒙的平衡。在北方国家流行的季节性的忧郁症是由于冬季阳光极少引起的，人们经常利用光照疗法来治疗这种忧郁症，这种特殊的灯的光谱与太阳光谱相符合。因此，除了与更好的能源效率相关的经济和环境优点以外，在设计中通过平面布局和朝向将直射阳光引入到建筑中对于公众的健康有重大的积极作用。

城市和社会混合

在许多城市可以见到的犯罪和社会问题，特别是在内城郊区和居民区，表明了维持城市和社会混合的重要性：

－混合用地，即将住宅、商务和商业房产与大众休闲设施安排在同一地段；

－社会异质性，将低租金住宅、社会住宅和私人住宅结合在一起。

在不产生贫民区的情况下提供必要的住宅，要求在市政府、发展商和建筑师之间紧密

布兰维尔叙奥恩省，布兰登街区被改
造成了一个花园城市
上图为立面，下图为总平面
建筑师：让－伊维斯·巴里

合作，进行战略性的房产规划，例如在雷恩市（见第43页）。在法国，靠近卡昂的布兰维尔叙奥恩省的布兰登的再开发就提供了这样的一个实例（见上图）。建筑师让－伊维斯·巴里和拉普兰房产公司的发展商安德烈·马比耶将这个前工人阶级的地段遵循其原来的平面布局改换成了一个现代的花园城市。这一行政区的三块地段的每一块现在由小型的、低层的住宅楼组成，还包括有建在一个公园里的城市别墅和带花园和平台的城市住宅。这样一种住宅的多样性鼓励了在高密度城市环境中的社会阶层的混合。

使用者的参与

可持续城市规划的实现要求地方组织的合作，以及地方居民在草案阶段的参与。居民们对于其环境和舒适性的尊重取决于他们对于所有权的意识和感受；如果在制定影响居民环境的决策前，不与他们商量，他们就不会有这样的城市责任意识。在法国，所谓的地方社会中心，促进了地方组织和居民参与到他们周围环境的保护或再生中去。不过，居民参与城市设计是一个长期的和艰巨的过程，它必须分阶段逐渐进行，一旦发生错误，要有回头的可能。可是为了可持续城市发展的成功，这是极为重要的举措。在20世纪80年代，由于没有考虑到居民的优先权和行为，一些城市环境项目以失败告终；使用者对带有环境责任的生活方式没有做好充分的准备，或者没有兴趣。

在人们已经很积极地参与到地方民主政治的地区这类项目更容易获得成功，最好的范例之一是在布赖斯高地区弗赖堡的原沃邦兵营基地上所创建的一个新的居住综合体（见第72页）。当地的居民委员会——沃邦论坛成立并草拟了社区的框架以及建筑和城市的设计概念，这一机构的存在促进了社区生活和该地区可持续的社会工程。在柏林也有类似的开发项目，其城市论坛组织在20世纪80年代和90年代领导了一些类似的工程。

地方政府作为教育者

在一个城市中，不同的地方组织经常有利益的冲突。政治家、倡导者、建筑师、金融组织、地方商业和联盟，以及公众对于所有问题都有自己的逻辑和重点，也许是与可持续发展并不一致的重点。

所有这些方面必须集合起来，用保护我们周围的环境和生态系统的观点，鼓励行为的改变，例如，垃圾分类、雨水循环或是更多地使用公共交通。地方政府在这里扮演着主要角色。而在项目中积极配合的公众、专业人士和政治家必须经受环境的教育。

在法国，第一届国家"环境教育"研讨会于2000年在里尔举行，这次会议制定了如下目标：

－将环境教育带入社会和政治讨论中；
－在每个区域层制定教育计划；
－增加所有年龄段的全体公众的环境意识；
－拓宽和交流环境教育领域的有用的专业技术；
－建立、支持和训练个体组织，使他们能够执行这一教育；
－促进将环境工程付诸行动。

有些欧洲城镇已经将这些政策付诸实施。1994年在奥地利的梅德开始了一个生态学校的工程，目的在于在年轻人中间提升环境意识。在法国的昂热，市政理事会成为采用减噪和垃圾分类方法的先驱，缅因湖旁的环境中心则举办课程和工作室。在环境中心还设计了针对不同领域人士的活动，包括专业人士、公司雇员、教师和学生，他们能在中心的有机花园里进行试验。

乌托邦变为现实

对于欧洲联盟，可持续发展是国际变化的主要议题。城镇和城市的未来发展必须遵照环境的、社会的联合原则，打造在经济、社会、环境和文化之间的可持续的平衡。这将是政府在今后几十年里面对的主要挑战之一。

但是，这些新的挑战支配着未来。环境发展开辟了新的前景，有着创新的重大潜力，并且推动个体和集体的创始活动。一个更清洁的城市，在良好维护的绿色空间里有着设计良好的建筑和公共空间，是一个具有竞争力的城市，它将会吸引最高品质的企业和经过更新的、富有活力的人群。

保护环境是市民的要素之一。它可以汇集个体和集体的创始活动，为携手装点城市的男人和女人赋予共同的目标。越来越多的欧洲城市表达了他们行动的愿望和创新的能力。伴随着从他们的经验中所获得的信息的广泛传播，以及不同政府间直接的合作，可持续发展能够成为全欧洲联盟每日的事实，并将传播到东欧国家和更远的发展中国家。

6 个欧洲实例

奥地利，梅德

一个乡村市镇设立了标准

梅德是福拉尔贝格州的一个小型的、迅速发展的市镇，是当代建筑的一个熔炉，可持续发展在每一个尺度上被付诸实现，这要感谢几十年以前所做的一系列果敢的决定，使得这一小镇现在成为典型的环境社区。

地点
奥地利，福拉尔贝格州

地理概况
在莱茵河岸，海拔414m

人口统计
1951年人口为786人；
2000年人口为3150人。

经济概况
40个地方企业，800个职位

可持续发展的措施
景观改造计划；
环境的"生态学校"；
生物暖气厂；
为公共建筑提供光电电能。

梅德—— 一个可持续的市镇

梅德镇位于福拉尔贝格州的经济和文化繁荣的区域的南部（见第22页），市镇和村庄拥挤地分布在康茨坦斯湖和布雷根茨森林之间的一个狭窄的平原上。近几十年来，布雷根茨和其卫星城的扩张反映了与梅德镇相似的迅速发展。镇人口在过去的50年里翻了4倍，造成了为适应这一扩张对于大型公共建筑的需求。

1991年，具有环境意识的市政理事会决定将梅德镇建设成为一个典型的"绿色"社区。1993年，梅德加入了气候同盟（Climate Alliance），这是一个反对温室气体效应的增长，并为全球可持续发展做出贡献的地方政府的国际协会。该同盟的成员致力于到2010年将二氧化碳的排放量减少到1988年的50%。1995年，梅德镇成为福拉尔贝格州第一个起草了自己的21世纪宪章的市镇。1999年以来，它也参加了由福拉尔贝格州能源研究所制定的节能市镇计划。

保护风景；水循环

梅德镇位于莱茵河岸，这一对于欧洲"最大的河流"的亲近已经成为影响市镇发展和它所采取的环境措施的一个主要因素。在1700年至1900年间，莱茵河33次冲破了堤岸。在1892年的第一次国际规范协议之后，过去易受频繁洪水侵害的土地成为可耕种的土地。这导致了在20世纪初的大面积的树木砍伐以及河堤

表现了景观改造的市镇平面图

1974—1984年

1984—1994年

和树篱的拆除。这一对景观的改变破坏了其独有的特性，打破了区域的生态平衡，并且对气候和土壤条件有负面影响。在缺乏天然的防风林的情况下，风暴常常对建筑造成破坏。

为了回应这些问题，1973 年福拉尔贝格州通过了景观保护方面的新的区域立法，要求区域里的地方政府提出解决方法。1974 年，梅德镇是第一个做出响应的地方政府，它提出了一个长期的改造计划，包括种植 8 万株树木和灌木。

十年以后，这一计划完成了 75%，重新种植的树木和树篱网通过以下一系列有益的作用减少了风速和极端气候的困扰：

－破风作用；

－减少由于风的侵蚀造成的土壤风化和表面干燥，从而加强了土壤的质量；

－提供野生动植物生长的自然环境，有助于保护生物多样性；

－减少雨水和暴风雨的地表径流。

树篱和河岸也通过挡住一定量的雨水来减少洪水的危害，其中一部分雨水浸入土壤，其余的则逐渐释放为地表水，从而调节了河流的流量。

20 世纪 70 年代和 80 年代采取的植树计划同样也有经济效益。树篱的修剪和树木的砍伐提供了充足的、可再生的木材用于生物供热厂。生物供热厂于 1994 年设立，向公共建筑和服务业供热，成为减少二氧化碳的努力的一部分，大约每年要燃烧 700m³ 的木材，因此在一个小型的地理区域内完成了一个完整的自然循环。

一个建筑文化

毫无疑问，福拉尔贝格州是在欧洲建筑方面有着最高的公共形象的地区之一，部分是由于福拉尔贝格州的建筑艺术组织的存在和他们的专门技能。所以不奇怪，梅德的市政理事会会委托国际知名的奥地利实践家鲍姆施拉格和埃贝勒在新的市镇中心设计了三座公共建筑。这三座公共建筑包括社区会堂、学校和体育综合设施。

社区会堂 1995 年完工，采用对比的形状、色彩和材料。入口门厅、衣帽间和一个会议室成组布置在一个白色抹灰的立方体中。在它的旁边，会堂本身是一个涂有亮红色的当代诺亚方舟，可以容纳 470 人。另两个公共建筑有着相似的、惊人的建筑质量。钢和玻璃的体育馆，部分沉入地下，沿着长边水平方向延伸。沿上半段的玻璃带保持了与外界环境的联系，使得行人可以看到里面的活动，并且也提供了自然

梅德市新中心的鸟瞰图，包括幼儿园、图书馆、学校和综合体育馆、社区办公室和社区大厅

幼儿园建筑的屋顶绿化

光，从而减少了能源消耗。在近处，在柔和的、弧形的建筑线条庇护中的幼儿园、托儿所和图书馆消散在绿化中，其绿化屋顶设计为环绕着一棵巨大的垂柳树。生态学校（见第185～189页）是长期的环境措施对于公共建筑的结果。

生态和教育

由于意识到持久的态度上的改变只有经过未来的几代人才会实现，梅德镇决定设立奥地利仅有的一所生态学校。学校遵循建筑可持续的原则而建造，并且生态和环境是一个强制性的主题。这一基于工程的教学活动的目的是通过实地调查，提升对自然环境的意识，其足迹遍布附近的许多传统的种植兰花的花园、受保护的采砂场地、位于布吕尔休闲中心的湿地的群落生境以及莱茵河沿岸。这些活动的目的是开发年轻人对于自然环境的意识和责任，并且鼓励个体主动精神。学校除了设置有应用生态课程之外，又在整个教学大纲中综合了基本的可持续发展的原则。

改造和节能

在现有的建筑中也运用了节能方法。建于1952年的小学校，于1996年被遵循可持续路线改造成了社区办公室。通过综合采用以下多种方法使每年的能源消耗从 $236kW \cdot h/m^2$ 减少到 $83kW \cdot h/m^2$，或是减少了60%以上：

－ 安装一个电脑控制的采暖系统；

－ 采用高性能窗（U=1.1W/m²K）；

－ 采用带有外保温层（140mm的金属棉）的通风的覆面系统。

所产生的节约等同于其他公共建筑的净暖气费。通过引入生物供暖厂，每年的二氧化碳排放量从43吨减少到不到2吨。

使用太阳能

为了设立一个范例，市政理事会选择了太阳能。学校的屋顶整合了 $28m^2$ 的太阳能收集器，提供了50%的热水要求。1998年安装在体育馆综合楼平屋顶上的 $90m^2$ 的光电太阳能模块有10kW的功率，每年产生 $10000kW \cdot h$ 的电能。多余的电能则被卖给市政网络，得到的收益投资于远期将光电板面积增加一倍的目标。已安装的PV板由1000张"太阳能支票"来提供资金，每张支票为72欧元；这一举措取得了很大的成功，获得来自包括地方商业和个体以及更大机构的赞助，例如列支敦士登的 Propter Homines 基金。每年的6月24日，这些支票的持有者被邀请参加一个庆典。因此，尽管梅德镇位于环境创新的前沿，仍然努力保留它一贯的乡村城镇的社区精神，并且希望继续保持下去。

$90m^2$ 的光电组件被安装在体育馆的屋顶上

地下冷却管被埋在生态学校的庭院的地下

德国，斯图加特

长期的实用主义

作为欧洲汽车工业的一个主要中心，斯图加特凭借其高比例的未开发的土地以及绿党的政治影响，也是一个绿色城市。20 多年来，城市政府关于城市规划和建筑的决定都是在长期的可持续发展的背景下进行的。在城市中可以看到一系列的环境首创精神。

历史背景

斯图加特位于内卡河附近，是在内卡河的一条支流所形成的一个狭窄的山谷中发展成长的。其海拔高度变化超过 300m，所形成的城市的独特地形成为发展中的决定因素。在 19 世纪期间，随着机械工业、汽车工业和电力工业的兴起，城市得到迅速的发展，人口从 1801 年的 21000 人增长到 1900 年的 175000 人。由于山谷的限制，其东面的山坡因为坡度陡峭而不能建造建筑物，因而城市向北边内卡河延伸，并且越过较平缓的斜坡向西发展。在第二次世界大战期间，斯图加特作为一个工业中心，成为同盟国轰炸的目标，大约 60% 的建筑被损坏或是被破坏，并且没有一座历史遗留的建筑物逃过损伤。

1945 年的轰炸使市中心 90% 的建筑遭到破坏。此后，斯图加特由于道路交通的渐趋重要，呈现出了一个新的局面。基本的街道平面被保留，但是道路被拓宽和拉直了，一批历史建筑在与交通流量的厉害冲突中牺牲了。两条来自周边区域的主干道被改道并穿过城市，道路幅宽 30m 以上并且被四条横向道路所连接，它们贯穿中心区，并且将中心区与其他的城市部分分开。当大多数南部城市，例如慕尼黑或

地点
德国, 巴登 - 符腾堡州

地理概况
在内卡河谷，斯瓦比恩 (Swabian)- 茹拉的北角

面积
20733 公顷，其中 44% 为建筑和道路；
17% 为花园；
15% 为农业和葡萄园；
24% 为森林。

人口统计
1950 年人口为 505000 人；
1962 年人口为 640000 人；
2000 年人口为 580000 人。

经济概况
工业和大学城；
并且是国际商业中心。

可持续发展的措施
强制性的屋顶绿化；
要求公共建筑增加 25% 的保温层；
在学校和体育馆建筑中使用木材和无危害的材料；
为 1993 年国际园艺／花园博览会 (IGA) 建造的试验性的行政区；
在布格霍尔茨霍夫区 (Burgholzhof) 的前军事基地上的实验开发项目；
在福伊尔巴赫 (Feuerbach) 的被动式住宅发展项目；
给予新建的和现有的建筑的节能措施的津贴。

城市平面图，表现为 1993 年国际园艺／花园博览会 (IGA) 创造的 U 形绿化带

左图：为 1993 年国际园艺／花园博览会（IGA）建造的带有光电组件的联排住宅
建筑师：托马斯·赫尔佐格

右图：为 1993 年国际园艺／花园博览会（IGA）建造的集合住宅

是纽伦堡，选择将其历史中心重建成原状时，斯图加特市政府转而关注 1933 年雅典宪章的原则。宪章应用了现代主义运动的一些观点，例如单一功能区。因而在斯图加特，商业和服务业、政府和行政建筑都集中在城市中心。在这一中心区外的混合区被沿着道路网而建的郊外住宅区和工业区所环绕。由于人口从 1950 年的50.5 万人急速增长到 1962 年的 64 万人，引起了住宅的短缺，从而导致在城市外围的绿野中的一些新城镇的建设。

回归混合使用

20 世纪 60 年代期间，斯图加特中心的生活质量严重下降，绿色空间缺乏，空气与噪声污染不断增长。高速公路实际上将市中心隔离，破坏了城市结构。越来越多的人们搬离城市，留下社会和功能的问题；市中心在工作日里过度拥挤，但是每晚却无人居住。这迅速导致了重新检验将居住区和工作区分开的观点。为了吸引居民回到市中心，市政府开始了一个改造城市结构的重点工程计划：

－在皇帝大街周围创造了欧洲的首批之一的步行城市街区；

－一个通过改造传统住宅、作坊和小商铺

的结构来复兴博嫩城区（Bohnen-Viertel）的实验工程。

绿色的觉醒

斯图加特位于欧洲最成功的工业区之一的中心。其经济的繁荣依赖于该地域里一个世纪以前建立的工业，例如：戴姆勒－奔驰汽车公司和博施公司，以及一些国际集团的出现，例如：柯达、索尼、惠普和 IBM。以小汽车工业为主导，城市坐落在山谷底部的地形状况，以及由此带来的高度的空气污染，使得居民们特别关心环境保护。在 1978 年巴登－符腾堡州无可争辩地成为绿党议员回到议会的第一个德国州。自从那时起，绿党就拥有了对于地方和区域政策的持续和不可否认的影响。在 20 世纪80 年代，斯图加特曾是第一个强制推行屋顶绿化的城市之一（见第 108 页），并且引进了家庭垃圾的分类。

一个绿色的城市

斯图加特市因为仅有 44% 的总建设面积而成为德国最绿的城市之一。那里有无数的公园，而且城市被供公共休闲用途的广阔林地所围绕。在过去的 50 年里，五届花园展览对绿化区数量的增多和质量的提高作出了贡献。在最近的 1993 年的国际园艺／花园博览会上，斯图加特创建了"绿色 U 形"，这是一个 8km 长的没有被隔断的绿化带，面积为 200 公顷，开始于旧城中心的宫殿广场，穿过了城堡花园、罗森施泰因、莱布弗里德和瓦尔特贝格公园以及基利斯贝格 (Killesberg) 的展览区，然后到达城市边缘的森林。一些公共工程使用区域的和国家的基金来建设，包括跨越主干路和铁路的步行桥，一些更远的绿化带和位于狮子门的肥料厂，这个肥料厂从附近的威廉马的植物园和动物园收集有机废物。

作为 1993 年博览会的一部分，通过城市和私人开发商之间的合作，斯图加特市建立了 13 个试验的"绿色工程"，其主题为"适当地和有责任地使用城市里的大自然"。作为住宅 2000 年 (Housing 2000) 计划的一部分，建设了 19 个半独立住宅和包含有 100 个出租公寓的 7 栋住宅楼，其目的是针对污染、噪声和其他城市公害提供创新的解决方法。大多数竞赛的优胜者是环境建筑领域内的先锋，包括托马斯 · 赫尔佐格和迪特尔 · 申姆珀的在德国的实践，法国茹尔达与佩罗丹的合伙人公司，奥地利的西斯科维茨 (Szyszkowitz) + 科瓦尔斯基公司，以及丹麦的 Vandkunsten 事务所的实践。托马斯 · 赫尔佐格的联排住宅项目是第一个使用光电太阳能组件的工程之一。

公共建筑中的可持续性

自从 20 世纪 80 年代早期以来，斯图加特市已兴建了 30 座教育建筑和体育中心。因此有许多机会给建筑师发展一些想法，即当遵循通常的"绿色"路线进行设计并且考虑经济性和耐久性时，公共建筑应采取什么样的形式。天然材料的使用，例如木材、砖、亚麻油毡，以及不含危险溶剂的涂料，一段时间以来已经成为斯图加特的标准实践，特别是在幼儿建筑中，例如豪伊玛登的幼儿园（见第 169 ～ 173 页）。

所有这些建筑都有大面积的玻璃立面，结构与建筑体量的朴素优雅归因于参与的不同部门之间的合作和精确的详图设计。室外和景观被处理得很细致，从屋顶收集的雨水通常被疏导入生物小区。这一城市建筑综合了空间、光线和植物，充分使用了材料，并且合理地处理了结构和空间。基于人本主义原则，这一建筑不是革命性的，而是使用者友好的和生态高效的。

木材的使用

几乎所有这些建筑都大量使用木材，其温暖和令人愉悦的感官特性使得它成为学校建筑的理想材料。木材大多用于外部覆面和内部装修。在结构上，木材有不同的用途，例如由彼得 · 胡贝勒于 1994 年设计的位于海斯拉赫 (Heslach) 的幼儿园，由贝尼施及合伙人事务所于 1990 年设计的位于路基斯朗特 (Luginsland) 的幼儿园，以及由彼得 · 胡贝勒于 1989 年设计的施塔姆海姆 (Stammheim) 小学里的柱子和梁；还如由约阿希姆 · 艾伯于 1998 年设计的豪伊玛登幼儿园里的钉接层压板；由贝施 (Baisch) 和弗兰克于 1998 年设计的位于魏利姆多夫 (Weilimdorf) 的沃尔夫布施 (Wolfbusch) 体育馆里的木材和钢的弓弦式桁架。斯图加

斯图加特，海斯拉赫 (Heslach) 的幼儿园，1994 年建
透视图
建筑师：彼得 · 胡贝勒

特市的建筑部门自行设计了一些体育中心建筑采用木材和钢材相结合的结构，例如在博特南（Botnang，1993 年）和豪森（Hausen，1998 年）的体育中心。由"建筑作品城"（BauWerkStadt）于 1999 年设计的法德学校的体育馆的单坡屋顶由胶合层压木制成的门式框架所支撑。这一屋顶不仅覆盖体育馆，还覆盖一个包含有更衣室、盥洗室和贮藏室的无饰面混凝土体量。屋顶和山墙用古色古香的铜包裹，不需要维护。森林和林地中心（见第 95 页）、霍恩海姆（Hohenheim）的农业博物馆建筑，甚至一个有轨电车站（位于城市的一个森林区，见第 69 页）也使用了木材。沃尔夫冈·舒尔特市长认为选择这样一种天然的、再生的材料是显而易见符合环境和经济的；木材不带有危害健康的物质，同时减少了二氧化碳的排放量，并且允许广泛地被预制，缩短了施工时间，而且能用较低的价格产生出技术满意的解决方案。

公共建筑里的能源管理

20 世纪 80 年代以来，斯图加特采取了一个针对材料和能源的环境方法，其结果在降低造价和二氧化碳减排方面令人心悦诚服。经验表明，通过改进内部组织和熟练运用清晰的设计能够取得显著的节约。每个建筑单体在可持续性和价格方面被当作一个整体以便优化施工、使用和维护。1997 年出台了新的城市规范，要求所有的公共建筑应拥有比现行的国家实践规范的要求高出 25% 的保温层（见第 100 页），这些规范本身被认为是欧洲最严格的规范。这一措施的资本费用被年采暖能耗的降低抵消了大约 30%。

住宅的节能措施

斯图加特市依靠其房地产政策的力度完成了节能措施。当公共土地被卖作住宅用地时，合同要求所建造的建筑必须符合低能耗的等级要求。在 2000 年，福伊尔巴赫（Feuerbach）区域的当时最大的被动式等级住宅发展项目完工了，52 个联排住宅比温度执行规范的设定值少用了 80% 的采暖能源。这些住宅有良好的保温和气密性的外围护，通过生物气候学的方法和高效的玻璃来利用太阳光，并且使用双向的通风系统，通过热交换器从使用过的空气中回收热量。这些住宅以优惠的价格出售给年轻的、低收入家庭。

能源节约方法也被应用在已建成的公共和私人这两个领域的住宅里。

如果屋主或是租户安装像高效玻璃、增加保温层、太阳能集热板或是热泵等措施，就能够从城市政府申请到相当于造价15%～30%的补助金。补助金平均为5200德国马克（2660欧元），也可能高达12000德国马克。作为欧盟计划"节约II"（Save II）的一部分，斯图加特也建立了一个能源指导中心，向私人开发商提供更新建筑的指导。这一中心（斯图加特能源指导中心）是法国蒙特勒伊的地方能源管理机构的"双胞胎"。

斯图加特模式

由于缺乏资金，许多地方政府在执行明显有利的可持续发展的措施时受到了阻碍。将预算划拨给截然不同的部门，以及将资本支出和操作预算分开的运作方式加剧了这一状况。节能措施需要资本费用，这必须由一个专门的部门来支付，但是只有通过降低运行费用才能感觉到收益。承包是一个不断被采纳的方法，通过承包这样的工程在前期就有资金注入，经常是由私人承包商来提供的。

斯图加特市则采用了自己的解决方式，称为斯图加特模式。工程项目首先由城市能源和环境部门投资。以后通过降低运行费用的形式获得经济上的节约，与这些节约的费用相当的总金额再付回给能源部门，一直到全部的资本费用被偿还，这是一种无息的给相关市政部门的贷款。这一方法既可以向大型项目提供资金，也可以向小型改造工程提供资金。这一斯图加特模式开始于1995年，并且被证明是非常有效的。

布格霍尔茨霍夫区（The Burgholzhof district）

布格霍尔茨霍夫区是斯图加特市东北部的一个新开发区，位于罗宾森兵营的场地上，这里原是一个美军基地，随着德国的统一变为空置的土地。这一新的10.5公顷的居住区被设计为多种住宅形式，以创造社会混合的居住模式，包括：

— 私有建筑里的600间公寓；

— 60个给年轻家庭的廉价的"先租后买"的住宅；

— 195个社会住宅出租单元；

— 给附近的罗伯特·博施医院员工的95个住宅单元。

第一期工程开始于1996年。

所采用的能源政策包括如下各种措施：

斯图加特，迪格洛赫的儒邦克（Ruhbank）有轨电车站，1999年建
建筑师：雅各布＋布卢斯

布格霍尔茨霍夫区开发项目的透视图，展现屋顶绿化和 PV 板
右边的背景是考特卡普夫和施奈德的20个复式住宅楼，1998年建

－建筑平面布局设计成可以最佳地利用太阳能；

－开发商有义务满足低能耗住宅的要求（能源消耗量比1995年最大的规范值低30%）；

－使用太阳能热水器；

－从燃气的城市供暖厂供应暖气。

这一开发项目安装了1750m²的太阳能板，在其建成的20世纪90年代晚期是德国最大的太阳能装置之一。这些太阳能板提供了大约50%的区域热水，每年大约产生720MW·h/年的能量。太阳能板被安装在区域中心的三栋公寓楼的南向的坡屋顶上。热水通过350m的管道流到90m³容量的水箱中。暖气厂的三台锅炉能满足89%的采暖需求。

布格霍尔茨霍夫区的其他特色包括屋顶绿化、植草的停车场，以及每块地都指定栽种树木的最少数量，这些取决于未建面积。

整个区域里的车速限制在30km/h，区域中除了住宅区，还有学校、托儿所、体育馆、商店和社会设施。有关7个建筑单体的工程造价的分析（包括157个住宅单元，总的可居住面积为11742m²），给出了节能费用的数据：

－一体化措施占建筑造价的1.7%，例如增加保温层和采用高效窗；

－技术安装占建筑造价的1%，例如太阳能板和能回收热量的通风系统。

这些投资可以通过节约采暖费用而迅速获得补偿。

布格霍尔茨霍夫区的住宅楼之一是在1998年由诺瓦·阿舍房地产公司建造的，这是专门从事绿色施工的公司。建筑符合低能耗住宅标准，并且由两列有10个100m²的复式公寓所组成（见第69页图），每个公寓底层是起居室，上层则是卧室。上层公寓的入口通过3个室外楼梯连接到钢制走道，与主体结构分离。这栋建筑用的是木框架、嵌板墙和实心胶合层压楼板，是在德国建造的第一栋四层木结构建筑。

这个建筑是名为"廉价住宅"的城市实验项目的一部分，目的在于协助有几个孩子的年轻的、低收入家庭来购买经济的、可持续性的住宅。一套公寓的价格大约为29.8万德国马克（15.2万欧元），是斯图加特房地产市场上类似的住房价格的三分之二。这栋住宅与其他住宅的不同点归结为简单的体量、重复的平面、材料和饰面的选择、优化的服务，以及城市政府给予了相当可观的补贴后的土地价格。

实例的价值

斯图加特市的实例鼓舞了邻近地区的政府建设他们自己的工程，从而为可持续开发的启动做出了贡献。位于该市东北边的费尔巴哈于1995年制定了目标，到2000年将二氧化碳的排放量减少20%。研究了200个不同的方法措施，其中的大多数已付诸实施，包括增加保温标准，将传统的灯泡换成低能耗灯泡，优化现有的设备并且替换旧的采暖系统。在一些大型项目中实施了一些简单的、经济的和可迅速应用的步骤，如安装一个风力涡轮机，安装在位于罗特开尔深维格（Rotkehlchenweg）的新开发项目的太阳能热水器，以及建立一个城市的联合供热站。

风力农场于2001年1月启用，包含4个名称为Vestas的 V47-660/200 涡轮机，每台功率为660kW。设计的年输出量大约为420万千瓦时，等同于1600多个家庭的用电量。在罗特开尔深维格行政区上方通往费尔巴哈的主要道路旁所升起的"太阳帆"是最具戏剧性的工程。它是由声光艺术大师沃尔特·吉尔斯设计的。这个7.2m×10.7m的结构通过张力缆绳从一个16.7m高的钢塔架获得支撑，固定住50m²的用260个硼硅酸盐玻璃管组成的太阳能接收器。使用太阳能有经济、环境的价值，并且在这种情况下也有艺术价值。

斯图加特附近位于费尔巴哈的太阳帆，1999年建
设计师：沃尔特·吉尔斯
工程师：施莱西·贝尔格曼及其合伙人事务所

德国，布赖斯高地区弗赖堡

社会和环境的激进主义

弗赖堡市拥有的声誉堪称为环境主义的欧洲首都。这个城市是最早一批采用可持续城市发展政策的城市之一，并且这些政策在这里得到了彻底而高效的应用。弗赖堡有着年轻且激进的居民，有着 20 年在这个领域的经验，目前正进行着两个新的主要的可持续发展项目：分别在城市中心附近的一个旧军事基地沃邦，和在城市西部的里瑟费尔德 (Rieselfeld)。

环境主义作为经济扩张的一个矢量

在 20 世纪 80 年代中期，城市政府与区域能源和弗赖堡能源和供水公司合作草拟了一个理性的能源规划战略。

1996 年，市政理事会制定了一个环境保护计划，其主要目标是到 2010 年将二氧化碳的排放量减至 25%。为了达到这个目标，市政理事会落实了两个优先考虑的事情：

－鼓励使用可再生能源，尤其是太阳能；

－鼓励在新建的和现存的建筑中采用节能措施。

弗赖堡是个迅速发展的大学城，它的政治和行政当局有许多虔诚的环境主义者。在 20 世纪 90 年代，两个区域方案使得居民们都积极参与到可持续发展原则的应用中。在 1999 年的市政选举中，绿党获得了更多的影响力，取得了 20% 的选票。

充分发展的公共交通系统、道路中步行道和自行车道优先、家庭垃圾分类和再循环，以及积极地使用太阳能早就成为弗赖堡市日常生活的一部分。城市里半数以上的行程由自行车（有 160km 的自行车道）、有轨电车或是区域的铁路网承载。所产生的积极结果包括在环境领域里创造了 1 万个以上的职位，同时，商业、大学和城市政府共同努力鼓励发展生物科技工业导致一个生物科技商务园区的创立。在弗赖

地点

德国, 巴登 - 符腾堡州

地理概况

在莱茵谷, 黑森林的边缘

面积

15306 公顷

其中 40% 被建筑覆盖；
10% 为道路；
50% 为绿色空间（其中 42% 为森林, 3% 为公园, 5% 为葡萄园）。

人口统计

1950 年人口为 117000 人；
1970 年人口为 174000 人；
2000 年人口为 204000 人（其中 88000 人为有经济能力的）。

经济概况

大学城（有 30000 名学生）；
邻近法国和瑞士边界的主要的商业和旅游中心；
工业中心, 特别是生物科技工业。

可持续发展的措施

承诺到 2010 年二氧化碳的排放量减少达 25%；
对新建建筑强制进行低能耗住宅等级评分；
支持使用再生能源, 尤其是主动式和被动式太阳能；
强制性进行平屋顶绿化；
全面的公共交通战略；
扩展步行道和自行车道的路网；
创建两个"绿色"行政区。

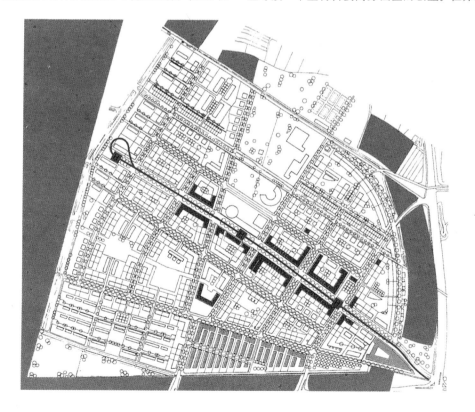

里瑟费尔德行政区的平面

由罗尔夫·迪施设计的"太阳行政区"的联排住宅

堡市甚至有一个绿色旅行机构——弗赖堡旅行社，它提供了许多关于城市环境景点的多语种旅行线路。

太阳城

弗赖堡市是德国最大的太阳能集热板制造商之一太阳工厂(Sloar-Fabrik)总部的家园，同时也是弗劳恩霍夫(Fraunhofer)研究所太阳能应用研究的基地。因此该市处在这一飞速发展领域的尖端，对于德国经济作出了越来越多的贡献。一个题为"弗赖堡－太阳城"的范围广大的计划是与汉诺威 2000 年博览会相结合的。在这一计划中有 7 个单独的工程，其中有：

－城市火车总站上方的办公塔楼的立面，将 240 个垂直的光电太阳能板结合在幕墙系统中；

－"富裕能源"住宅的开发，使用 45°倾斜的光电太阳能外墙板，制造了比消耗量更多的能源。

这一发展项目由罗尔夫·迪施设计，位于沃邦的"绿色"区域附近，由于资金的原因，进展缓慢。

在里瑟费尔德(Rieselfeld)和沃邦的发展项目中，被动式利用太阳能成为标准，许多建筑物也使用太阳能集热板和 PV 组件。

总的来说，在弗赖堡对于太阳能的利用已带入更广泛的大众层面。可再生能源研究所(能源和太阳机构协会，FESA)将愿意协作共同购买并安装 PV 组件的个人组织起来。商业协会和一个专业中心为初学者和技术员提供加工和安装太阳能集热板的培训。

里瑟费尔德区

位于里瑟费尔德区的实验工程的运作开始于 20 世纪 80 年代中期，当时新建了一个区域下水道处理站，意味着位于城市西端的原来的渗滤坑场地成为空置用地。政府决定在这一区域创造一个 250 公顷的自然保护区，同时进行一个 78 公顷的住宅开发项目，预计拥有大约 4500 间住宅，能容纳 10000～12000 万的居民。这块场地的概念设计竞赛于 1991 年进行，接着还有一些分别的建筑设计竞赛。各种不同类型的建筑的建设使得可以在其不同的性能，特别是能源消耗值之间进行比较,这些建筑类型包括：

－小型城市住宅楼；

－城市别墅；

－公寓楼；

－ 2 至 3 个单元的市镇住宅；

－联排和月牙形的住宅。

这个新区离犹太郊区或郊外住宅区很远，离市中心有 15 分钟的有轨电车的车程，设计具有可持续社区的所有设施，包括小学和中学、医院和商店。在附近的海德商务园已有 5000 个职位，而在里瑟费尔德区域内部还会另外创造出 1000 个职位。

里瑟费尔德是目前巴登－符腾堡州正在进行的最大的发展项目。为了保证二氧化碳的排放低于其他的城市区域，采用了下列许多方法：

－通过将工作区和住宅区拉近而缩短旅程；

－低能耗施工；

－一个给步行、自行车和公共交通以优先权的交通战略。

这个地区的一部分是"无小汽车区"，居民必须同意不拥有车辆。

这些措施是实验住宅和都市化联邦研究计

划（ExWoSt）中一部分的研究主题，着眼于通过合适的城市规划减少有毒物质。

沃邦：一个前军事基地的环境和社会的改造

随着柏林墙的倒塌，在1992年8月驻扎在弗赖堡的法国部队离开了，沃邦的兵营处于空置。在1994年，弗赖堡市购买了其中34公顷的土地，于1995年作出了将其改造为一个环境和社会的旗舰工程的决定。其主要目的是：

－住宅和工作场所的混合；

－强调步行、自行车或公共交通的出行方式；

－保存现有的树木并且保护圣乔治溪周围的绿地；

－社会混合；

－住宅和外部空间之间的和谐关系；

－使用城市暖气厂；

－低能耗建设。

规划有三期工程，于1998年至2006年之间建成。该项目包括2000个住宅，可以容纳5000人口，加上商业单位提供了大约500～600个工作岗位。

在舍讷贝格山脚下，沃邦被设计为城市中一个生气勃勃的和绿色的地区。第一幢住宅于1998年完工，第二期开始于1999年。从环境的观点出发，特别值得关注的是居家工作室建筑（见第154～158页）。

房地产规划

与雷恩市一样（见第85～91页），在弗赖堡市，一个得到好评的房地产战略使得城市政府可以在一个整体规划的范围内，通过出售私人地块来实现其环境和社会的目标：

－增加建筑密度；

由罗尔夫·迪施设计的"向日葵"，跟随太阳方向，沿垂直轴旋转

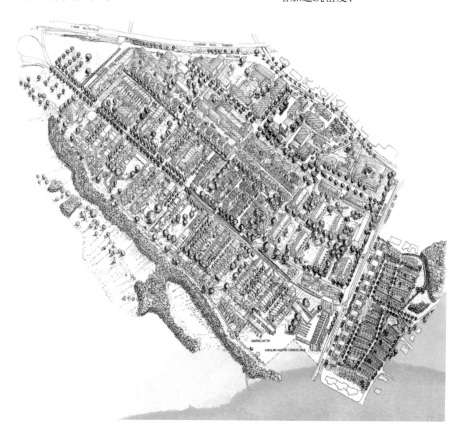

沃邦市的平面图

建在沃邦边缘的一个"无小汽车"区里220个停车位的太阳能车库

－社会的和功能的混合；

－平屋顶绿化；

－在项目红线内的雨水处理。

在沃邦，所有建筑必须符合每年采暖能源的消耗为65kW·h/m²或更少（见第100页）的低能耗住宅要求。而城市政府拟定了一套进一步的要求措施，比国家的要求更为严格。一些联排的、南北向布局的、并且不被附近建筑物遮挡的住宅被设计成被动式住宅（见第102页），每年在采暖上使用少于15kW/m²的能源。除了被动式住宅仅仅使用独立的再生资源外，所有其他住宅使用城市集中供热系统。

基于合作的改造

沃邦的成功无疑大部分归因于沃邦论坛的成员们的支持，这是一个成立于1994年，使得大众可以参与到新的开发项目的一个非赢利组积。

沃邦论坛大约有300名成员，一旦城市委员会完成了前期工作，论坛便与沃邦工作组一起参与新区规划。论坛进行了如下的工作：

－向大众介绍"绿色建筑"；

－在能源节约方法上提供实际建议；

－支持业主－发展商团队；

－鼓励使用私人小汽车的替代方法。

沃邦论坛的基金来自公共团体的捐献、捐赠和补助金，包括从欧盟的生活质量计划而来的资助。在1997年，沃邦论坛产生了Genova——一个由居民参与的、在低造价的环境住宅方面有专长的建造合作社。Genova在新区建造了两幢住宅楼，分别有17个和19个公寓单位，采用公用的太阳能集热板来加热水并且采用多种措施利用被动式太阳能。

从长远来看，当所有开发项目完工以后，论坛将会变成居民的联合会，代表新区居民的利益。

像在里瑟费尔德一样，沃邦也是许多正在进行研究的主题，得到的经验，可以在以后的阶段很好地利用。城市里的新报刊《城市新闻》，定期出版两个地区进度的更新情况，同时也向可能的土地购买者发放有着清楚和准确信息的宣传册。沃邦论坛也出版了自己的杂志《沃邦时事》。

社会工具

在规划沃邦开发区时，城市政府的目标是"给每个人一个机会"。为了保证一个良好的社会混合，发展了一个名为建筑形象的模式。模式中使用的分类反映了所希望的居住类型的多样性，即：

- 婚姻状况；
- 孩子的数目；
- 职业；
- 年龄；
- 过去的地址；
- 工作地点；
- 住宅种类（低能耗或被动式）；
- 屋主或租户；
- 对于经济资助的可能的需要。

潜在的购买者被邀请参加一个个人访谈，来确定这些种类和评判标准。购买的要求然后由沃邦工作组来讨论，由市政理事会来做出最终的决定。

第一期的一个关于居民种类的分析表明这一方法的有效性：

- 60%的人拥有他们的住宅，40%的人租用住宅；
- 25%是工人、低收入雇员或是公务员，55%是管理层，20%是自由职业人士；
- 10%的家庭是单亲家庭，25%的家庭是没有孩子的夫妇，65%的家庭是有孩子的家庭；
- 75%的居民从弗赖堡地区搬到沃邦，25%的居民从城市外搬到沃邦。

房主－开发商

在德国和斯堪的纳维亚地区，在可持续发展的背景下的环境和社会目的往往通过一个特别的联合拥有的形式来实现，即个体小组或家庭一起担当房地产开发商的作用。建立这些房主－开发商的联盟是城市所鼓励的，并且被沃邦论坛所支持。

在项目开发的第一期，100个住宅被分成14个组团以上述方式来建设，这种方法使得：

- 未来邻里间的关系能够尽早地建立；
- 建筑室外处理的联合规划；
- 与更传统的方法相比，造价大大减少。

建筑混合和密度

旧的工业和军事区的改造是城市可持续发展的一个方面，增加住宅密度是另一个方面。每家仅拥有一小块土地的联排住宅是年轻家庭能够拥有的，有助于将年轻有活力的社会性混合人口带到市中心。第一期开发在区域的东部，包括有着450户的新建公寓楼和一些联排住宅。其中也包括学校、商店和大约十座建筑物的翻新。这些翻新的建筑从前是兵营的已婚夫妇的宿舍，现在被改造成为学生宿舍、收容救助中心和沃邦论坛的办公室。在被翻新的建筑之一的屋顶上安装了143m²的太阳能集热板作为试验，向600个学生提供热水。

第二期大约覆盖10公顷的地区，包含86个单独的开发用地，从160m²至620m²不等（见下表）。这里将会建设半独立住宅、联排住宅

由房主－开发商团体开发的地块

类别	公寓楼	有拱廊的建筑
宽度	16m	23m
场地面积	432m²	621m²
层数	最多4层	最多4层
可居住的面积	734m²	1056m²
朝向	东西向	东西向

私人开发的地块

类别	联排	联排	联排端头
宽度	6m	7m	7m
场地面积	162m²	189m²	243m²
层数	最多4层	最多4层	最多4层
可居住的面积	227m²	265m²	340m²
朝向	东西向	东西向	东西向

单独的用于被动式住宅的建筑地块

类别	半独立	联排	市内住宅
宽度	7m	6m	7m
场地面积	275m²	180m²	210m²
层数	最多3层	最多3层	最多4层
可居住的面积	247m²	198m²	336m²
朝向	南北向	南北向	南北向

这一住宅工程由房主－开发商团体建造，减少了施工造价

和低层建筑物，最多为 4 层，屋顶高度最高为 13m。土地价格被定为 800 德国马克／m²（409 欧元／m²），这是该市目前的市场价格。

自然绿化区域

沃邦有一个许多开发区必须等待几十年才能具有的自然优势，即成熟的树林。

大约 70 棵法国梧桐、欧椴、白杨、枫树和板栗树创造了枝叶茂盛的环境和一个健康的气氛，带来了阴凉和夏日干燥空气的湿润。在南边，沃邦区以圣乔治小溪旁的受保护的"再生群落生境"为边界，建筑物被 30m 宽的"绿化带"所分开，并且采用南北朝向，沿伸到舍讷贝格山脚下的开放空间里，让凉爽的山脉空气吹进来。沃邦区里有不少绿化空间，为儿童提供了体育和游戏场所。

当开发项目竣工以后，区域里大约一半面积的土地将被建筑或者道路构成不可渗透的表面。为了保证雨水能够浸入土壤并且重新获得天然水位的平衡，雨水被导入道路两侧的 1m 宽的沟渠。这些沟渠和排水道是该地区城市里的一个传统特色，在市中心的步行区也可以看到，在那里水可以在壕沟和排水道里自由地流淌。

一个无小汽车区

沃邦的设计着重缩短旅程，即居住、办公、服务行业和公共设施都靠得足够近，以消除使用小汽车的需求。公共交通的站点被设计在距离住宅区和工作场所最多不超过 500m 远的地方，对于位于"无小汽车区"边缘的两个停车场也是这样。除了主要进入该地区的道路，小汽车在这个区域里没有停车位置，并且沃邦论坛鼓励居民使用其他形式的交通工具。自行车、合用小汽车和低车资的公共交通目前已被大多数的家庭所接受，而且大多数人放弃了小汽车。

已经有一条城市公交线路贯穿沃邦地区。1998 年，政府继续延长一条现有的有轨电车路线，将它贯穿沃邦主干道路的全长。工程最迟应该到 2006 年完工，造价为 130 万德国马克（约 66.5 万欧元），与沃邦其他的发展顶目一起完工。最终，规划要将有轨电车道与区域铁路网相连接。

街道和公共空间

主要的贯通西北到东南区域的道路将沃邦和市中心以及周围的地区相连，是连接居住区支路的主要交通干线。一条林荫路将道路和邻近的住宅分开，其大部分路段的两侧为 6m 宽的步行道和自行车道。在南边，底层为商业和零售单位，上层为公寓的有拱廊的建筑面向一条 1.5m 宽的人行道和一个停车场。道路的行车速度限制为 30km/h。

次要的街道设计成"沟通空间"，或是"城市院落"。除了搭乘和运输，没有停车场，并且速度限制为 10km/h。为了经济并且周到地利用公共空间，所有基础设施的网络被分布在 4m 宽的街道的下面，街道边有雨水沟和一条 1.5m 宽的树木绿化带。北边的还未建造的地段，有计划使它更利于步行。

这些街区完全是用于居住的，保持了一个安静的、不受干扰的气氛。沿着主林荫道的南半段，尽管在幼儿园和小学的附近，住宅楼的底层拱廊被设计成商店、作坊和服务商店。面对着保拉－莫德索恩的公共广场，这些商店、办公室、医疗设施和咖啡店的出现将会创造一个充满生气的、生机蓬勃的地区。

树立榜样

沃邦小学和教育设施的建造是一个开放的建筑竞赛的结果，是在弗赖堡的一个标准的实践，对于城市空间的质量有着重大的贡献。为了树立榜样，该市将环境方法用于这些建筑作品的设计中。卡萝莉内－卡斯帕尔学校有八间教室，三个小组活动室、一个图书馆、一个体育馆和一个可以被其他团体在放学以后使用的

雨水被路边的排水沟收集，即便在市中心

沃邦的一条林荫道，
公共空间得益于许多大树的存在

小学校

大厅。建筑平面的设计布局是为了保留原有的树木。大面积的立面玻璃，与走廊的高窗一道，最大限度地采用了自然光，既改善了室内条件，又减少了能源消耗。建筑物里没有使用PVC材料，地面用木材和亚麻油地毡，有助于创造了一个温暖的、没有危险的环境。这一学校建筑符合低能耗标准并且采用自然通风。其平屋顶种植了拓展型屋顶绿化系统，雨水被收集进雨水罐，用于厕所冲洗和绿化带的灌溉。

同样的措施被应用于附近的小学。这个小学坐落在小溪边绿化环绕的一个受保护的安静区域，有6间朝南的教室和一个大厅，大厅同样也可以在放学后使用，学校建筑结构和室内装饰使用木材和木材制品，为孩子们的学习提供了一个感官丰富的环境，成为未来后代的指南。

荷兰，阿姆斯特丹的 GWL 区

地点
荷兰北部的荷兰首都

地理概况
须得海的历史港口市镇

总面积
220km²(48% 为建成区，12%
是绿化空间)

人口统计
1995 年人口为 722000 人；
2000 年人口为 731293 人；
2020 年 的 设 计 人 口 为
792000；
"大阿姆斯特丹"地区有
1400000 居民。

经济概况
国家首都、行政和文化中心；
大学城；
工业中心和国家的第二大港口。

可持续发展的措施
将可选择的环境材料清单与
1992 年的建筑规范相结合；
限制市中心的小汽车通行和
停车；
促进公共交通的主要基础设
施工程；
广泛的自行车路网；
改造旧工业用地和创建新的
可持续行政区。

荷兰有许多环境工程，将可持续发展的概念与建筑和城市规划一体化已经有十多年了。城市里公共空间的再发展，以及一些区域遵循社会和环境的可持续路线的改造，真正地促进了高质量的生活。在 GWL 区，一个旧工业区的复兴对在区域里创造大范围的绿色空间和发展小汽车交通的替代方式提供了机会。

背景

阿姆斯特丹的城市改造计划开始于 20 世纪 80 年代晚期，带来了城市的转变。人口增加了，更多的商业被吸引进了城市，从 1995 年起学生数量也在稳步地增长。

为了提高在国内和国外的形象，进一步规划了许多范围广泛的工程，包括：

— 主要的公共基础设施工程 (南北的地下铁道线和有轨电车线)；

— 复兴比杰尔磨耶行政区和西边的郊区；

— 翻新住宅和公共建筑并且提供海岸区的职业；

— 对近郊的娱乐和休闲区进行景观处理并且促进其发展。

到 2003 年，将奥斯特里克哈文区基地改造

成为一个拥有 17000 人口的居住区的项目应该会完工，自从 19 世纪以来这里曾是一个工业区。

这一项目包括商店和服务设施以及不同类型的 8000 个住宅，从典型的阿姆斯特丹联排住宅到大型住宅楼。在东边，目前正在进行的最大的发展项目是 Ijburg，在其人工岛上建造六个单独的城区。第一期 700 个住宅于 2001 年建成，一旦这个项目完工，Ijburg 将会在 18000 个住宅单元里容纳 45000 人。

GWL 区：一个前工业用地的可持续发展

GWL 新城区有在原先城市供水公司所占据的一块 6 公顷的场地上建造的 600 个住宅单位。场地邻接中世纪的古镇，邻近位于威斯特公园的一个现有的有轨电车线路终点站，并且在去哈勒姆的主要路线上。该市的开发商希望将高密度和居民的对"绿色"和无小汽车区的愿望结合起来；相应地概要考虑了环境要求、可利用的面积和未来居民的愿望。在考察了这个基本点之后，谢斯·克里斯蒂亚安斯被聘请来制定一个总体规划，还聘请了景观建筑师"西 8"来设计建筑物之间的公共空间，并且顾问公司"Boom"草拟了一个环境建筑设计说明。同时，招标前的研究确定了 4000 个可能的投标人。随后与五个建筑师事务所签署了合同，并且设立了一个管理组织来监督该项目，保证可持续原则的运用。这个组织包括居民的代表、发展商和历史建筑部门，并且由城区的管理人员来协助。

城市特征

尽管城市背景已经通过很多的途径予以考

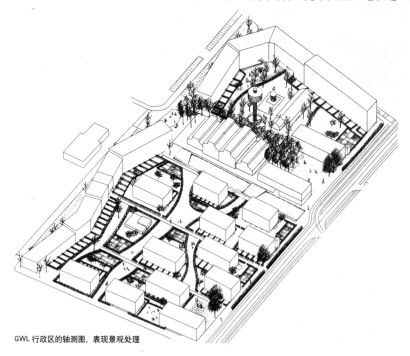

GWL 行政区的轴测图，表现景观处理

虑，这一新区与其周围的市区还是很不相同的。在这个新区里大约60%的住宅是长形的、中心对称的单独体量，四至九层楼高。场地的西边，主住宅楼起了防止主导风的作用，并且标出了居住区和邻近工业区的明确分界。在北边，它形成了哈勒姆主干道交通噪声的隔声屏障。住宅的高密度使得场地的其他部分可以被规划为一个更开放的空间，而在其余小体量的建筑之间也有宽阔的绿化带。穿越新区和旧区的范哈尔施塔尔特 (Van Hallstraat) 路被重新改造了，加宽了铺筑路、自行车道，加密人行过街路口、扩大了有轨电车站、进一步降低了速度限止、没有设置停车场。总平面保留了老的水塔和工业建筑，现在将其改造成了商店和服务设施，给这个地区带来了很强的地方历史特征。有一幢楼房被改造成宾客接待站，可以被居民租用。

在原有的机器房旁边，现在有了一个餐厅、咖啡馆和电视室，一条水渠将场地一分为二。在水渠的北面，较高密度的住宅围绕一个城市广场布置，沿广场周边是商店；而在南面，强调了住宅与私家和公共花园之间的空间关系。在那里还有一个托儿所、一个适合于残疾儿童和老人的膳宿接待处、艺术工作室、办公室和一个社区中心。

设计无小汽车区的想法，是为了吸引更多的不富裕家庭来到以前曾是城市里最贫穷的地区，他们主要是一个人或者是两个人的家庭。假如在该地区的社会构成方面有一个显著改变的话，GWL区将会证明这样的开发是非常有吸引力的。

景观和公共空间

场地的中心区被设计为一个公园，有着丰富和复杂的公共空间。现存的植物被整合进120个私家花园里，花园被沿别墅周边低矮浓厚的树篱清楚地界定。因此，在公共和私家花园之间创建了流畅的交通道路，并且经常直接与住宅相连。地面的处理被设计成保持渗透性而不需多少维护：步行道为砖铺地，在前工业建筑之间的公共空间里铺花岗石，而在别处为混凝土砌块和混凝土板。纵横交错的排水沟将地表水导入水渠，而水渠被用作雨水贮留池。在区内也提供了许多自行车停车架。场地内还有制造花园肥料的设施，预先分类的家庭垃圾被收集在场地周边，从而避免运送垃圾的卡车出入。

一个无小汽车区

没有小汽车是新行政区的主要特征之一，而且是其独特的"绿色"特征。这不是阿姆斯特丹市的新想法，而是开始于1945年大规模步

左图: 在城市建筑群间的许多绿色空间
也有社会功能

右图: 公寓建筑立面
建筑师: 谢斯·克里斯蒂亚安斯

行区的一部分, 但在市中心以外的如此规模的应用至今还是很少见的。场地的西边有 135 个停车位, 25 个为到访者所预留。因为这只能满足 20% 的家庭的需求 (车位通过抽签来分配), 并且不允许房主将车停在周围的行政区, 所以大部分的房主不使用小汽车。虽然这一政策没有完全废除小汽车, 但是结合了高效的公共交通线路, 在居民的行为上带来了重大的改变。

GWL 区每 3 个居民就有 4 辆自行车; 73% 的旅程是通过非机动车交通进行的, 并且一半左右限于威斯特公园区的 2 ~ 6km 的范围里。与此相对照, 到工作或是学校的平均旅行距离为 15.7km, 17% 的旅程超过 25km。2.5km 以外的中央车站因此成为大范围交通网的必要枢纽; 39% 的居民有公共交通乘坐证。在 GWL 区还有一个共用小汽车的方案。大约 10% 的屋主用低价使用属于交通合作机构的两辆车; 他们有备用钥匙, 里程由小汽车里的电脑计算, 并且每月通过他们的内账户支付。57% 的屋主没有小汽车, 而有车的屋主也很少用车, 每个人每周平均只开 10 次左右。

这一水平也许将会随着规划的 400 个车位停车场的建造而改变, 这个停车场将服务于一个附近的文化中心并且为 GWL 区的服务车辆提供车位。剩下的车位将会给居民使用。尽管如此, 在 GWL 区所看到的行为改变, 表明其在维持机动交通水平方面的有效性。

建筑质量和生态

建筑师是根据他们的创新工作、他们对于城市设计的态度, 以及他们对于"绿色"建设的以往经验的不足来选择的, 这说明以前的经验并不是可持续项目成功的必要条件。由于这些建筑师的创新能力, 克里斯蒂亚安斯在总图中强加的约束很简单, 它们是: 没有高架的人行天桥, 自由的平面, 大量的入射太阳光, 直接的入口进入花园。现有建筑的主导材料——砖被用作可识别的特征。这个区的建筑的主要环境特征是使用无公害的材料、利用太阳能、良好的保温隔热、并且用雨水冲洗厕所。暖气是通过一个燃气型热电联供机组供应的。那些不能直接进入花园的公寓有着到达屋顶花园的通道。在这个区里探索了广泛的住宅类型, 包括有着中央走道的公寓、复式公寓和市镇住宅。为了使得尽可能多的人家在底层有他们的入口, 每套公寓往往拥有几层楼的空间。

芬兰，赫尔辛基，维基 (VIIKKI) 行政区

位于自然保护区旁的创新的城市开发

赫尔辛基市的可持续发展是通过参与的不同部门的承诺以及在整个城市、不同的城区和单体的建筑中都建立了环境优先政策才达到的。评估工具使得项目可以通过可复制性的观点来评估，特别是在试验区维基 (Viikki)。

背景

赫尔辛基市位于芬兰湾的一个半岛上。城市按地域发展，分开的、截然不同的建筑区沿着五条被绿化带横切的主要交通线路分布。1992 年，最近期的进行开发的框架性规划建立了在大的中间区域增加城市密度的原则，同时更充分地利用现有的基础设施。城市房地产政策使得这些目标很容易实现，即 81% 的建筑地块是公有的 (65% 由城市所有，16% 由国家所有) 按 50 ～ 100 年长期出租。

城市规划部门的目的是通过对项目的研究和监督来保证行政区有适当的社会混合，以及在居住和商业用地之间取得平衡。

芬兰的城市化以景观和公共空间的质量和其人性尺度为特点。这一点甚至在 20 世纪 50 年代的大型发展项目如塔皮奥拉中就可看到，或是于 20 世纪 90 年代完工的鲁奥科拉赫蒂区，以位于水道两侧的住宅、办公、商业单位和其他休闲娱乐设施为特色。

一个以生物科技为中心的自给自足的行政区

维基的新区离市中心 8km，占地 1100 公顷以上，根据可持续发展的原则而设计，与现存的发展结构相统一，符合赫尔辛基 21 世纪议程的规划要求。

维基区的设计概念将市政府、大学、政府部门和私人企业融合到一起，目的是创造一个

地点
芬兰首都赫尔辛基

地理概况
芬兰南部的沿海市镇，在芬兰湾的北部

面积
18500 公顷 (包括海面面积为 68600 公顷，整个赫尔辛基区域为 269800 公顷)；
7700 公顷未开发土地，98 公里的海岸线，315 座岛屿；
人均 100 平方米的绿色空间 / 自然区。

人口统计
1850 年人口为 21500 人；
1941 年人口为 315895 人；
1970 年人口为 500000 人；
2000 年人口为 550000 人；
2000 年区域人口为 1200000 (包括有着四个地方自治区的大都市区域的 375000 人口)；
区域的人口密度为 39.5 居民 /km²(总共有 12 个地方自治区)。

经济概况
行政首府 (84% 的工作人口被公共部门所雇佣)；
大学城；
经济中心位于包括北俄罗斯，波罗的海诸国和斯堪的纳维亚地区的正在扩展的市场的中心；
主要的新经济工业，例如诺基亚和许多享誉全球的科技中心。

可持续发展的措施
现有建筑的能源节约计划；
91% 的住宅和 95% 的办公室由联合发电厂供暖 (52% 的燃料是天然气，46% 是煤，1% 是燃料油)；
城市加密正在逐步进行；
环境保护和森林管理计划；
每个居民拥有 10m² 的公共花园；
发展完善的公共交通 (70% 是高峰人流)；
850 公里的自行车道；
遵循可持续路线建造的新开发区。

维基场地总平面图

由海林和西托宁设计的住宅工程

在生物科学、生物科技、作物学和农业领域的国际研究和发展中心。为了使工程的三个不同部分相协调，要求有密切的合作，这三个部分分别为一个科学研究园、一个自然保护区和居住区。

在这里找到了适当的社会经济平衡，使得行政区能够通过提供职位（为 13000 个新居民提供 6000 个工作职位、6000 个学生名额和研究职位）和服务业（包括学校和托儿所、大学系科、商店等等）在很大程度上自给自足。这一措施自动地减少了出行到外部行政区的需要。在行政区之内，小汽车交通保持低速是由于设施之间很靠近（有两个分开的城市中心），步行和小汽车交通分开，有高效的公共交通，与更大范围的交通也有着良好的连接（汽车和

火车，还有着给未来迅速通行的有轨电车线指定的用地）。

自然区的保护

在维基附近有一个 250 公顷的沼泽地保护区，它对于鸟类生活很重要，公众的进入受到限制。在规划新的发展项目时，对这个地区必须特别小心加以保护。最初的规划为了适应它而修改，建筑物重新分布；一个绿色走廊向北伸展，以便保证自然生态系统的连续性，同时保护开放田野的传统农业景观。新建筑群在行政区的北部，邻近一个高速公路进出口的交流道，与周围未开发的地区相比占地相当小。大学和服务建筑将噪声与居住区屏蔽开来。新的行政区及其各种创新方面成为该场地内大学研究所的研究主题。

一个试验性的居住区

维基的主要居住区是拉托卡塔诺。拉托卡塔诺一旦建成，将容纳居住在种类繁多的住宅（包括出租的和完全保有地产的）里的 8000 ~ 9000 个居民，这些住宅的设计目的是为了创造一个适当的城市混合。

在这块地的南部，有一个容纳有 1700 人的实验开发项目，并且被指定为"生态社区"计划的一部分。这是一个在芬兰环境部，芬兰建筑师协会 (SAFA)，以及芬兰技术机构 (Tekes) 之间的合资项目。从这个项目所得到的经验和数据将会被运用在其他的、未来的工程中。环境建筑评估系统——Pimway（见第 84 页）的运用，其目的同样也在于开发产品、技术和在可持续建筑中的专门知识。

新的发展项目的总平面是根据一套有着严格的设计要求的公开竞赛来决定的。胜出的彼得里·拉克索宁的方案复制了赫尔辛基其他地区的城市形式，城市建筑被绿色走廊分割开来。

新环境行政区的平面
小溪沿着基地右边流过
绿色走廊延伸进建成区的中心

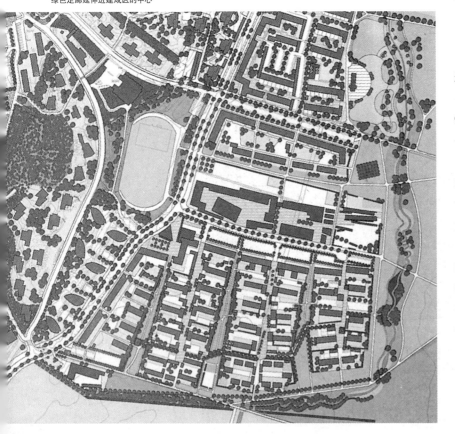

正如在斯堪的纳维亚地区常见的那样，街道空间对于由建筑布局所形成的开放院落空间是次要的，建筑物中的人们可以直接进入开放院落空间。

建筑的朝向有利于尽可能多地利用太阳光，并且其分布使得建筑互不遮挡。建筑物的高度比周围的树木要矮，从而使建筑物较少暴露在主导风中。生物多样性通过创造多种的群落生境被保存和加强。建筑物之间的绿色空间包括私家花园和公共区，被设计为舒适的步行空间，并且雨水可以渗透到下层的土壤中。每一栋城市建筑有制造花园肥料的设施，并且有放置家庭垃圾的再循环收集箱的位置。还有与机动车道路分开的纵横交错的步行道和自行车道。

一个城市水道和花园中心

流过维基诺亚 (Viikkinoja) 开发区的小溪被转向流过它的边界，距离居住区 50 ~ 100m 远。由景观设计师、水文学家、地质构造工程师、植物学家和园艺家组成的设计团队设计小溪的新水道和河岸，在 740m 的距离中落差 400mm。雨水被从住宅楼导出到小溪的三个水池中，形成了自然净化系统的一部分，水首先从一个瀑布流下，然后流经深的、有着密集植物的沼泽地区。整个设计是为了消除洪水灾害。架有多座人行小桥的小溪是行政区的一个基本的景观元素，为特别种植的植物和野生动植物创造了一个专门的环境。小溪可以作为教育工具，并且是大学进行多种研究的主题。由于小溪的改道而移走的土壤被用作景观处理，覆盖在场地中心区现有的表层土之上。

除了住宅旁的单个花园外，在邻近林地的边缘建立了一个花园中心。花园中心占据了一些田地，由一个私人公司与城市政府合作经营，并且向居民提供园艺和小自耕农地的建议。中心有不同规模的花园地块和居民可以共享的温室，并且有给动物生息的空间。一些合作的园艺项目还与小学和托儿所联合进行规划。

公共建筑指明方向

维基的公共建筑表明，创新的、高质量的建筑可以和环境主义成功地结合在一起。由建筑师 Ark-House 事务所（埃尔赫茨，卡雷奥亚，海拉宁和胡图宁）设计的科罗纳大学信息中心，在混凝土墙外是三层玻璃的立面，玻璃之间的空间起着气候缓冲器的作用，预热进入的新鲜空气。三个花园——埃及花园、罗马花园和日本花园坐落在玻璃围合的区域内。由阿托、保罗、罗西和蒂卡设计的叫作 Gardenia 的巨大温

信息中心的室内花园
建筑师：埃尔赫茨，卡雷奥亚，海拉宁和胡图宁

花园温室，于 2000 年竣工，成为该行政区的象征
建筑师：阿托，保罗，罗西和蒂卡

室建筑，由居民合作管理。这一建筑内有一个儿童环境教育中心、一个园艺和信息中心、一个演讲厅和咖啡厅，同时也作为公共空间和展览空间。托儿所全天候向孩子们灌输有关他们周围自然环境的意识。

环境住宅开发项目

维基的 63500m² 的住宅是 1996 年一个建筑竞赛的主题，胜出的八个建筑师事务所被委托进行设计。其严格的设计规定要求符合 Pimwag 评判标准。尽管由公共的或是私人的开发商完成了大部分住宅的建设（见第 159 ~ 163 页），还有一部分储备的基地留给了居民合作社来建设小型的工程。这些设计也考虑了邻里花园、家务、安装太阳能辐射采暖楼板、中水处理，以及通过吸／排空气热交换器回收热量的潜力。

Pimwag——芬兰的环境建筑评估方法

为了评估维基项目所达到的总体目标的效果，并且增强其可信性，市政府委托了一组专家制定了一个用于评估的评判标准系统。用作者彭纳宁、因基宁、马尤里宁、瓦提埃能、

阿尔托宁和加布里尔森的姓名的首拼字母将其命名为 Pimwag，其方法是使用"深度生态"的原则，强调所有生命的"相互关联性"和对于人在其中的作用的理解。可以从五个方面评估建筑工程：

－污染（二氧化碳排放、废水管理、家庭垃圾和施工废弃物的处理／处置、使用获得环境认证的产品）；

－自然资源（矿物燃料的消耗、购买的暖气能源和电能、主要的能源、灵活地使用建筑空间）；

－健康（内部气候、湿度控制、噪声、暴露在风和阳光下、住宅型式的多样性）；

－生物多样性（植物、栖息地类型、雨水处理）；

－食物的生产（种植、土壤质量）。

这些评判标准被分成三个目标等级。为了得到建筑工程许可，一个项目必须达到并符合一定的目标等级"分数"。一个项目在 50 年里二氧化碳的排放量不超过 3200kg/m²，或者比芬兰的平均住宅排放量减少 20% 的工程，都达到了 0 分的基本水平。假如排放量减少达 33%，并且建筑表现出充分利用了被动式太阳能，就得到了 1 分。如要达到 2 分的水平，排放量的减少必须达 45%，并且要采用缓冲区和主动式的太阳能系统。与此类似，采暖能耗的目标等级在 105kW·h/m²/年和 65kW·h/m²/年之间，饮用水的消耗目标等级在 125 升／人／天到 85 升／人／天之间，场地废弃物的目标等级在 18kg/m² 和 10kg/m² 之间。这些目标等级的设定使得与最基本等级相对应的附加施工费用少于整个工程费用的 5%，而这些附加的施工费用是通过运行费用的节省来收回的。

这种方法不强加任何特别的手段以达到这些目标，因此留下了不少探索的灵活性，同时仍然保证符合最低的评判标准。

法国，雷恩

有序的和"预期"的方法

雷恩有着"预期性"规划的长期传统，政府更愿意采取早期的或是预防性的行动，以避免将来昂贵的和艰难的补救行动。在这种精神下，市镇理事会将许多可持续发展的原则结合到了他们 1991 年的城市规划中。

背景

雷恩的有组织的规划始于最初的、起草于 18 世纪的城市规划。市中心是围绕两个主要广场组成的，即市政厅广场 (de la Mairie) 和国会广场 (du Parlement)，还包括市政厅和行政楼的场地，以及沿着 19 世纪开挖的为了保护城市免受洪水侵害的维莱讷河。在 20 世纪 50 年代和 60 年代，一个有远见的政府出台了一个土地购买政策，它的实施使得今天的城市能够达到当时城市规划的目标。

雷恩和周边地区

雷恩自身的发展与其周边地区的发展携手并进。雷恩行政区创立于 1970 年，当时包括 27 个单独的地方政府（公社）。1999 年它被扩大并增加了 6 个地方政府，到 2000 年已成为一个有着 36 个地方政府（公社）的大城市政府。在 1994 年政府通过了一个题为"生活在智慧中的雷恩行政区"的框架性规划，它以四个"不可分离的元素"的观点来看待该地区的发展，这四个元素包括：城市和周边地区的城市质量，社会凝聚力，一个理性的经济模式，参与者的合作。这些元素通过一系列长期的目标来表达。

从基础设施和服务业的组织方面，"大雷恩"可以被分成三部分：

－城市本身，其愿望是在区域上、国家范围上和国际层面上扩大影响；

－六个主要"卫星中心"，需要保持人的尺度，并有足够的舒适性和服务业使它们能自我维持有社会凝聚性的社区；

－其他小型城市中心，也需要令人满意的地方服务业和舒适性水准。

该框架性规划列出了以下五个更进一步的方面：

－土地利用的指定；

－自然区；

－城市区；

－旅程管理；

－饮用水、下水道、卫生设备和洪水灾害。

一个有远见的战略

雷恩人口的迅速增长明确要求采取符合未来变化的措施，特别是在住宅和交通方面。据推测，每天在大雷恩市里发生的旅程数将会从 1994 年的 110 万增加到 2010 年的 140 万至 150 万。对于由此将会带来的交通问题，该框架性规划鼓励多样化的不同方式的交通，特别是集体的公共交通方案的发展。于是，对沿东西轴的公共汽车路线的重新组织和一条新轻轨线的建设给予了重大的投资。

在 1994 年，雷恩行政区有人口达 320000 人，预计到 2010 年会上升到 400000 人。如此的增长速度将要求在此期间在城市的市区里建造大约 20000 个新住宅（每年 1250 个），在周边地区建造 30000 个住宅。在 1996 年，起草了一个地方住宅规划，目的是达到这些目标。这一规划提倡：

－重组和加密城市中心的城市组织结构；

－将周边区域中心的发展重点从农村转移到城市，通过对于市镇和农村边缘的加密开发来防止侵占农业用地；

－保护城市周边的农村景观的"绿带"，来容纳娱乐休闲区和自然保护区。

城市规划

雷恩的城市规划是这一总体战略的表达，它制定了一个 25 年的发展框架，考虑到随着城市发展而发生的进步和变化。这一规划起初制

地点
法国，布列塔尼地区

地理概况
在通往布列塔尼半岛的入口，在伊勒河和维莱讷河的汇流处

面积
市镇占 5022 公顷，"大雷恩"有 36 个分开的地方政府

人口
市镇在 1950 年的人口大约为 100000 人；
1994 年的人口 203500 人；
1999 年的人口 212000 人；
雷恩行政区在 1982 年的人口 295300 人；
1994 年的人口 320000 人；
1999 年的人口 375000 人。

经济概况
区域的首府，大学城 (1968 年有学生 15000 人，1998 年有学生 55000 人)；
私人和公共研究机构的中心 (雇佣了 3000 人)；
主要工业是小汽车制造业(雪铁龙公司在雷恩市有工厂)和相对无污染、高科技的工业。

可持续发展的措施
城市加密；
混合用地和社会混合；
提供参与的方法；
更新的排水系统；
以家庭废物为燃料的城市供暖厂和热水厂；
废物分类和水资源的保护措施；
改善的公共交通网络；
鼓励徒步或是骑自行车出行的措施；
保护所有绿化区和其多样性；
河岸的翻新。

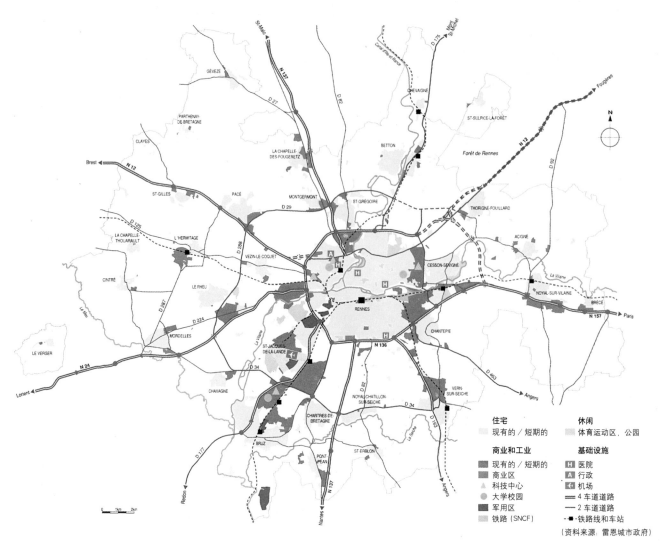

图例：

住宅
　现有的／短期的

商业和工业
　现有的／短期的
▲　科技中心
●　大学校园
■　军用区
　铁路（SNCF）

休闲
　体育运动区，公园

基础设施
Ｈ　医院
Ａ　行政
◀　机场
＝＝＝　4 车道道路
———　2 车道道路
-■-　铁路线和车站

（资料来源：雷恩城市政府）

雷恩集合城市的平面图

定于 1989 年，在 1991 年得到了批准，结合了许多可持续发展的原则。这一规划超越所处的时代，预见了 2001 SRU 立法关于团结一致和城市更新的规定，强调社会选择和对于当代城市的根本方法。

这一规划运用了对于不同城市行政区的研究结果，并且用来建立所有相关组织和人群之间的相互作用。为了让所有相关组织参与，给予他们在项目中的一定地位并且使得他们能够对此有所贡献，居民、专业人士、选举出的地方政府和技术服务部门等各方在一起进行了讨论，目的在于保证一个统一的结果和鼓励可持续主动精神的发展。该规划反对太过简单的只是对于个别领域的分门别类的方法，而是保证

城市的发展既适合于当前的周围环境又适应于更广泛的城市背景的一个工具。[1]

7 年以后，那些负责执行规划的官员发现他们已逐渐地修订了或是精炼了这些目标，为了达到上述目标，他们着眼于更详细的方面并且制定了新的方法。这些新方法被新的理论和实践数据和许多研究所支持，这些研究是 1998 年通过的法国土地利用规划 (POS) 修定稿的一部分。这些新的方法特别强调以下方面：

－恰当地使用现有的农业资产，无论是基于地方的还是国家的利益；

－保护绿地；

－发展公共交通；

－使得步行和骑自行车更舒适的措施；

1 这是一个一体化的系统，同时对许多方面起作用，为了达到一个更为和谐的发展。——译者注

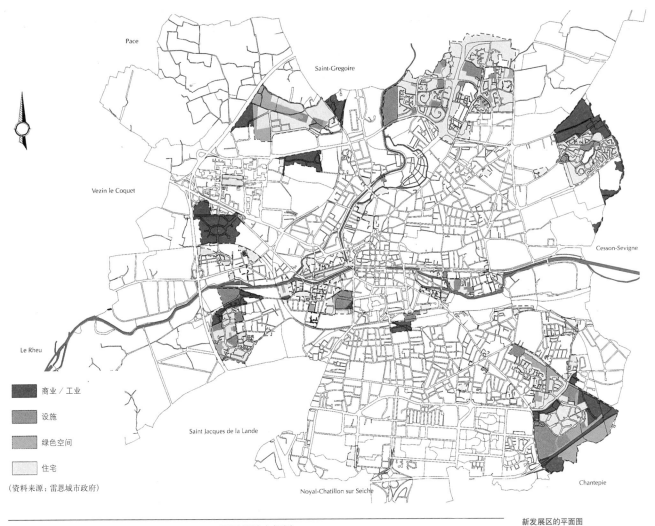

Pace

Saint-Gregoire

Vezin le Coquet

Cesson-Sevigne

Le Rheu

■ 商业／工业

■ 设施

■ 绿色空间

□ 住宅

（资料来源：雷恩城市政府）

Saint Jacques de la Lande

Noyal-Chatillon sur Seiche

Chantepie

新发展区的平面图

雷恩的城市规划

十个战略范围

1. 房地产战略
2. 规划战略的公众控制，并与地方组织相合作
3. 住宅
4. 社区生活，和提供联合的设施
5. 教育：学校、大学和研究机构
6. 经济发展
7. 城市旅程
8. 公共空间
9. 城市内和城市周围的自然环境
10. 今天和明天的城市遗产

三套实践的目标

1. 在历史文脉中发展城市
 • 建筑和自然环境
 • 建筑和现代性
 • 明显的可识别性和地标
 • 公共设施和服务
2. 创造城市特色的网络以加强城市的生活质量
 • 公共空间
 • 人行道
 • 公园和花园
 • 河岸
 • 城市艺术
 • 景观
3. 组织城市交通以提供更好的和更有力的服务
 • 公共汽车和轻轨
 • 小汽车停车场
 • 步行区
 • 自行车出行方案
 • 重要线路

– 更加环境化的能源和水管理的方法；

– 创建新的开发区（增加到 27 个），包括博勒加尔开发项目（见第 90 ～ 91 页）。

该城市规划的修定版于 1999 年出版。这一修订版考虑了所取得的经验，制定了十个战略领域和三套目标，将成为一个协调的发展政策的基础。

公共房地产战略

房地产购买计划一直就是雷恩城市政策的一个特点，每年预算为 2000 万～ 3000 万法国法郎。这个战略针对公共设施的土地买卖（基础设施和服务设施、学校、文化中心等等），战略性的土地获得，以及服务地块的销售。

尽管需要相当的预见性，这个规划战略有利于紧凑的城市组成，即：

– 优先权可以被清楚地建立；

– 可以容易地实现混合使用、高质量的公共建筑和公共空间发展的连续性；

雷恩西的鸟瞰图，展现维莱讷河的河岸

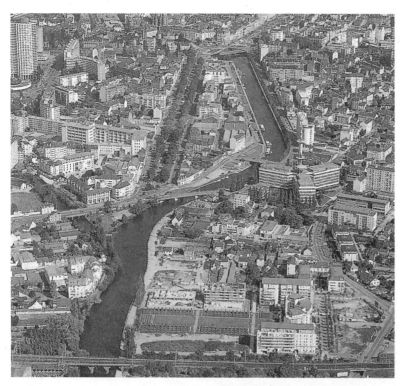

– 住宅发展能被调节，以达到一个适当的社会混合度（在雷恩市的 75% 的住宅由市政府控制）；

– 城市能够通过改进供给和需求来影响房地产市场。

由于发展商、建筑师、法律顾问、企业和其他对此感兴趣的方面的合作，使得彼此间的交流变得顺利。

混合用地和社会混合

雷恩市的目标是通过仔细监控单个的行政区的建筑种类的平衡来维持社会的平衡。这些建筑种类包括住宅、办公室、商店、作坊、服务设施、休闲设施和室外公共空间等等。多个部门签署了一个协议，来促进小型的地方商店的发展并且限制超市的扩张。

任何类型的开发项目，无论是位于市中心的或是趋向郊区的，都必须包括至少 25% 的社会住宅。这一方法的目的在于创建和维护社会平衡，它是和房地产税的显著减少相联系的。因此，在那些由于土地价格高昂而不适用的地区建造社会出租住宅是可能的。

在市中心附近，这些方法要求市政府给予重大的投资。在 1999 年，这个行政区的城市补助金为已建成的每个社会住宅单元提供了 63000 法国法郎（大约 9600 欧元）的资金。这一数目目前由于土地难以获得和基础设施变得复杂而增加了。

关于当选的政府、居民和社会协会之间进行合作的永久性政策，其目的是维护有权益的部门之间的紧密联系，强调交流和信息的交换。社区理事会向居民提供信息并且鼓励个体的责任，特别是有关环境的主动精神，例如垃圾分类及能源和水的保护措施。

交通和停车

城市交通政策通过下列一些措施转移了对于私家小汽车的重视：

－用环路分流城市中心的交通；

－给公共交通以优先，部分是通过在城外的车站创建大型的停车场；

－扩大步行路网和市中心购物中心；

－采取鼓励骑自行车的措施。

公共交通的设计通过更直接的路线和减少旅程时间来加强城市内聚力。交通网络与 8.6km 的轻轨形成整体，轻轨从东南到西北通过 15 个车站，而公共汽车系统连接了从 4.8km 的东西主轴分支的许多慢车路线。

将骑自行车变得更加安全和更有吸引力的方法包括创建一个 132km 的自行车道网（单独的自行车道加上公共汽车专用车道）；骑自行车的人可以用步行速度使用步行区，并且 8 岁以下的儿童可以在人行道上骑车。

在 1998 年, 雷恩市与街道小品公司 Adshel 合作, 建立了一个用计算机处理的自行车贷款方案。一种免费获得的个人智能卡的持有者，能够在分布在城市里的 25 个存放站点从早上 6：00 至夜里 2：00 使用 200 辆自行车。

水的保护

环境水管理要求保护水的供应、控制水的分配、并且在废水导入环境之前加以适当处理。雷恩市作为遭受污染程度很高的区域的首府，在 1997 年启用了欧洲最先进之一的水处理站。净化了的水在排入河流之前通过砂层过滤。降低了污染水平（有机物质 97%、氮 90%、磷酸盐 95%）使得待重建的维莱讷河流恢复了自然的平衡。

环境保护同样也可以藉由较小型的方法和经济主动的精神而达成。在与国家政府就 2000 年环境宪章签约后，雷恩市紧接着开展了鼓励住户购买雨水收集罐的运动。城市政府以每个价格为 150 法国法郎（22.87 欧元）购买了 1000 个容量为 500 升的聚乙烯水罐，再以 110 法国法郎（16.77 欧元）的补贴价格卖给大众。

废物管理

在减少废物体积的努力中，雷恩市于 1999 年率先开展了一个垃圾分类和再循环运动，它唤起了市民的公民责任意识。这个运动鼓励在住宅楼边放置废纸、纸板和玻璃的回收箱。此外，在 1999 年雷恩市回收了 2810 吨的"绿色"垃圾，2000 年，在雷恩放置了 1000 个有机家庭垃圾和花园垃圾的垃圾箱。尽管这些措施在一些欧洲国家成为标准已经十年了，但在法国仍然还是很少见的。

城市里的大自然

绿化带长期置于雷恩市的框架性规划中，并延伸到将城市和周围市镇和村庄彻底分开的环路之外。这一自然屏障担当了多重角色，它形成了在城市和农村之间的一个转换，提供了从城市（主要是经由环路上的人行桥）容易到达的休闲和娱乐区，并且保护了周围住宅免受噪声干扰。参天大树分列两侧的林荫道和其他传统的地方特色也被保留或是被改造。为了起草用来保护和充分利用自然环境的规范和操作框架，进行了详细的研究。这一绿色空间的改造与新开发区的建立是同时开始的，而且在继续发展，特别是通过在博勒加尔开发区创建一个新的 17 公顷的景观公园。

城市政府也起草了蓝色规划，这是一个沿着维莱讷河、伊勒河以及伊勒和兰斯水渠的水岸和滨水地带的一个长期改造计划。这一计划包括了一个与不同的设计师协商的，由发展商出资来逐渐付诸实现的总体方案。

建筑和城市遗产

可持续发展原则包含着对于社会和文化根源的评价，允许城市在一个长远的和历史的背景中发展。许多对于不同城市行政区的研究调查了城市的结构和现有的建筑资产，这些研究导致有关建筑物的翻新，和对于拥有私人住宅和花园的有特色的住宅区的保护，以及对于历史遗留的都市建筑物的"软"改造[1]。

---

1 "软"改造指在不完全破坏一个行政区的前提下建设一些新的项目，是一种更"友好"的方法，照顾到这个行政区的"历史"和他的居民，对有意义的古建，小花园等等进行保护。——译者注

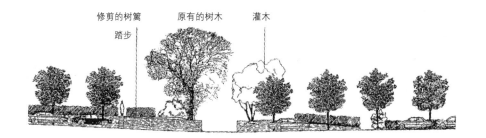
修剪的树篱　　　原有的树木　　　灌木
踏步

上图：表现景观细部的剖面

右图：部分发展项目的景观详图
基地被种植行列树的林荫道纵横穿越

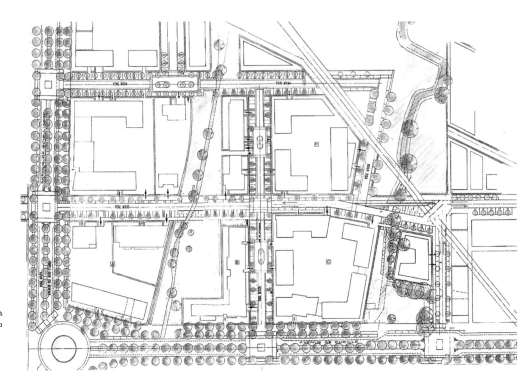

左下图：博勒加尔发展基地的鸟瞰图
早在20世纪80年代，就已开始保护
现有的树木，并且期待在开发过程中
种植更多的树木

右下图：一条林荫遮蔽的小道

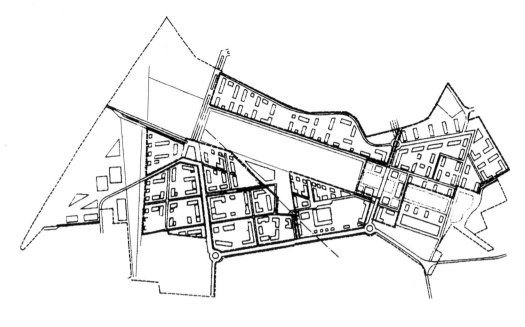

该发展项目的总平面，规划总共有2350个住宅单元

展望未来，雷恩市正在创造将会丰富和延续其文化遗产的新建筑。雷恩的城市政策有着强烈的建筑成分，期望激励私人发展商和工程设计者去建造创造性的、高质量的作品。

环境宪章

20世纪80年代以来，雷恩市引入了广泛的方法——现代化的卫生系统、城市暖气厂、更好的废物和水管理、发展公共交通和自行车出行、保护绿色空间等，并且与可持续性发展原则是一致的。

希望继续沿着可持续发展的道路前进，雷恩市与社区理事会、公共和国家机构、地方组织和环境专家合作，共同起草了环境宪章。这一宪章由雷恩城市和环境与土地部在2000年签署，是城市政府对于区域的"持久改善环境和生活质量"的承诺。这一宪章的目标是在5年的时间内加强城市环境优势，并且帮助改善缺乏环境优势的地区。宪章鼓励私人自发性、合伙和合作的工作。这一"为了今天和明天的宪章"制定了四个主要议题，即水、噪声、废物和居住环境，还制定了以下两个基本目标：

－ 在居民和合作团体中提升环境意识，目的是影响其行为；

－ 使得对于环境方面的考虑成为一种正式的规范，特别是在地方政府部门里。

博勒加尔发展项目

雷恩市西北的博勒加尔开发区表现出了该市的富有远见的房地产战略。在20世纪80年代期间，"初步绿化"计划在当时的种植区附近对于灌木篱墙作了调查，并使绿篱得以被保护和延伸，为未来的开发区形成了树木成行的步行林荫道网。因此新的居住区开发项目与周围的农村有着一定的连续性，这些连续性是通过对于新的城市建筑之间的景观处理来完成的。

萨尔瓦铁拉的建筑（见第164～168页），是欧洲标准的成本高效的被动式住宅计划（Cepheus）的一部分，它综合了低能耗建筑和健康的建筑环境的目的。这一方法被推广到位于新公园旁边的该开发项目的第3期和第4期中，所有的建筑都被强加了三个等级的建筑和环境规范细则。

1995年，一个题为"城市规划的环境和能源分析"的研究建议将对"绿色"的考虑放在新区政策的最前端。发展商、建筑师和景观设计师在同一个办公室里共同工作，以确保顺利的工作和高效的交流。所宣称的目标是一个统一的整体，结合了个体的创造力以及通过对话得到调和的多样性。

博勒加尔发展项目的环境要求

优先的目标
- 建立建筑和邻近公园之间关系的设计概念；
- 能源节约方法（减少家庭能源费用达30%）；
- 内部和外部的节水措施；
- 在所有居住区域（包括厨房和卫生间）、楼梯井和公共空间里的自然采光的舒适度

最低要求
- 噪声
  • 隔声层将室外噪声隔绝在30分贝以下
- 能源
  • 超厚的保温层和高性能窗；
  • 采暖和热水来自Villejean家庭废物暖气厂
- 水
  • 两流量水龙头压力调节器，双冲洗量厕所
- 照明
  • 倾向于用A等级低能耗家用灯具；
  • 在公共空间用节能灯泡
- 空气
  • 施工中避免使用可能造成污染的产品；
  • 气密性的建筑外围护
- 家庭垃圾
  • 提供放置用于垃圾分类的五种不同的垃圾箱的位置
- 基地
  • 更清洁的基地，并且进行垃圾分类
- 公用事业费用
  • 个体的和集体的设施按使用来收费

自由选择
- 供应热水的太阳能集热板；
- 带有用于回收热量的高效能交换器的双向通风；
- 雨水回收

第三部分

建筑与环境质量

环境质量集合了人们使用的便利性和舒适性，以及对于自然资源的可持续利用和对废物的控制。将这一概念运用到建筑中，需要将新的约束整合到建设过程的所有阶段，同时需要专业人士和公众在态度方面的转变。

环境方法

环境方法是建筑观念的革新方法，包括项目概念、设计、施工和建筑管理。相关的所有团体组成了一个协作组：所有方面都有着共同的目标，那就是环境保护，并且许多人殊途同归达成了目标。建筑实践因所在国家的不同而有所区别，依据建筑类型而不同，其范围从经验主义的方法到严格执行规范的方法。

方法的多样化

这一章描述欧洲 9 个国家的 23 个项目，代表了所使用技术的多样性。其中大多数采用的是经验主义的方法。有一些项目基于详细的、部分量化的目标而采用了更加理论性的方法。例如，位于佩尔什的住宅采用了法国的 HQE 系统，而位于阿尔卑斯的阿福尔特恩的退台住宅运用了"能源 2000"的概念。

有几个项目是实验性质的，包括：位于多恩比恩的厄尔茨丙特住宅；位于布赖斯高地区弗赖堡的居家办公室建筑；位于埃森的若特利绿色小学；位于加来的莱昂纳多·达·芬奇初级中学。

一些建筑是按照欧盟兆卡计划（Thermie）来设计并由其赞助的，其运行效果是进行继续研究的依据。这些工程包括赫尔辛基的住宅楼（依照 Sunh 计划进行设计），位于雷恩的萨尔瓦铁拉建筑（是 Cepheus 项目的一部分）以及雅典的阿法克斯总部大楼（EC 2000 项目）。

跨学科的合作

如果在建设项目中必须有效地考虑环境观点，则在涉及的所有学科之间有必要达成广泛的一致和密切的合作。一种全球的、跨学科的方法，即众所周知的整体设计过程，使得工程项目的所有方面通过将传统的方法与创新的方法相结合而趋于合理化。使用者的舒适性、场地的保护、水资源和能源的管理以及造价的控制全都在考虑之列。当业主、建筑师和承包商从项目的最初阶段就紧密配合，那么优先权之间不可避免会升级的冲突就可以通过注重实效的策划和协同的行动来解决。

这种方法除了可以限制对于环境的影响，也具有社会的尺度。有可能允许使用者参与项目的设计和建造。使用当地的材料和技术推进了所在地区的经济发展。设计也应该有利于居民对于其居住的空间产生归属感，并且适应家庭、工作场所和教育状况的自然变化。

合理地使用能源

如今建造一幢建筑所使用的能源相当于 20 世纪 70 年代初的一半。尽管如此，在欧洲采暖和热水供应仍然占据了所消耗能源的四分之一，相应地导致了 CO_2 的排放。合理地使用能源是欧盟在第六届环境行动计划中为 2001 ～ 2010 年设定的四个优先行动计划之一。达到所设定的目标取决于将主动和被动的节能措施和增加可再生能源的利用相结合。在很多情况下可以由简单而有实效的解决办法来替代复杂的、精密的和高维修率的设备。

生物气候学的原则

在人类历史的传统中传承运用的生物气候学的方法在第一次石油危机的时期被西方世界再度发掘。这一古老的方法原则上运用于住宅，

位于蒙日蒙特（Montgermont）的里奥住宅，1976 年建
设计师：让－伊维斯－里奥

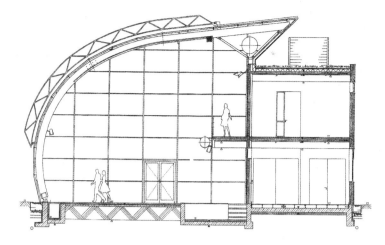

德国斯图加特，迪格洛赫的森林中心，
1996 年建
建筑师：约克斯建筑师事务所

是依据场地的不同特性：如气候、主导风向、土壤特性、地形学、阳光方位和景观等等来决定建筑的形状、场地、朝向和空间布局。

建筑体量必须是紧凑的，以限制室内流线的长度和外表面积，从而减少热量的损失。根据功能将房间成组布置可以节约采暖和照明所消耗的能源。依据生物气候学原则设计的建筑通常采用不透明的北立面，在这一侧成组布置入口和服务设备区，而南面是大面积的玻璃。第一代这种类型的建筑多半采用木框架，在 20 世纪 70 年代至 80 年代间出现在法国以及欧洲的其他国家（见第 94 页插图）。

如今，适合建筑体量和朝向的大面积高效能玻璃能够充分利用获取的太阳光。这里还必须结合墙体和屋顶的良好保温。在瑞士、德国和斯堪的纳维亚地区，采用 U 值为 0.2W/$(m^2 \cdot K)$ 的厚度为 160 ～ 200mm 的保温层越来越普遍。实心的混凝土或石材构件起到蓄热池的作用：在冬季，它们在白天吸收热量，到夜晚逐渐释放；在夏季，它们的高热质（thermal mass）[1] 有助于阻止室内空间变得过热。

位于斯图加特附近的森林与林地中心（见上图）的大展厅，在北边由一幢紧凑的服务建筑来支撑，并且使用被动式太阳能。在冬季，太阳辐射通过玻璃自由进入并加热整个空间。在夏季，邻近树木的浓密枝叶遮住了大面的玻璃，同时不透明的白色布制的百叶片系统，沿着固定在胶合层压木制成的拱形结构上的轨道

滑动，将室内空间与阳光隔开。这一遮阳结构与玻璃之间的空隙产生了烟囱效应，使得热空气可以从顶部排放出去。被动式太阳能的利用因此也受益于建筑西南面的林地。

优化太阳能采集

利用被动式太阳能采暖减少了建筑对于耗能的采暖系统的依赖，而没有显著地增加额外的造价。对于体形紧凑的公寓楼，由于每一个建筑单元中的建筑外围护面积比较少，可以比独立式住宅减少大约 40% 的能源需求。

在布赖斯高地区弗赖堡的里瑟费尔德新发展项目（见第 72 页）的研究中使用 Helios 计算机模拟软件，专门研究立面中最适宜的玻璃面积。这些研究成果显示出，对于一幢五层的住宅楼，南立面的最佳玻璃面积比例为 55%，北立面为 11%，这比玻璃比例各占南北立面 28% 的"标准"设计减少了 12% 的能源消耗。理想的情况是，建筑的长边应朝向阳光，进深在 10 ～ 12m 之间；但是，严格地运用这一"规则"，将明显导致所有低能耗建筑在外形上的雷同。

在春、秋、冬季，可以采用下述方法最佳地利用采集到的太阳能：

— 由合适的玻璃面积来获取入射的太阳能南立面 40% ～ 60%，北立面 10% ～ 15%，东西立面少于 20%；

— 这些能量储存在高热惯性的构件中，例如：混凝土、石材或黏土的楼地面或内墙；

---

1 又译贮热物质、蓄热物质。——译者注

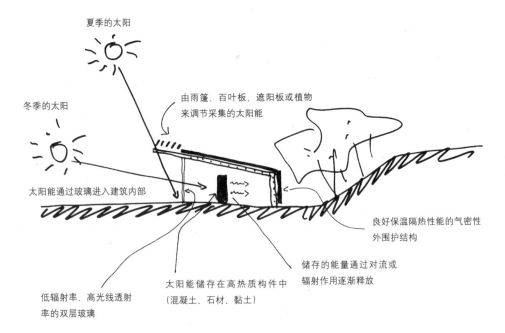

夏季的太阳

冬季的太阳

由雨篷、百叶板、遮阳板或植物
来调节采集的太阳能

太阳能通过玻璃进入建筑内部

良好保温隔热性能的气密性
外围护结构

低辐射率、高光线透射
率的双层玻璃

太阳能储存在高热质构件中
（混凝土、石材、黏土）

储存的能量通过对流或
辐射作用逐渐释放

生物气候学的设计原则
（由让－伊维斯·巴里制图）

尚布雷－图尔的"智能住宅"，1990
年建
建筑师：让－伊维斯·巴里

－然后储存的热量通过对流或辐射从这些构件中逐渐释放；

－释放到户外的热量损失由保温层、挡风物和减少建筑外表面积来限制。

在夏季，因过度的太阳照射导致的过热可由以下方法来避免：

－通过室外的遮阳格栅或百叶板以及使用带有适当太阳能因子的玻璃来控制入射阳光的量；室内百叶帘或由种植的或野生的树木的枝叶形成的屏障也起作用；

－通过自然通风使过度的热量散发出去。

夏季的舒适

在夏季既要保持充足的自然光照水平，又要保持舒适的温度，必须用悬挑屋顶或其他固定的或可移动的室外遮阳系统来控制入射的太阳光线。进一步，可以设置开口以便于通过自然的空气交换来增加通风量。在位于欧蒂尔的住宅中（见第 127～131 页），或者是位于瓦赫宁恩的更大规模的办公楼里（见第 210～215页），使用中庭或温室空间可以将光线带进建筑物的中心并且有助于通风。水正如在传统的阿拉伯宫殿中的运用，也可以在夏季帮助控制建筑环境。无论是通过像在普利茨豪森的数据组办公楼（见第 204 页）沿着实墙缓泻下来的水流，还是像在泰拉松的文化中心（见第 199 页）通过毛石笼墙体蒸发的水蒸气，都可以调节空气的湿度并由此带来舒适的感受。

另一种在夏季调节室内空气温度的方法是通过地下冷却管，这是一种利用了地下土壤的热质性能的自然通风系统。远处的新鲜空气进入一个不锈钢进风口，通过一个（通常是黏土制的）地下管道输送到建筑物内。100m 长的管道在夏季可以使空气降温大约 7℃，在冬季可使空气升温到大致这样的幅度。这一系统已用于位于梅德的初级中学（见第 185 页），若特利绿色小学（见第 180 页），位于多恩比恩的实验住宅（见第 142 页）以及数据组办公楼（见第 204 页）中。

热桥

建筑的保温隔热层，无论是在立面、屋顶还是在地下室和底层楼板之间，都会由于节点设计或施工缺乏精度而产生中断或不牢固的点。这些热桥（或冷桥）可能产生在一个点上或沿着一条线出现。在法国，据估计由此产生的热能损失超过了建筑热量损耗的 40%。新的 RT 2000 规范（见第 100 页）提到了这一问题。

热桥会使该处内表面的温度下降，导致结露，产生湿气和水渍损坏。典型的热桥部位产生于建筑较低的楼层、窗框、墙体与地板或者墙体与屋顶的连接处、屋檐、阳台以及类似的垂直构件。热桥的产生可以藉由仔细的节点设计来避免。

在设计阶段，有不同的方法能够减少热量的损失：

- 使采暖空间布局紧凑；
- 将阳台、走道等附属结构与建筑主体结构分开；
- 仔细设计墙体、屋顶和楼板连接处的节点；
- 实心构件的外保温。

在木框架建筑中，通过以木制的 I 形梁取代实心截面，其墙体或屋顶的 U 值可以大大改进。在位于布赖斯高地区弗赖堡的居家工作室建筑中（见第 154 页），采用了这样的方法以及双层且重叠的保温层。在有着 0.5m 中距的横梁和 240mm 厚的岩棉保温层的屋顶中，以 241mm 的 TJI 梁取代 80mm × 240mm 的实心横梁，使得 U 值减少了 20%。

空气的不可渗透性

为了显著地减少能源消耗和长久地控制温室效应，仅仅采用生物气候学的原则是不够的。穿透建筑外围护的空气导致气流，不仅产生不舒适的感受而且降低了节能效率。相反，低空气渗透性可以减少采暖能源的消耗和有助于减少尤其是在木结构建筑中产生的湿气。为了保证建筑外围护结构的连续性以防止空气的进入，需要从一开始的阶段就仔细设计，尤其注意连接节点、窗框以及烟道和水管等的贯穿处。

德国的 Pro clima 公司为这一用途向市场推出了一系列的产品，其中包括用天然可再生的纤维素制成的防蒸气膜，天然橡胶制成的气密性的密封胶和一系列胶带（包括双面的、速凝的和弹性的胶带）。该公司还出售 Pro clima DB 防潮膜，其对水蒸气的透过率可以随着空气湿度而改变，因此在冬季其通透率降低而在夏季则升高。

可以采用多种气密性测量方法来检验现场装配是否正确，例如明尼阿波利斯的吹风机门 (Blower Door) 测试（见右图）。该测试装置产生穿透墙体的 50Pa 的压力差，使用集成风扇的门板来测试由此产生的气流。取得的结果值分成 1 级（完全气密）到 4 级（不够气密）或更多的等级。这样的测试太昂贵，不是每种场合都能用得起，但值得用于实验工程和试验性项目；从这些测试中得到的信息可以被其他设计师和承包商充分地利用。空气测试不需提供量化的测量就可以评估空气的渗透性，因而提供了一种更简单和经济的检验方法。Pro clima 公司推出的安装在窗框中的 Wincon 系统，能够由非专业人士经过一到两小时的时间，对一幢独立住宅的气密性进行评估。在冬季，安装温度记录装置有助于探测关键区域和空气渗透点。

"智能玻璃"

为了优化建筑外围护的性能，需要仔细地选择窗户和玻璃。在 20 世纪 90 年代中期，法国标准的双层玻璃的厚度是 4-6-4mm 或 4-12-4mm，U 值大约为 $3W/(m^2 \cdot K)$ ——而在德国或斯堪的纳维亚地区作为标准而使用的低辐射双层玻璃被认为是该类别的顶端产品。

早在 1990 年，让－伊维斯·巴里在其"智能住宅"（见第 96 页）中使用了低辐射、高透射率的双层玻璃。在这一建筑中起居区被安排在东南立面，设计成两层高，起着整体温室的作用。在冬季，当太阳角度较低时，双层的幕墙玻璃吸收太阳辐射并且保留住热量。在夏季，反射涂层限制了通过玻璃进入的太阳能。屋顶形成了雨篷，将阴影投在立面上，为阳台提供了遮蔽。

随着对于高热工性能需求的增加，这类玻璃已成为标准产品，尽管如此，该行业已在出产更高性能的产品。"智能玻璃"结合了可见光的高透光度、低 U 值 [通过玻璃板内表面的低辐射涂层可使 U 值降低到 $1.9W/(m^2 \cdot K)$ 以下] 以及足够低的长波光透射率的性能，可以根据需要限制太阳能。为了达到在德国采用的

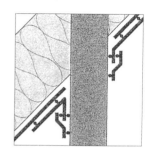

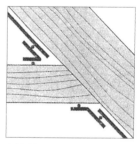

在连接处和开口处减少空气的渗透性。以天然的可再生的纤维素制成的薄膜，以及抗渗透的橡胶密封胶 (Pro clima 出品)

吹风机门板空气渗透性测试
（资料来源：Pro clima）

* U 值（W/m² · K）

U 值或热传导系数是指通过单位面积的墙体或分隔物的每单位温差的热量值。单位是 W/(m² · K)，意为穿过 1m² 墙体的内外表面之间的每度开氏温标差的热量值。U 值越低，建筑的热损失越少。在早先的一些文献中，这个系数被表达为 K，目前在瑞士和德国的规范、新的法国规范（RT 2000 标准的 Th–U 部分）、欧洲的标准以及英国的文献中描述为 U。

* 太阳能传递系数（g）或太阳能因子 S

太阳能传递系数是度量由玻璃提供的太阳防护，指通过玻璃传递的入射阳光辐射的比例。法国的 RT2000 标准使用 Th–S 规则来计算太阳能因子 S，这一规则是基于欧洲标准

* 单位采暖面积的能量消耗值（kW · h/m² / 年，或 MJ/m² / 年）

这一度量单位运用在多种标准以及 Minergie 和被动式住宅标签的定义中。在瑞士被表述为 MJ/m² / 年，在其他地方通常被表述为 kW · h/m² / 年（1kW · h=3.6MJ）。200MJ/m² / 年的能源消耗值大约相当于每平方米采暖居住面积消耗了 5.5 升的燃油。

低能耗住宅（见第 100 页）的等级，玻璃单元做得更厚，并在空气间层中充填惰性气体。

1999 年法国的玻璃制造商圣戈班玻璃制品公司（Saint-Gobain Vitrage）研发了 Climaplus 4S 系列。这一系列的 4-15-4mm 双层玻璃以充填的氩气作为隔热层，U 值为 1.1W/(m² · K)，太阳能因子是 42。这种低辐射率、高透射率的玻璃限制了室内外的热量交换，因此显著地节约了能源。所以其在冬季的热工性能提高了，而在其他季节以温室效应获取的太阳光能也受到了限制。CSTB 在 2000 年估计，使用这样的高性能玻璃产品带来的造价增加可以由长期的节约获得补偿：每平方米玻璃每减少 1W/(m² · K) 的热量损失，每年可节约大约 7.60 欧元。随着 RT2000 规范在法国的运用，这种玻璃产品得到越来越广泛的采用，而价格则有希望很快地下降。

在德国，玻璃的 U 值为 1.5W/(m² · K) 是普遍的。被动式住宅标准（见第 102 页）要求这一值应在 1.0W/(m² · K) 或以下。Vegla 玻璃公司的 Climatop 太阳玻璃的 U 值为 0.7W/(m² · K)。

双层立面

在欧洲的一些国家，尤其是在服务领域，越来越多的朝南立面采用双层外立面作为被动式太阳能收集器。依据建筑的高度以及所采用的系统，其中的空气间层可以贯通整个建筑物的高度或者在每层分开。由立面两层立面之间的遮阳百叶来控制采集的太阳能，随着热空气的上升，储存的热量经由自然通风逐渐释放。可以通风的双层外立面系统提供了有效的热量隔绝，使得采暖和空调系统取得了较大的能源节约。它们也以许多方式改善了使用者的舒适性：

— 确保令人愉悦的室内温度和湿度水平；

— 消除"冷墙"效应和窗户的结露；

— 在夏季保护人们免受过热、光反射和气流的困扰。

在这一章我们将看到双层立面原则的多种运用。在普利茨豪森幼儿园（见第 174 页），教室的南墙由双层玻璃的内皮和单层玻璃的外皮构成，其间有 300mm 的可以通风的空气间层作为热量的缓冲区。位于梅德的生态学校（见第 185 页）是由单层的无接缝的垂直玻璃板覆盖在胶合板外。位于雅典的阿法克斯总部大楼（见第 216 页）由可绕轴旋转的贴膜玻璃板构成双层立面。在巴特埃尔斯特的疗养温泉（见第 194 页），所有四面外墙和屋顶都运用了玻璃的双层立面的原则。这个建筑的屋顶的顶棚层由可动的印有图案的玻璃板构成，价格昂贵，不过它履行了数种功能，包括防晒和自然通风。

在 2001 年，法国的工程师组织 OTH 设计了一种"会呼吸"的双层立面，在两层玻璃之间使用了百叶。这一系统的价格是 900 欧元 /m²，比在室内使用百叶的标准双层玻璃单元的造价增加了 45% 以上。尽管如此，运用此系统将在采暖和空调系统的规格和运行费用上都有显著的节约。

自然通风

通风在能源需求中，尤其是在服务领域，占了 20% ~ 60% 的比例。由于建筑物的保温隔热做得越来越好，这一比例随之上升。在夏季为了调节温度，空气必须从由被动式获取太阳能源的热的区域（通常是朝南面）流通到阴凉的区域（朝北面）。因此，暖空气渐渐上升，在低标高处带来凉爽的空气。建筑的空间组织本身能够产生冷热区域之间的自然的热量循环，如斯图加特－迪格洛赫住宅（见第 132 页）。

在办公室和计算机室，夏季的温度调节尤其困难，因为电气照明、计算机和大量的办公人员会产生相当的热量。在瓦赫宁恩的研究中心（见第 210 页），办公室围绕着玻璃顶覆盖的中庭，使用者通过整夜打开窗户来控制各自办公室的通风。在普利茨豪森的数据组办公楼（见第 204 页），建筑师和 Transsolar 设计团队研发出一种组合式的自然通风系统。使用地冷管道以及带有整体空气流通管道的楼板系

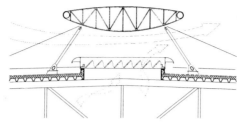

斯特拉斯堡的航空货运站，2001 年建
建筑师：约克建筑师事务所
建筑外观和表示自然通风系统的细部

统，将每年用于采暖和空调的能源消耗量控制在 35Wh/m² 以下。

工业建筑也可以通过自然通风来控制能源消耗。在斯特拉斯堡的航空货运站（见上图），冷空气从南北立面低标高的进气格栅进入，在冬季时空气可以在进风口处被加热。然后空气通过可调节的阀门逸出，阀门是沿着四组带状的提供自然采光的屋顶天窗分布的。出风口由 5.75m×7m 的气动翼构件覆盖，通过产生文丘里（Venturi）效应来增加空气的流动。

自然采光

自然采光是环境质量的重要部分，包括在能源利用和使用者舒适性方面——尤其是在第三产业，受利益的驱使常常导致建筑采用大进深平面。

在意大利的雷卡纳蒂的伊古奇尼（iGuzzini）行政总部（见第 222～225 页），马里奥·库西内拉建筑师事务所与洛桑技术大学合作使用 heliodon 或称为"太阳机器"来模拟光源效应。这套设备模拟地球的旋转、相对于太阳的运动以及随着太阳入射角度的改变而产生的四季变化。直径为 5m、由 145 个可改变亮度的发光圆盘组成的半球形的"人造天空"，提供了良好的光源分布以及广泛的、潜在的光线组合。这一模拟系统使用 1：50 比例的建筑模型，所使用的材料与建筑设计中的真实材料有着相似的反射率。随后由测光设备、照片和视频得出工作空间中不同点的光照水平的信息，并且被用来模拟进行视觉舒适性评估所需要的自然采光条件。

热工规范和欧洲标准

热工规范是在 1973 年经历过第一次石油危机之后的经济复苏时期被引入欧洲的。这一系列的规范主要针对住宅，并由此带来了可观的能源消耗值的降低。在一向与严酷气候抗争的斯堪的纳维亚地区的国家，长久以来拥有严格的标准：在瑞典和芬兰，墙体保温层的典型厚度均超过 200mm。在其他国家，特别是在德国、法国和瑞士，近来也提出了更加严格的标准和雄心勃勃的分级计划。

法国热工规范的发展

在法国，1974 年的热工规范只涉及住宅和公寓楼的保温隔热和通风。随后加入了关于太阳能、采暖效率和通风系统的内容。对于第三产业，1988 年的标准里主要是关于保温隔热，而没有对于通风、采暖、热水供应和空调系统的执行标准。取代 1988 年文件的新 RT 2000 规范，是针对从 2001 年 6 月 1 日起所有新建住宅和第三产业建筑的强制性规范（除某些例外，例如游泳池、室内溜冰场和农业建筑）。新的标准应该说是在常规基础上更严格了。

RT 2000 的基础是 1996 年的能源利用法。它是由法国总理为呼应里约热内卢地球峰会和京都议定书的承诺在 2000 年 1 月 1 日批准的，涉及的问题是在国家政策范围内与气候改变作抗争。据估计建筑的能源消耗占温室气体，尤其是 CO_2 的排放量的 25%。在新建建筑中运用 RT 2000 规范应该将住宅的能源消耗量减少 20%，而在第三产业建筑中的减少量为 40%。它所包含的计算方法，和依据欧洲标准定义的产品规格，使得 RT 2000 也能够在国际范围内被采用。

但是，RT 2000 只关注新建的建筑，而这只占建筑总量的 1%。现有住宅总量的年平均能源消耗值估定为每平方米使用空间中 250kW·h。因此，通过改善保温技术和替换旧的、失效的系统来将这些新规范实施与改进现存建筑的计划相结合是很重要的。将这些经

低能耗住宅

• 设计原则

从项目开始阶段就拥有完整的能源概念

紧凑的建筑形体

增强的保温隔热

尽可能消除热桥

空气的不可渗透性

充分利用被动式太阳能

具有能源效益的、便于操作的技术系统

节水的卫生器具

低能耗的家电

使用含有较低的物化能量（embodied energy）[1] 的和可循环利用的建筑材料

德国不同住宅类型的采暖能源消耗值的比较以及规范值的变化（kW · h/m² / 年）

	独立住宅	联排住宅	公寓楼
1982 年以前的现存建筑	260	190	160
1982 年的上限	150	110	90
1995 年的上限	100	75	65
低能耗住宅	<70	<60	<55

资料来源：Pro clima 2000。

低能耗等级住宅的平均 U 值

室外砌筑墙体	U<0.25W/(m²·K)(120 ～ 180mm 厚保温层)
室外木框架墙体	U<0.20W/(m²·K)(200 ～ 250mm 厚保温层)
屋顶	U<0.15W/(m²·K)(250 ～ 300mm 厚保温层)
采暖区域和非采暖区域之间的内墙	U<0.30W/(m²·K)(80 ～ 120mm 厚保温层)
玻璃	U<1.3W/(m²·K)(充填惰性气体的双层玻璃)

过改造的建筑提高到 RT 2000 标准，到 2010 年底将会减少 22% 左右的能耗。

RT 2000 的原则

RT 2000 规范实际上是性能说明书，设定了热工性能的基准，但是建筑说明编制者[2] 对于材料和系统仍具有选择权。这些规范为住宅的采暖、热水供应和通风系统的总能源消耗值，以及第三产业建筑的采光能源消耗值定义了限度。RT 2000 还包括了改进夏季使用者舒适度的设计要求，并且将在 2002 年扩展到完全覆盖空调系统。此规范不强加任何的技术解决方案，而允许设计师自由创新。

附属的软件使得能源消耗值能够作为温度的函数被计算出来，这将使得专业人士可以用来优化设计。该文献也包含一个不需计算的简化方法，它基于由工业设备部及其顾问定义的并由 CSTB 所验证的技术标准。这一简化方法为不同类型的建筑设定了可选用的方法，以满足不同需求，例如：增进墙体的保温性能、系统地采用隔热窗框和低辐射率的玻璃、去除热桥效应、安装日光屏以及采用低能耗的采暖和通风设备。

德国低能耗住宅的等级

1982 年的德国规范为新建建筑的采暖能耗值设定了上限，为 150kW · h/m²。这些规范在 1995 年进行了修订，这一限值进一步被降至独立住宅的年平均 100kW · h/m²。瑞典的规范自从 1980 年起就结合了类似的要求。

低能耗住宅标准（见左栏）于 1999 年获得官方认可，现在成为获取某些资助的必要条件，其相应的采暖能耗值低于 65kW · h/m² / 年。另外的 25kW · h/m² / 年是用于热水供应，30kW · h/m² / 年是用于照明、通风和家用电器。在斯图加特的迪格洛赫住宅（见第 132 ～ 135 页）满足了这些要求。

---

1 指建材中包含的固化能量或生产材料所用的能量，例如木材含有较低的物化能量，铝是建造中所用的含有最高物化能量的材料，比木材高几千倍，而混凝土和钢材介于两者之间。——译者注

2 指为建筑物编写说明书的人员，可以是建筑师、工程师或经济师。——译者注

一幢低能耗住宅消耗的能源比建于 20 世纪 70 年代的建筑减少了近 80%，而比常规的新建建筑减少大约 30%。这些年来加大保温隔热材料的厚度和采用高性能玻璃在德国已成为标准；低能耗建筑总的来说被认为比常规住宅更经济，因为增加的资本投入大约在 1% 至 5% 之间，并且会被减少的运行费用所补偿。从 1992 年起，布赖斯高地区弗赖堡（见第 71 页）已经要求在公共用地上新建的建筑必须符合低能耗标准。

于 2002 年 2 月开始在德国付诸实施的新的热工执行规范（Energieeinsparverordnung, EnEV），将低能耗住宅标准用于新建建筑。在这些规范中还推出了"能源护照"的概念，目的在于增加透明度并鼓励对现有建筑进行改造。同时，到 2005 年这些措施将能够减少 CO_2 的排放量大约 1000 万吨。

瑞士 Minergie 标准

由苏黎士州政府的建筑部门设立的 Minergie 概念（见第 25 页），目的在于减少能源消耗并且改善居民的生活质量。其最终目标是通过持续减少使用不可再生的能源资源来减少温室气体的排放。这一概念通过分级标准运用于建筑，要求在住宅和服务领域的新旧建筑满足在采暖和电力消耗方面的精确需求（见右栏）。

和 RT 2000 规范一样，Minergie 标准涉及性能甚于方法，并且建筑说明编制者无论选用什么方式都可以，只要达到所要求的标准。然而，紧凑的建筑形体、良好的保温隔热、优化性能的系统和设备以及气密性的外围护都是 Minergie 项目的标准元素。根据工程设计图纸可以得到州能源部门的认证；当项目施工结束时，由相关部门检验所要求标准的完成情况。到 2000 年已有大约 750 个符合 Minergie 等级的项目。

Minergie 标准源于一些资深的环境学者的理想主义，并且迅速成为被发展商广泛采用的技术标准。在目前 Minergie 标准不是强制性的，但它指明了瑞士建筑领域的清晰的发展趋势。据瑞士国家部门的估计，得益于对现有建筑的改进，大部分建筑的采

MINERGIE 标准

Minergie 等级中采暖与电力能耗的最大值

采暖能源消耗	新建建筑	1990 年前的建筑
住宅	<45kW·h/m²/ 年 (160MJ/m²/ 年)	<90kW·h/m²/ 年 (320MJ/m²/ 年)
办公室	<40kW·h/m²/ 年 (145MJ/m²/ 年)	<70kW·h/m²/ 年 (250MJ/m²/ 年)

电力消耗	新建建筑	1990 年前的建筑
住宅和办公室	<15kW·h/m²/ 年 (53MJ/m²/ 年)	<15kW·h/m²/ 年 (53MJ/m²/ 年)

Minergie 建筑外表面的平均 U 值

	带有增强保温层的紧凑形体的建筑
墙体和屋顶	U=0.2W/(m²·K)
底层楼板	U=0.25W/(m²·K)
窗户和门	U=1.0W/(m²·K)

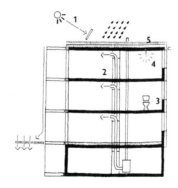

Minergie 住宅楼实例示意图
1 提供热水采暖的太阳能集热板（27m²）
2 带有高效能的（65%）热交换器的双向通风
3 低水量的卫生器具
4 低能耗的电力系统和家用电器
5 蓄水的草皮屋顶

以上数据来源于苏黎士的一幢 12 个四居室单元的住宅楼。为节能和节水措施而增加的造价是总建筑预算的 5%；每年运行费用的减少相当于这一增加的造价的 6%。为 Minergie 建筑提供了不同的财政资助方式，例如低利息贷款。

（资料来源：H.R.Preisig et al.Ökologische Baukompetenz, 苏黎士, 1999 年）

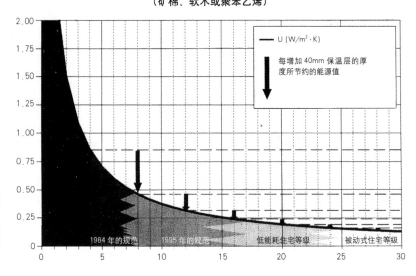

墙体的 U 值作为保温层厚度的函数的变化值

（矿棉、软木或聚苯乙烯）

— U (W/m²·K)

每增加 40mm 保温层的厚度所节约的能源值

1984 年的规范　1995 年的规范　低能耗住宅等级　被动式住宅等级

（资料来源：Cologne city authorities, Department of Employment, Social and Urban Development, Culture and Sport. 科隆市政府、劳动就业部、社会和城市发展部、文化和体育部）

暖消耗值将很快降至 55kW·h/m²。性能更好的保温隔热层（厚度为 160 ~ 200mm）的普及安装，将导致 CO_2 排放量的减半，或每年减少 1000 万吨。

欧洲被动式住宅的等级

被动式住宅标签首先出现在 20 世纪 80 年代末的黑瑟——德国在环境问题方面最积极的州之一，由被动式住宅研究所的主任沃尔夫冈·法伊斯特提出。这一分级标准的基本要求是将采暖的能源消耗值降低到 15kW·h/m²/年。第一幢被动式住宅于 1991 年在达姆施塔特-克拉里施坦 (Kranichstein) 建成（见第 103 页图）。这是一幢由四个住宅组成的联排住宅，每个住宅面积为 156m²，将生物气候学原则与创新要素相结合：简单而紧凑的形体、超厚的矿棉保温层（用于屋顶为 440mm，墙体为 260mm）、在玻璃板之间填充氪气的三层玻璃窗以及地下冷却管。再加上高效能的系统，例如：带有高效能热交换器的双向机械通风和以太阳能集热板的方式采集热量的水暖系统，这些设备使得包括电力在内的总能源消耗值少于 30kW·h/m²。黑瑟区域政府为各项节能措施提供了 50% 的资金；而从这一试验性项目所获得的数据可为今后的工程找到更完善的解决方案。

被动式住宅的概念很快在德国之外传播开

来。到 2001 年，几百幢依据这些原则建造的独立住宅、联排住宅和公寓楼在瑞士和奥地利建成，除此之外在德国大约建造了 1000 幢。其中有几幢参加了 2000 年的汉诺威博览会。在 1999 年至 2001 年之间，在欧洲五个国家建成的总共 250 幢被动式住宅单元成为 Cepheus 项目的一部分，这也是欧盟兆卡计划的组成部分；其中法国对于这一项目所作的惟一贡献是位于雷恩的萨尔瓦铁拉建筑（见第 164 ~ 168 页）。

在弗赖堡的环境发展区有大约 50 个被动式住宅单元投入使用，包括在沃邦的 16 个实验性居家办公室建筑（见第 154 ~ 158 页）。在多恩比恩的厄尔茨丙特发展项目（见第 142 ~ 147 页）是另一个被动式住宅项目；而位于斯图加特的福伊尔巴赫的 52 个联排的被动式住宅于 2000 年建成。欧洲最大的被动式住宅发展项目于 2000 年在乌尔姆的松讷费尔德（见第 52 页）完工，包含有 104 幢住宅和公寓，由包括约阿希姆·艾伯和考特卡普夫和施奈德等在内的一些建筑师设计。

看起来被动式住宅等级最终会在德国成为标准，并且在此地已有一些"零能耗建筑"项目正在进展中。研究太阳能和能源系统的弗赖堡的弗劳恩霍夫学院已经完成了一幢"独立能源"的住宅，每平方米使用空间消耗不超过相当于 0.3 升的燃油，或者说只有达姆施塔特住宅消耗的能源量的三分之一。

可再生能源

可再生能源资源的利用与政治战略相关，取决于所涉及国家的政治前景和能源背景（见第 28 ～ 31 页）。这些战略依赖于将已建立的、成本效益好的系统，例如热泵、太阳能热水采暖、燃气型热电联供[1]与更先进的技术，例如风力发电、光电电池相结合，这些技术目前造价昂贵，但在长期的使用中会收回成本。

在产生热量的能源资源中，以煤炭为燃料的发电站产生的电力（主要在德国）到目前为止是温室气体排放的最大来源。煤气在这些方面相对好一些，尤其是使用具有动力通风的（密闭燃烧的）挂壁式锅炉。使用城市发电厂，尤其是如果发电厂利用可再生燃料如木材或生物燃气，可使温室气体的排放量减少到近 60%。太阳能是对环境影响最少的能源 [资料来源：《建造一个有生活价值的未来》（Bauen für eine lebenswerte Zukunft），布赖斯高地区弗赖堡，1996 年]。

太阳能集热

生物气候学方法经常与使用太阳能集热板将水加热联系在一起。这些系统自从 20 世纪 70 年代刚刚被开发以来，已经历了一些技术改进并证明了其效益。集热板将太阳辐射的能量转变为热能，通过载热的液体（通常是水）和热交换器传送到贮水池。太阳能集热装置可以全年使用；即使在阴天，也有足够的阳光将水加热到高于室温的温度。在欧洲的温带地区，已安装的、尺寸合适的太阳能集热板能够满足家庭从 4 月至 9 月间 100% 的热水需求，以及全年需求的大约 60%，相应也减少了 CO_2 的排放量。随着这些年来的技术改进，太阳能集热板现在已相对便宜了，而安装这一装置是使用可再生能源资源的成本效益最好的方式之一。以 2000 年的价格计，这一措施的投资回报期大约是十年。

随着价格的下降，太阳能集热板的应用将会遍及欧洲。一些国家为安装太阳能板提供了基金或补助金。德国、奥地利、比利时和荷兰都有大型的计划来促进利用太阳热能供应家庭热水。

太阳能集热板在公寓楼中的运用尤其具有效益，例如用于位于多恩比恩的厄尔茨丙特住宅楼（见第 142 ～ 147 页）的、位于雷恩的萨尔瓦铁拉建筑（见第 164 ～ 168 页），以及布赖斯高地区弗赖堡居家工作室项目（见第 154 ～ 158 页）的南立面屋顶上的太阳能集热板。在本章介绍的许多学校和学院项目中出于环境和教育的动机也使用太阳能集热装置，例如位于普利茨豪森（见第 174 ～ 179 页）和斯图加特－豪伊玛登（见第 169 ～ 173 页）的幼儿园、位于加来的初级中学（见第 190 ～ 193 页）和位于梅德的初级中学（见第 185 ～ 189 页）。

利用太阳热能的最主要的问题是难于储存。针对这个问题，德国公司 UFE Solar 和弗劳恩霍夫太阳能源学院研发了一项技术，利用硅胶将热能储存在一个小容器中放置几个月。在夏季，由太阳能集热板收集的热量将硅胶加热。

热量使得硅胶干燥，产生的水被排出并储存起来，使得热能被储存在干燥的硅胶中。到了冬季，水被还原到硅胶中，释放出热量。配备有这种系统的太阳能集热器能够满足家庭全年采暖和热水供应的需求。该公司有望在 2003 年将此类产品投放市场。

光电能量的转换

光电模块（PV）通过硅半导体电池将太阳能直接转换成电能，其原理是硅半导体电池与光发生化学反应产生直流电。光电模块被应用于多种用途，包括停车计时器、路边电话和信号灯。安装在建筑立面或屋顶上的光电板产生电能提供内部使用或传输到外部的电网。PV 板可以成为建筑设计的构件，或双层使用作为日光屏，参见完全能源办公楼（见第 226 ～ 230 页）。位于鲁尔区黑尔讷－索丁根的德国内务部培训中心（见下页图），是埃姆舍尔公园国际园艺／花园博览会（IBA）的一部分，其 16m 高的巨型玻璃空间容纳了图书馆、会议厅、餐

Minergie 居住的原则
被动式住宅；德国，位于达姆施塔特－克拉里施塔坦的样板房，1991 年建
建筑师：波特，里德，韦斯特迈尔；
工程师：沃尔夫冈·法伊斯特

---

1 热电联供（Co-generation），原指利用工业废热发电，现指热电共生的新方式，Co 表示共同，可以是 2 个，也可以是 3 个、4 个，Co-generation 还可称为汽电联产、热电冷联供。——译者注

德国黑尔讷－索丁根的培训中心，
1999 年建
建筑师：弗朗索瓦丝·赫勒纳·茹尔达和吉勒斯·佩罗丹以及 HHS 建筑师事务所

建筑中的热力采暖

- **空气－空气的系统**
- 从室外空气中获得热量
- 建筑被热空气加热，如有必要加入新风
- 在夏季如果需要，可能使用空调系统
- 平均能源消耗值 32～35kW·h/m² / 年

- **空气－水的系统**
- 从室外空气中获得热量
- 建筑被热水加温，通过楼板下辐射采暖或对流式加热器的方式
- 系统几乎不占空间；楼板下采暖系统带来采暖区域的完全灵活性
- 平均能源消耗值 28～32kW·h/m² / 年

- **土壤－水的系统**
- 通过地面标高以下的蒸发器，从土壤中获得热量
- 建筑被热水加温，通过楼板下辐射采暖或对流式加热器的方式
- 系统几乎不占空间；楼板下采暖系统带来采暖区域的完全灵活性
- 平均能源消耗值 22～25kW·h/m² / 年

厅和宿舍，整个建筑面积达到 12000m²。墙体和屋顶的 20000m² 的玻璃板中组合了 10000m² 的 Pilkington 光电太阳能模块，可以产生足够的电能对整个空间进行加温。因此不需要常规的采暖或空调系统就创造了地中海式的气候。

光电模块目前仍然很昂贵，但是在德国已有重要的资金激励计划来推广其运用，并且一些大型的生产工厂近期已经开工（见第 29 页）。将来光电模块也会在一些发展中国家获得意义非凡的运用，在那里几乎没有其他的能源资源，但却有充足的日照。

热力采暖

热力采暖起源于 19 世纪，目前广泛地运用于美国、日本和斯堪的纳维亚地区。热泵孜孜不倦地工作，在过去的十年中效率提高了 25% 以上。这一系统的原理是通过一种液体来转换热量。它不需要锅炉，因此没有燃烧过程，而锅炉的燃烧过程正是区域污染的重要来源。

热泵从被太阳加热的地面和空气中获取热量，并将热量传送到一个热交换器中。这一系统的效率是通过为提供采暖而传送到冷凝器的热能与压缩机及其附加装置消耗的能量之间的比率来衡量的。对家用采暖而言，这一比率在 2.5 至 5 之间。因此，当这一系统处于最佳运行状态时，近 80% 的可用热量是从周围的环境中免费得到的。

不同的热力系统使用不同的天然热源（空气、水或土壤），并以不同的方式将回收的热量散发到建筑中（以空气或水为媒介）。在瑞士，有大约三分之一的热泵采用地热发掘系统，因为地面下的恒定温度比空气－水或空气－土壤类型的热泵有着更好的能源产出。也可以从地下水位储存的热量中收集热能。在位于阿尔卑斯的阿福尔特恩的退台住宅中（见第 136～141 页），每一个四户的联排住宅使用的热泵从 180m 深地下的 20℃ 盐水中获取热量。在位于多恩比恩的厄尔茨丙特住宅楼中（见第 142～147 页），13 个住宅单元分户设单独的热泵。

来自木材的能源

在欧洲的一些国家木材能源领域正呈上升趋势，由于着手利用未开发的森林资源（见第 26 页），为减少排放二氧化碳气体做出了贡献。以木材为燃料的采暖不会增加大气中的 CO_2 总量，因为通过燃烧作用释放出来的二氧化碳的数量等于树木在整个生命周期中从大气中吸收的数量。

一台以木材为燃料的锅炉在春季和秋季足够供应家庭采暖，缩短了需要使用常规采暖系统的时间。有些炉子是用石材建造的，其灵感来源于传统的陶瓷制的瓷砖壁炉。

斯堪的纳维亚类型的铸铁锅炉效率更高。更好的是以圆木片作为燃料的锅炉，并且已经开始从美国传到了欧洲。这种锅炉通常有容量为 20 ~ 30kg 的燃料斗，可以不需照看地并在恒温调节下燃烧 24 ~ 72 小时。其效率可以达到 75%，大大高于标准的锅炉。

在 20 世纪 90 年代中期，自动燃烧系统的出现为城市工业领域带来了革命。这些系统可以由锯屑、木片、树皮、圆木或其他锯木厂的废料作为燃料，含水率在 5% ~ 60% 之间。烟囱系统有一个带有固定或移动炉箅的耐火燃烧室；燃料通过一个连续进料的螺杆或液压控制的推送系统进入锅炉。烟尘由多管式除尘机或感应式通风机来处理。法国的制造商 Compte 在市场上为工业和地方政府提供了低容量的燃烧锅炉（200 ~ 900kW）和标准锅炉（1200 ~ 1500kW）。

在 2000 年，法国有大约 1500 个以木材为燃料的工业或公共暖气厂。例如，位于海姆的三幢瑞士建筑拥有一个 2MW 的暖气厂，以锯木厂的废料和树篱修剪下来的碎木为燃料，其最大容量相当于 10 天的燃油值。法国木材能源领域的发展受到法国能源机构 ADEME 的援助。

生物燃气

生物燃气是发酵的家庭废物、下水道的淤泥和农业以及工业污物的产物。发酵产生出的气体通过燃烧产生出热能或电力。在法国，据估计所使用的天然气中的 10% 可以由生物燃气取代。与木材生物能源资源一样，一些欧洲国家也为生物燃气的利用提供资助（见第 31 页）。在德国南部，农场主越来越多地将生物燃气作为各自的家用能源。

在布赖斯高地区弗赖堡的居家办公室建筑中（见第 154 ~ 158 页），花园废物、可压实的厨房废物和真空式坐便器产生的污水被收集在一个专门的贮存器中。它们经发酵所产生的生物燃气可用于炊事，取代主要由天然气提供的能源。由于炊事占据家庭能源消耗的重要部分，由此导致的节约是可观的。残存的混合物被当地的农场主作为肥料播撒在农田里，由此完成了自然的循环（见下图）。

风能

风力涡轮机将风的动能转化为机械能。这种机械能可以被直接利用，例如用来驱动水泵，或者被转化为电能，就地使用或传输到电网。

风能可以是一种不可预知的、不均匀的能源资源。启动风力涡轮机一般来说需要的最小风速为 5m/s。然而欧洲的一些国家已具备开发经济可行的风能资源的潜力，并且这一潜能已被开发到一个不断增长的水平，尤其是在德国、丹麦、荷兰和西班牙。

容量为 30kW 或更小的小型风力涡轮机可以为单个家庭提供动力能源。较大型的风力涡轮机可以供应私人住宅或居住区、公共建筑或

丹麦的为一个服务站提供动力的风力涡轮机

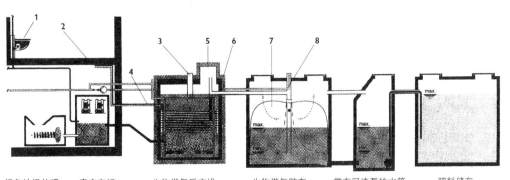

绿色垃圾处理　　真空车间　　生物燃气反应堆　　生物燃气贮存　　带有回流泵的水箱　　肥料储存

德国布赖斯高地区弗赖堡的居家办公室建筑，2000 年建
建筑师：康门和吉斯
生物燃气设备的示意图解
（由耶尔格·朗格绘制）
1 真空式坐便器
2 加热电路
3 检查口
4 加热
5 检修口
6 隔绝层
7 生物燃气"口袋"
8 生物燃气出口

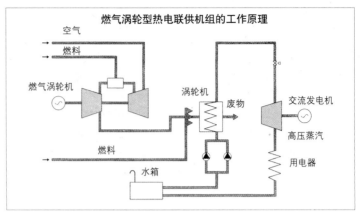

燃气涡轮型热电联供机组的工作原理

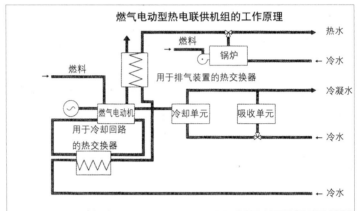

燃气电动型热电联供机组的工作原理

工业区。

比利时的佩尔韦的风力涡轮机拥有600kW的容量，为450个家庭供应电能；而法国位于索姆湾的服务区的风力涡轮机（见第231～236页）拥有250kW的容量，每年提供500000kW·h的电能。供应位于加来的初级中学（见第190～193页）的电力中部分来自135kW的Seewind[1]风力涡轮机。在这些实例中，因为风轮机产生出的电能不能储存，即时需求以外富余的电力被卖给国家的配电网。

热电共生

虽然热电共生不使用可再生能源，但仍然有很高的效率，因为热量损失可以被回收并利用。一个单独的气体发生器同时产生热量和机械能，所产生的机械能驱动交流发电机产生电流。热电联供机组出产天然气，天然气比石油产生更少的不良燃烧的副产品。涡轮型热电联供机组用于高容量的发电厂，而电动型的机组更适用于中等的动力需求。

在加来的初级中学（见第190～193页），一个165kW的燃气电动型热电联供机组提供由风力发电尚不能覆盖的电力需求。极具效率的燃料电池的出现，很可能使更小的容量为100～250kW的热电联供设备更为可行。

燃料电池

燃料电池通过燃料和氧化剂，例如空气中的氧气，之间的化学反应产生电能和热能。燃料电池具有高效和非常"清洁"的特点，所产生的二氧化碳和硫磺的排放量最少。

目前全世界大约有200个正在运行的燃料电池系统，但是这项技术非常昂贵，并且在实效性方面仍处于初创阶段。尽管如此，研发的步伐正在加速，因为实力雄厚的能源生产商和制造商已显示了越来越浓厚的兴趣。

作为独一无二的、没有污染的系统，燃料电池可以就地生产能源应用于工业、医院、学

1 品牌名。——译者注

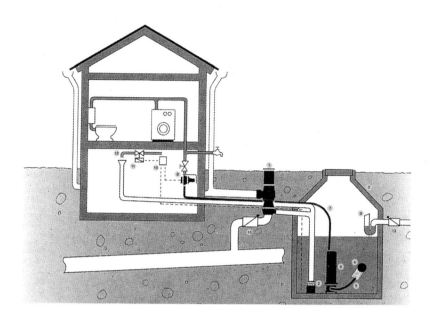

带有地下水箱和 Multigo[1] 潜水泵的雨水回收系统。
（资料来源：Wisy）
1 自洁式过滤器
2 过滤器
3 水箱
4 漂浮的进水过滤器
5 进水管
6 Multigo 泵
7 加压管道
8 自动阀
9 溢流管
10 控制板
11 磁力阀
12 饮用水给水
13 止回阀

校和住宅。在法国，能源机构 ADEME 和国家电力供应商 EDF，和 GDF 共同投资了一个位于谢勒的试验性项目，在这个项目中 200 个家庭使用的电力由容量为 200kW 的磷酸燃料电池提供。一个法国和德国的联盟组织正在领导一个目标长远的项目，即在 2002 年将一个容量 1MW 的燃料电池工厂投入使用，为 2000 人口规模的市镇提供充足的电能。

控制水循环

水正成为日益珍贵的资源，而在工业国家存在着水资源使用上的浪费。在美国，人均日用水量为 1000 升。而成为对照的是，在南美洲、非洲和亚洲却很少超过日均 40 升。在建筑领域，尤其是在住宅方面，可以采取以下措施改进对于水循环的管理：

－通过使用节水型的卫生器具和负责任的行为减少水的消耗；

－雨水收集；

－屋顶绿化；

－灰水的自然过滤；

－创造生物林园区域。

水可以成为建筑的一种元素，有助于调节室内空气的湿度，例如在普利茨豪森的数据组办公楼（见第 204～209 页），或者瓦赫宁恩的研究中心（见第 210～215 页）的室内中庭。在后者的实例中，场地曾经被精耕细作的农业严重污染，现在则通过草皮屋顶、使用回收的雨水冲洗厕所并填充中庭的水池等措施来调节水的循环。

雨水回收系统

在欧洲，平均每日消耗的饮用水是人均 110～200 升。如果我们仅仅将饮用水用于加工食物、饮用和个人卫生，而其他需求都使用雨水，这一消耗量将减少大约 30%。一系列历经几年的研究，尤其是在德国由奥托·瓦克所进行的研究，指出当雨水被一个精心设计并正确安装的系统净化后，其质量和性能可以和蒸馏水相比。

在最可靠和最具实效的系统中，汇集在建筑屋顶上的雨水通过一个自洁系统被回收和过滤，然后储存在水箱中。不需维护的两阶段的净化过程在水箱中进行，净化后的水储存在凉爽的暗处。然后这种再生水通过低能耗的水泵配送到供水网，整个管网都有清楚的"非饮用水"的标签。

20 世纪 90 年代在具有实效的自洁过滤系统方面的开发，例如由 Wisy 公司推出的系统，对于德国的雨水回收系统的快速增长做出了贡献。这一领域的销售额已在增加，因此产生了数量

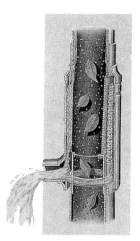

自洁式雨水过滤器
（资料来源：Wisy）

1 品牌名。——译者注

金科 (ZinCo) 拓展型屋顶绿化系统
a 带有挑檐的平屋顶的侧面大样
b 带有檐沟排水口的斜屋顶的侧面大样
1 植物 (景天属的植物垫层)
2 "Zincobum" 有机材料层 ($15l/m^2$)
3 黄麻细纱开放式网眼的防侵蚀板，
用于屋顶斜度大于 15° 或多风的场地
4 "Zincolit" 培养层 ($60l/m^2$)
5 压型的排水构件
6 保存／保持湿度的垫层
7 隔根的防水层
8 排水口
总厚度大约为 100mm; 净重，包括植物，
$70kg/m^2$; 留存的水量，大约 $19l/m^2$
(资料来源: ZinCo)

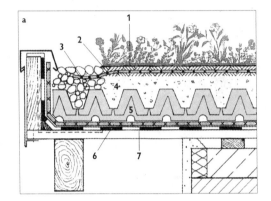
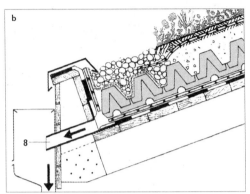

可观的制造类和技术类的就业市场，这些产品已出口到欧洲的其他国家，尤其是丹麦和荷兰。

雨水适用于浇灌、冲洗坐便器和清洁卫生。用雨水洗涤机器具有更多的环保优势，因为低硬度的水质延长了机器的使用寿命，并且减少了洗涤剂和织物调理品的用量。

在德国越来越广泛地使用雨水回收系统，尤其是在学校、运动和文化中心以及行政建筑中。业主和发展商常常建议在所有类型的发展项目中，无论规模大小，都使用雨水回收系统。一个适当安装的系统通常在 3～10 年内可以收回投资，这取决于系统的规模和再生水的使用范围。在法国，健康规范是非常严格的——必须得到负责监督建筑物中的健康和卫生状况的区域健康部门 (Ddass) 的特别认可——雨水的循环利用仍然还未被普遍推广。位于科德里、利摩日和加来的 HQE 学校建筑 (见第 190～193 页) 是少数几个使用雨水回收系统的项目。

雨水的工业利用

雨水也可以应用于工业生产过程中，其出发点是环境和经济。作为欧洲生活质量研究项目的一部分，雷诺公司于 1999 年在其莫伯日工厂中引入了雨水回收系统。在 39 公顷的场地上收集到大约 320000m^3 的雨水，提供了所需供水量的 35%～40%。这种净化雨水的折旧前的成本是每立方米 2 法国法郎 (0.3 欧元)，相比较来自管网的饮用水的成本是每立方米 4.5

法国法郎 (0.7 欧元)。尽管系统的造价是每米 17 法国法郎 (2.6 欧元)，但这项投资费用将在三至四年内获得补偿。针对这个项目进行了广泛的方法论的研究，其结果是完成了 Sirrus 软件，该软件可以协助其他公司采用类似的系统。雷诺公司打算将试验扩展到位于杜埃和弗兰的工厂。在沃尔夫斯堡的大众汽车公司的工厂，雨水取代了通常在汽车制造过程中使用的软化水。在汉堡的汉莎航空公司的飞机库，从屋顶上收集到的雨水用于冲洗坐便器和清洁飞机，结果每年可节约 15000m^3 的水。

屋顶绿化

在一些国家，由于土壤失去渗透性导致的环境后果使得他们意识到，将平屋顶或略微倾斜的屋顶绿化已成为越来越普遍的选择。斯图加特市早在 15 年前就将这一概念结合到城市发展规划中，随后其他几个德国城市也步其后尘 (见第 55 页)。这一原则很简单: 在屋顶提供相当于建筑占地面积的植草或种植其他植物的面积。屋顶绿化加强了热量和噪声的隔绝效果，通过在屋顶隔板层中调节温度变化而延长了屋顶的使用寿命。植物有助于减少大气中的灰尘和维护其下建筑区域的空气湿度; 而在暴雨期间，屋顶绿化作为临时的"海绵"，蓄留住 70%～90% 的雨水，因此减少了对于排水系统的压力。

拓展型 (较浅的土层断面) 的屋顶绿化相对较轻 (50～100kg/m^2)，只需要极少的维护。

在其上种植自我播种的苔藓或景天属植物需要的土壤深度不超过10cm。市场上有一些私人拥有的系统；由德国企业金科（ZinCo）推广的Floradrain系统可以依据屋顶倾斜度和所需种植的植物种类，在不同的土壤深度上建造。其设计依据环境的基本原理，使用可循环的材料。一个平屋顶也可以通过种植较大的植物或树木完全或部分地转化为密集型的屋顶绿化，或称为屋顶花园。密集型屋顶绿化必须有更厚的构造层和更重的自重，并且需要更多的维护。

废水管理

欧洲的许多项目都已关注用其他方法来取代常规的废水处理系统。这些方法之一是人工建造的湿地，或芦苇床滤池。在斯德哥尔摩附近的耶纳医院综合楼中（见右图），根据奥地利教育家和哲学家鲁道夫·施泰因讷的"人智论"原则而修建的景观，包含一个由七个池塘和阶梯状的水池组成的水处理系统。由比利时的蒙斯·爱诺大学研发的Traiselect系统基于有选择地处理排放的污水和灰水。灰水被置于一个含有厌氧菌的水池中处理，紧接在另一个水池中充空气，处理后的水可以用于洗涤和浇灌花园。对于污水，研究人员建议采用干式堆肥"生物分解"厕所，或者就像在许多欧洲其他国家（包括德国和斯堪的纳维亚地区）所采用的芦苇床类型的系统。

在德国，一个真正创新系统的实例是在布赖斯高地区弗赖堡的居家办公室建筑（见第154～158页）所采用的系统。这一系统的目标是成为一种完全的、独一无二的水资源管理系统。在厨房和浴室产生的灰水用于浇灌花园和冲洗坐便器。坐便器采用了节水型的真空系统，就像在飞机上使用的一样，每次冲洗只使用不到一升的水。污水被传送到小型的沼气车间，可提供炊事用的燃料（见第105页）。雨水被引导到围护沟里。

在法国，健康规范使得这一领域的创新变得困难。尽管如此，GTM建筑公司于2001年在位于阿讷西的PLA住宅发展项目中，建立了一个利用生物反应堆隔膜系统的实验性灰水循环计划，这将为今后的项目提供有用的数据。在欧蒂尔的住宅项目中（见第127～131页），雨水、去除了油脂的灰水和污水由种植了芦苇、灯芯草和鸢尾属植物的四个水池的系统来过滤。

生物林园

在德国，一种常用的实践做法是将雨水引流到一些区域，而将这些区域变为湿地，通过建立天然的生态系统促进当地植物群落的生长和动物群落的繁衍。水的出现使得植被茂盛，因而吸引昆虫，然后是以昆虫为食物的鸟类，鸟类的播种又带来更多植物的生长，如此循环不息。

在阿尔卑斯的阿福尔特恩的发展项目中（见第136～141页），一部分雨水由拓展型的屋顶绿化临时蓄留，然后慢慢流经三个成为生物林园的水池，最后汇入溪流。在斯图加特－豪伊玛登的幼儿园项目中（见第169～173页），水从雨水池中溢出，汇入一个生物林园区域，既改善了生态环境也为环保教育提供了素材。

水处理也可以结合在建筑周围的景观区域中。在位于索姆湾的服务区（见第231～236页）中，从高速公路车道和停车场汇集的地表径流，在流经碳氢化合物分离器后，由围绕着服务建筑的种有植物的沟渠内的芦苇床系统来过滤。

材料对环境的影响

材料的选择影响到自然环境、建筑的内部环境和使用者的健康。对于环境影响的评估，必须考虑在材料的生命周期的每一个阶段可能发生的环境危害：装配制作、施工、运行服务和维修、拆除和弃置。由于交互作用的影响，将这一概念运用于建设过程中是复杂的，而且在不同的目标之间确实是矛盾的。

斯德哥尔摩耶纳医院综合楼的池塘系统

一个私人花园中的生物林园

建筑产品和材料的环境评估要考虑在产品的生命周期中所使用的原材料的数量和所消耗的能量和水资源：
- 原材料的开采和运输
- 预制
- 运输到工地
- 施工
- 在建筑的寿命周期中的维护、维修和替换
- 销毁
- 废弃

空气质量

建筑内部的空气质量是个敏感的话题，这是因为公众对于癌症、哮喘和其他过敏性疾病与在一些建筑材料中出现的灰尘、纤维微粒和挥发性有机成分（VOCs）的联系心存忧虑。

天然材料也不都是健康的，例如石棉。有些人对于许多建筑产品中所包含的化学成分反应强烈，如胶水和涂料。其他一些产品的使用在有些地区也是遭到强烈反对的，例如矿棉。尽管如此，我们必须将在制造、操作和安装这些产品的过程中存在的危害与影响建筑使用者的危害区分开来。

实际上，我们可以在直接与空气接触的材料和不直接与空气接触的材料之间划一条界线。在人们度过较长时间的场所，例如住宅和办公室，以及学校、体育中心和其他倾向于供儿童使用的场所，尤其重要的是宁可失之过于谨慎，也要确保只选用那些不具有毒性危害的材料。

生命周期的评估

由 ISO 14040 标准所设定的生命周期的评估（LCA）是评估一种材料或产品在其整个生命周期中对于环境影响的方法。在荷兰，政府和建筑行业携手制订了一则环境性能标准，即 Dubo-eisen（可持续建设的必要条件），并将其运用于所有的新建住宅中。这一方法基于 LCA，并且考虑了材料的不同组成成分的整个生命周期，而对于建筑物则是将其作为整体来设定环境性能标准，使得对于材料及工艺的选择具有重要的灵活性。作为结果的"基于材料的建筑环境模板"，或 MEPB，也与其他的环境需求准则共同运用，例如在荷兰建筑编码中定义的能源性能系数。

影响产品选择的因素

评估一种产品对于环境和健康的影响是非常复杂的。从全球的角度，产品和材料可以根据许多标准来分类。它们必须没有与健康相关

的危害，来自可再生资源，并且是可循环利用的。更适宜的情形是，这些材料自身也应含有较低的物化能量，由当地生产或制造，同时促进区域的经济发展和减少运输需求。铁路或水路运输比公路运输更适宜。建筑说明编制者也更倾向于只需要很少或不需维护的产品。

要达到所有这些要求，尤其是在预算紧张的情况下，几乎是一项不可能的任务。在缺乏规范要求或指导的时候，建筑说明编制者必须做出面对现实的选择，考虑到造价、可行性、获取途径以及现行的专业技术。环境质量也包括优化所使用材料的数量、混合使用材料以及对每一种材料性能的最佳利用。

材料的环保证书

产品的清晰标签以及关于其组成成分和预制过程的透明标示对于建立长期的环境方法是很重要的。遗憾的是这一要求几乎很少能达到，而且获得 ISO 14001 认证和具有生态标签系统的公司少之又少。德国公司 Auro 是这一领域的先锋：自从 1983 年以来，该公司从天然可再生的有机材料中生产出有机涂料和胶粘剂，并且尽可能地本地化生产。瑞士的刨花板制造厂商 Kronospan 在 1991 年随着一份环境影响报告的发布也进军这一领域。Kronospan 公司隶属于 WWF 木材集团，并且获得 ISO 14001 认证。其产品使用的是获得 FSC 认证的木材（见第 26 页）和水溶性的树脂。

缺乏关于建筑材料和产品的可用信息就难以决策。为了弥补这一缺陷，在瓦赫宁恩的研究中心（见第 210～215 页）的设计中，建筑师贝尼施、贝尼施及合伙人公司亲自建立了资料库，研究多种不同材料的成分来源和所包含的物化能量。研究所获得的信息成为荷兰新 MEPB 环境性能标准的基础。

其他国家已经发布了指导建议。在瑞士，一部关于建筑构配件的目录收录了一份环保材料和产品的清单。在法国，标准化组织

AFNOR 将环境证书（NF environnement）授予许多产品，尤其是涂料和饰面材料。CSTB 利用其特别为建筑领域而设计的 Equity 生命周期软件来分析建材产品，然后公布环境影响的信息报告书作为对研究结果的总结。

走向通行欧洲的材料标准

欧共体在 1989 年颁布了关于建筑产品的指导性文件，该文件在 1992 年被合并到法国的法律中。从那时起，所颁布的强制标准、欧洲代码和技术认证系统，使得这些原则能够被付诸实践，与此同时，获得欧盟认证的产品实现了在全欧洲的自由运输。然而进程是缓慢的；许多标准例如关于传统加工过程的标准，如木框架、锯材和胶合层压木等的标准，仍应协调一致以便适用于 CE 标志[1]。

未来欧洲关于建筑构配件的环境认证的基础在于获得各成员国的认可。在法国 2001 年由 AFNOR 颁布了一个试验性的标准 XPP 01-010-1，标题是"建筑产品的环境特性信息；方法学和环境综述的模型"。它定义了所需数据的类型，以及数据的来源和表达方式。

一个欧洲通用的分类系统将会鼓励一些已在部分欧盟国家获得认可的"绿色"产品得到更广泛的运用。在法国，这类产品的首次使用需要通过 Atex（Appréciation technique expérimentale）的授权，这一漫长而费劲的过程会逐渐被引入常规的认可程序。即使已在邻国获得完全认可的产品，也常常被发展商、顾问和监察当局拒绝，因为当这些产品没有从国内权威机构获得等同的印花认可，而被贸然使用显得太过冒险。

类似这样的阻碍创新的壁垒必须被去除。只有当整个欧洲范围的建筑产品和材料的环境认证变得便宜而易于获取时，才能达到环境质量的广泛传播。

辅助材料

随着市场需求的增长，越来越多的厂商向市场推出"绿色"替代产品：木板产品中使用聚氨酯胶水以避免释放甲醛；涂料中不使用化学溶剂；保温材料使用纤维素、麻刀和亚麻纤维制造。地方当局、私人发展商和设计师越来越根据原则或基于增强其绿色信念来选择此类产品。

在西班牙，巴塞罗那和其他大约 50 个市镇已经禁止使用 PVC 材料。挪威的第二大城市卑尔根，在 1991 年决定废除所有公共建筑中的 PVC 材料。瑞士的机构麦德龙（见第 136～141 页）也避免使用这一种材料。根据所需用途，有很多材料可以替代 PVC：

　　－在窗框中用木材；

　　－在管道中用聚乙烯或聚丙烯；

　　－在地板中使用木材或油地毡；

　　－在电缆管道中用聚乙烯、聚酰胺或者硅产品。

有许多种可用的天然饰面材料，包括涂料和保护性涂层，这些材料采用天然油、树脂和蜡的基料、植物性溶剂并且以天然黏土、矿物作为颜料。这些产品在法国尚不为人知，但在德国却已获得广泛运用，通常比同类合成产品的价格昂贵得多。

更廉价的替代产品也开始进入市场。斯图加特－豪伊玛登幼儿园（见第 169～173 页）采用含有亚麻油、矿物颜料并以柑橘油为溶剂的 Auro 木材处理方法。在位于阿尔卑斯的阿福尔特恩的退台住宅（见第 136～141 页）中，天然的生染墙纸上又覆盖了以酪素为基料的涂料。

结构材料

几乎没有什么当代的结构材料能够被定义为真正的绿色。在必需的财力和预算限制下，最好的办法是为建筑的每一部分选择最合适的材料。最常用的结构材料——钢材、混凝土、木材和黏土——在对环境的影响方面有很大不同。可持续的发展提倡限制使用像混凝土和钢材这样的材料，因为它们是消耗了大量能源和不可再生的资源的重工业生产过程的产物。

---

1 欧共体产品合格标志。——译者注

在 1950 年，法国建筑工业每年沙石的开采量是 1700 万吨。在 2000 年，这一开采量已超过了 4 亿吨，并且导致了严重的环境危害。在很多情况下，在建筑施工中使用混凝土是不可避免的；尽管如此，也应限制其使用，并且尽可能使用已有的替代品。

黏土是一种不含有毒纤维、挥发性有机成分或重金属的建筑材料，并且具有有益的热工性能和调节湿度的能力。但是，通过烘烤使黏土硬化需要消耗大量的能源。针对这一问题的一种解决方法是使用未经烘焙的黏土，例如用于萨尔瓦铁拉建筑（见第 164～168 页）中的传统黏土砂浆。木材是一种储量丰富的原材料，并且只需要极少的能源就可将其转化为建筑产品，倘若某些条件具备的话，是具有高度吸引力的环保替代产品。

木材建造与环境质量

建筑领域是木材工业最大的市场：在法国，所有木材的 65% 以及软木的 80% 都用于建筑行业。这一事实在舆论方面提供了具有战略意义的有价值的实例。木材的使用切合人们希望在居住和工作场所中改善生命质量的愿望：包括未经污染的空气、天然的湿度调节、令人愉悦而温暖的表面触感以及舒适的温度。

一种天然的、可循环使用的材料

木材是可再生的资源。在欧洲的储量丰富，只需极少的能量就可制成可用的产品、进行安装或运输。在木材加工的过程中产生的对于空气、土壤和水的污染非常少。木材可用于结构、室内装修和室外墙板。其低密度意味着木结构的建造不需重型起重机械，减少了与施工现场有关的噪声和尘土。标准构件可以在工厂预制，使施工更迅速、便捷和造价低廉。木框架系统允许在相对薄的墙体内设置较厚的保温层。木材的副产品可以循环利用、将其燃烧用于产生

能源或者进行生物处理来产生沼气用于燃烧。

2000 年汉诺威博览会的瑞士馆受到木材堆置场的贮藏空间的灵感启发，由堆积的木材组成的墙体建构而成，在东西方向是落叶松，南北方向是花旗松，形成了 9m 高的盒状外轮廓的网格。由此而产生的迷宫一样的结构总共用去了从 2800m³ 的绿色木材中裁切出的 37000 个 100mm×200mm 截面的板材。为了帮助这些木材干燥，梁与梁之间有隔板，这些隔板通过一个由拉杆和受力弦索组成的系统制约这个空间。当 2000 年博览会结束时，这一结构被拆除，而拆下来的木材构件被运走再次利用；这是一次对可持续发展原则的完美诠释。

生态证书的计划

从可持续管理的森林中获取木材已成为越来越可行的方式。生态证书计划包括用于欧洲、北美和亚洲木材的森林工作理事会（FSC）标签，和为欧洲产品制定等级的泛欧洲森林证书理事会（PEFC）（见第 26～27 页）。

类似的计划还包括热带硬木的运用，设计师因其外观和天然耐久性而将继续选用这类木材，所以应该获得相关的标签。在索尼娅·科尔泰斯位于佩尔什的自用住宅（见第 127～131 页）的室外铺地中，采用了从可持续管理的森林中获取的紫檀木。在位于索姆湾的服务区（见第 231～236 页）的项目中，顶棚上的胶合板是由来自人工管理的种植园的加蓬木胶合而成的。这些由 Isoroy 厂商制造的胶合板拥有 Eurokoumé 标签。

尽管在环保方面经过核准的热带硬木是可行的，人们仍然倾向于尽可能地使用当地木材以减少运输中的能源消耗。在德国、奥地利和瑞士，过去的十五年中热带硬木的使用几乎已经消失了。

实心木材

最近在欧洲涌现的实心锯材的普及运用与

汉诺威博览会瑞士馆，2000 年建
建筑师：彼得·卒姆托（Zumthor）；
工程师：康策特，布龙齐尼，加尔特曼

德国金策尔斯奥－盖斯巴赫的运动大厅，1994年建
建筑师：英卡 (D'Inka) ＋沙伊贝 (Scheible)

公众对于天然产品兴趣的苏醒有关。由于一些发展商和设计师的社会意识的促进作用，对于本土的物种和地方原材料的运用形成了面向环境质量的显著趋势。

在法国，建筑说明编制者正在加快转向当地的本土木材，尽管随着吐根树和绿柄桑木在几个显眼项目中的运用而突然出现了新的流行趋势。这有可能表现为在胶合层压或钉结层压形式的产品中采用更小截面、更低质量的木材。在斯图加特－豪伊玛登的幼儿园（见第169～173页）中，地板、墙体和屋顶使用了中等级的当地云杉板材。

在许多总体上来说森林资源开发不足的欧洲国家，花旗松在过去的半个世纪中已经成为最普遍采用的森林种植树种。这种目前广泛利用的树种，作为地方品种替代从北美进口的红杉，适用于通常的室外用途（耐生物危害等级为3级，依据欧洲标准EN 335）。在德国，花旗松日益被运用于外墙板，通常是朴素的锯过的表面，未经其他表面处理。在海尔布隆汽车停车场（见第237～240页）的400m长、15.2m高的外墙中，由40mm×60mm的锯齿形截面的花旗松构件组成。在位于斯图加特的迪格洛赫的住宅（见第132～135页）中，花旗松除了用于墙板，还用于滑动折叠门。

花旗松也适用于结构工程。由协作设计室设计的埃塞蒂讷住宅（见第124～126页），使用了间隔紧密的40mm×100mm截面的花旗松工字梁结构。

工程化的木材产品

20世纪90年代欧洲建筑的特点是高性能合成材料的出现。层压的胶合木是一种由薄木板和胶粘剂通过层叠而成的复合木材，可以用做平板、矩形梁，或者例如I形梁的腹板。在欧洲，这种产品主要是由芬兰公司Finnforest制造的Kerto品牌。该产品具有纹路细致的表面纹理，并且伴随材料优化的政策使得这一产品全面运用于金策尔斯奥－盖斯巴赫运动大厅（见上图）的结构系统。

另一种产品，称为定向纤维板或者OSB板，是经常用于木框架建筑的结构板材。这种板材是将木料的束状刨花通过胶粘剂黏结起来而形成的垫板，也可以用作室内装饰的面板。在法

木材的不同耐生物危害等级的摘要
（由 BS EN 335-1 定义）

等级	位置（构件的类型）	木材的湿度	暴露在潮湿下的危险	昆虫的袭击	真菌的侵袭	易损的区域
1	室内，有盖（楼板、顶棚、室内窗框）	在所有时间都 <18%	无	幼虫，白蚁		0 ～ 3mm
2	室内，有盖（结构框架、底层楼板的格栅）	偶尔可能上升到 20%	有时	幼虫，白蚁	表面的、潜在的低度危险	0 ～ 3mm
3A	室外与地面不接触（外墙板、室外窗框）	经常在 20% 以上	经常性的；无存水	幼虫，白蚁	表面的、潜在的低度危险	0 ～ 3mm（在竖向构件中无存水）
3B	室外与地面不接触（外墙板、室外窗框）	经常在 20% 以上	经常性的；有存水	幼虫，白蚁	更严重的、潜在的中等至严重的危险	横向 6mm 或更多，竖向和连接构件为接近 30 ～ 50mm
4	与地面或淡水接触（柱础，围栏柱或类似的构件）	所有时间都 >20%	永久性的，有存水	幼虫，白蚁	深度和严重的危险；"软腐木"	整个厚度（至少在构件的一部分中）
5	与盐水接触（海上排桩、码头和栈桥）		永久性的	海洋里的昆虫	深度和严重的危险；"软腐木"	整个厚度

资料来源：Construire avec le bois, Editions du Moniteur 1999。

国，由 Isoroy 公司生产的 Triply 品牌，从 20 世纪 80 年代中期以来就被商业化运用；而与此同时，瑞士公司 Kronospan 的法国分公司 KronoFrance 已从 2000 年开始在其位于卢瓦尔河的工厂生产 Kronoply 品牌的 OSB 产品。美国公司 Trus Joist 使用黄松和其他储量丰富的软木来制造 Parallam 品牌的顺纹刨花木板（PSL 板）。由顺木纹的胶合木板制成的这种产品，是一种在某些情况下比胶合层压板的强度高出近 25% 的结构产品。

这些工程化的木材产品利用工业过程并通过均质化来获得增强的性能。它们比锯木有着更好的结构特性，更耐腐蚀，并且相当程度地减小了构件尺寸。它们转化了木材在建筑中的意象，使其被当作一种能够提供钢材或混凝土的真实替代品的工业材料。工程化木材保留了木材的表面纹理和温暖的质感，却有着更稳定的形状、更坚固和可靠的性能。它们可以被制成大截面和大跨度的构件，增强了木结构的竞争力，并且为设计师开阔了新的视野。

胶粘剂

大多数这类工程化的产品都使用含有挥发性有机成分（VOCs）的胶粘剂，尤其是甲醛，这会带来对健康的危害。在 1980 年，大部分的刨花板产品中每 100g 含有甲醛大约 60mg。到 1995 年，这一含量减少到小于 2.5mg/100g。

为了有助于建筑说明编制者选择产品，欧洲的 EN 120 标准定义了 E1 等级的板材，是释放 VOC 最少的板材。类似地，EN 1084 定义了 A 等级的胶合板，例如 Navyrex[1] 胶合板，被索尼娅·科尔泰斯用于位于佩尔什的自家住宅中（见第 127 ～ 131 页）。胶合层压木板（例如由奥地利制造商考夫曼生产的 3 层胶合或 5 层胶合的 Multiplan 板），定向纤维板以及类似的产品只包含 3% 的胶粘剂，将释放 VOC 的危险减少到可以忽略的程度。设计师还可以指定使用不含甲醛的聚氨酯胶水，尽管在所涉及的生产过程中其本身有着与过敏症相关的危险。在欧洲的许多国家，本行业已开始探索环保替代产品的经济可行性，并且取得了显

---

1 品牌名。——译者注

表示在不同危害等级下的未经处理使用的品种的适用性的简单图表

品种	等级 1	等级 2	等级 3	等级 4
温带硬木				
栗树	是	是	是	是[1]
橡木	是	是	是	否
枫木	是[3]	否	否	否
山毛榉	是[3]	否	否	否
白杨	是[3]	是[3]	否	否
洋槐	是	是	是	是
热带硬木（去除边料的）				
缅茄木	是	是	是	是
吐根树	是	是	是	是
绿柄桑木	是	是	是	有时
深红柳安[2]	是	是	是	否
桃花心木	是	是	是	否
柚木	是	是	是	有时
软木				
花旗松	是	是	是	否
云杉	是[3]	是[3]	否	否
落叶松	是	是	是	否
挪威松	是	是	是	否
红杉	是	是	是	否
冷杉	是	是[3]	否	否

1. 在一些中等危险的情形下，当设计使用周期为大约十年；

2. 当密度 >670kg/m³；

3. 当可以接受昆虫袭击的较小危险时有条件地适用，昆虫袭击的危害可以通过杀虫剂涂层来减少。

资料来源: Construire avec le bois, Editions du Moniteur, 1999。

著的成功。由木纤维中所含的木质素通过高压聚合作用制成的不含胶粘剂的复合板材，已经由Schlingmann公司等（随同其Natura板产品）生产。在法国，CTBA正致力于研究以淀粉和油菜籽为基料的胶粘剂，而在恩斯蒂布(Enstib)的安东尼奥·皮齐已经开发出以丹宁酸为基料的胶粘剂。

防腐处理

在建造中使用木材只有当不加入有毒处理的产品时才是"绿色的"。这些有毒产品中的许多种都对使用者和房屋居住者的健康造成危害，经过有毒处理的木材在搬运和处置的过程中也有危险。经过含有铜、铬和砷盐（铬化砷酸铜，或者CCA）的产品处理过的木材被划分到危险的废弃物类别中（见第119页），并且处置的费用也相当高。这类产品在德国已于20世纪80年代晚期被禁用，并且被铜和硼基的产品所取代，然而在法国它们还在使用。

因此保护性处理必须依据所涉及的物种的耐生物危害等级，将其维持在最低限度，并且应恰当地选择物种（见上表）。在用于室外的

德国的埃姆芬根大厅，2000年建
建筑师：英卡＋沙伊贝

材料中，很多物种有着天然的耐久性，相应地它们的耐生物危害等级是3级（例如橡木、栗树、落叶松和花旗松）或4级（包括缅茄木、吐根树和洋槐）。当把边材切掉以后，这些木材使用起来不再需要经过防腐处理，常常也不需要任何表面的饰面处理。位于法国科雷兹的梅勒（Merle）桥是用花旗松建造的长56m的路桥。这座桥由建筑师赫尔维·大卫和工程师琼·路易斯·米可替和克里斯琴·普莫设计，于1999年开放使用，它采用了320m³的未经处理的胶合层压木材，以一个有多重T形截面的支柱系统支撑着路面跨越一个峡谷。

各种高温处理过程可以作为化学处理方式的另一种替代方法，并且可以增进木材的耐久性和尺寸稳定性。还有许多取得专利的处理程序和产品，例如以Rétifié方式处理的木材，这是由位于圣艾蒂安的法国矿山大学研发、由法国公司Now制造的。Rétifié木材目前用于窗框和外墙板；人们正在研究它的结构特性，并且草拟了其对环境影响的评估报告。

建造性的防腐方法

达到健康环境的理想方法是建造性防腐，或设计上的保护措施。在德国、瑞士和奥地利这种方法已被沿用了大约十年；清晰可见的建筑结构构件可以经常检查，所以不需要防腐处理。1998年，奥地利颁布了B3804标准，标题是"在建设中使用的木材的防护；住宅中的预

制木构件；建造性的和化学的木材防腐方法"。由于这一标准倾向于在住宅楼中使用，而住宅楼所使用的预制木板与层高同高，这使得需要进行化学处理的构件数量减少到最低限度。

木材的建造性的防腐措施可能是一种有效的解决方案，但是需要设计师和承包商对于相关材料拥有足够的知识。提供防止木材被真菌损坏和其他生物性损坏的有效保护方法需要：

– 选择合适的木材品种；
– 木材被安装在湿度小于18%的场所；
– 通风良好的建筑；
– 仔细的细部设计以避免存水点；
– 经常检查结构构件。

墙板和屋面板必须能够"呼吸"，以使水蒸气在内外表面之间流通。为了防止墙体内部的结露现象，一种高渗透性的微孔膜，例如Delta-Vent，应该结合进设计中。

在白蚁出现的区域，必须采用特别的防护措施来保护所有的结构部件。解决的方法包括化学处理，例如在墙体和周围的地面注入防白蚁液（termicides）；还包括隔离产品，例如由法国公司Cecil制造的防白蚁薄膜（Termifilm）；或者安装实体隔离物，例如不锈钢丝网或花岗石微粒。

优化建造

绿色建造并不能仅仅通过节能措施和使用

无危害的材料就能自行实现。可持续建筑的环境质量也取决于对于材料的充分利用：材料的搭配，优化利用它们的不同性能和使用每一类中每一种所必需的最少数量。

混合使用材料

将混凝土、钢材和玻璃与木材配合运用是对技术要求的回应，并且充分利用了每一种材料的特性。作为吸热体、隔声层或防火层，混凝土提供了木构建筑所缺乏的密实性。钢材的出现增强了木材产品的机械性能：装配式的铸钢紧固件和节点构件提供了优雅而有效的木材细部处理方案。在大跨结构中，由张拉钢索和圆钢与受压木构件共同作用，提供了轻质而有效的结构系统。

这种材料混合方式在德国、瑞士和奥地利创造了木材在建筑领域的新型现代应用。欧洲的建筑师现在不仅仅能够建造木结构建筑，还可以将木材结合其他材料来建造，以达到优化技术和经济的解决方案，同时也产生了新的审美品质。

在福拉尔贝格州，建筑师、工程师和建造商从设计的最初阶段就紧密合作，研发了创新的解决方案来满足特殊项目的需求。因此位于埃姆芬根的大会堂的屋顶（见上图）是由轻型钢结构支撑的，以圆形截面的支柱和梁承托着木制顶棚，并且由胶合层压木板构成独立的立面结构。

预制

在欧洲的很多国家，有着通过采用标准和预制构件而走向经济和环境优化的显著趋势。标准构件非常适用于极简主义的建筑以及低能耗住宅的简单而紧凑的形体，与此同时在设计中可使用简单而重复的细节，并紧密配合材料数量的优化。标准化总的来说对于质量和造价也都有益处。随着标准构件的使用，带来了在工厂预制的可能性；构件在可监控的条件下制造，所产生的碎片和废弃物可以被更有效地处理。花费在工地上的时间进一步减少，相应地减少了噪声、尘土、场地交通和其他环境公害（见下页）。

在这一章中所描述的许多项目已使用了预制的木结构：位于多恩比恩的厄尔茨丙特住宅发展项目（见第142页），位于斯图加特的迪格洛赫住宅（见第132页）和位于阿尔卑斯的阿福尔特恩的退台住宅（见第136页）。瓦赫宁恩的办公楼（见第210页）的楼梯、走道和玻璃，以及完全能源办公楼（见第226页）的结构和外墙板都使用了标准目录的部件。使用这种批量生产的构件既考虑环境效益也考虑经济效益，因为材料数量和其制造中的工业过程已被优化，造价被减少到最低限度。

数据的电子传输

电子数据传输和计算机辅助制造的出现使得工业生产变得更加有效率。数据传输使得结构构件的自动装配直接来源于设计工程师的图纸。接着带来了更短的订货至交付的时间以及更佳的质量控制。还需要将共同工作的建筑师、工程师和装配制造商组建成有良好组织并充分激励的团队，才能利用这样的设备取得成功。一些在技术上创新的，或有额外后勤需求[1]的项目，必须借助于这一技术才能实现。

电子数据传输广泛地应用于德国、奥地利和瑞士的木材工业。在法国，这曾经主要是大型胶合层压制造业的保护神，现在已开始运用于较小规模的、更趋传统的木材装配厂商。计算机辅助的装配允许以常规和高精度的工艺生产复杂形状的产品，这在过去有可能是非常昂贵的，而现在可以通过质量控制和准确干燥的木材原料来实现。木材的自重轻，因而使得结

奥地利的布雷根茨体育馆的大看台屋顶，1994年建
建筑师：J·考夫曼和 B·施皮格尔；
工程师：麦茨（Merz）·考夫曼合伙人公司
吊装预制木构件

瑞士的埃比孔的辛德勒（Schindler）办公楼的预制木框架模数单元，1998年建
建筑师：孔迪克·比克；
工程师：麦茨（Merz）·考夫曼合伙人公司

---

1 后勤需求指例如将一个非常大的构件运至工地或将一个大型结构"分解"为许多小型结构。——译者注

构框架的大型截面构件可以由工厂预制，而伴随自动装配工艺才有可能实现的精准性意味着连接节点和细部可以被优化，因而降低或去除热桥和噪声桥效应，并且增加产品的气密性和保温隔热性能（U值为 $0.2 \sim 0.3 W/m^2 \cdot K$）。在德国，有日益增多的住宅利用数据电子传输方式来建造；其中的一个实例是位于斯图加特的迪格洛赫住宅（见第 132 ～ 135 页）。

工地管理

可持续的建造要求建筑师承担新的角色。其中之一就是使发展商和承包商确信有必要降低现场施工经常对工人和附近居民造成的负面环境影响。改善工地的工作条件只会有益于工作质量的提高，也因此使完工的建筑物获益。

更干净的工地

一个"更干净的工地"表达了在减少带给工人及附近区域居民的公害及烦恼方面的承诺。但是，这取决于对于总承包商的精挑细选，而且报价最低的投标方不一定是最佳选择。

在法国，ADEME 已经通过其"绿色工地"基金企图逐渐灌输这一态度，例如位于加来的初级中学（见第 190 ～ 193 页）的工地。在这些工地中，污染和其他公害被维持在最低限度，废弃物存放在工地上，便于再循环和处理。新的工作习惯需要调整工作方法，以及拥有所涉及的规范和技术措施的相关知识。Rex 的 HQE 项目（见第 33 页）的经验表明，通过对于例如隔墙、屋面板和地板面层等分部工程的安装顺序的适当规划以及在设计中就考虑到它们的制造尺寸，可以使施工场地废物的体积减少大约 20%。

限制破坏作用

尽管在最近的几年中，对于建筑工人的保护已经大大地改进，施工现场的存在仍然会给那些居住和工作在附近的人们带来麻烦：

- 交通和停车问题；
- 噪声、污垢、尘土和污染；
- 令人不快的景观。

一些国家针对这一问题引入了新的工作惯例。人们已经找到了有成效、有效益并且可推广的解决办法来应对影响工地本身、工地的即时环境、自然的或城市的环境以及当地居民的问题。

已经设计出一些措施用于限制噪声，在最大噪声值和持续时间上满足规范要求：

- 使用预制构件减少工地施工时间；
- 使用隔声构件；
- 在某些时间段关闭混凝土拌合设备；
- 钢构件的连接使用扳手，避免使用锤。

法国的建筑公司 GTM 研发了一系列软件工具可以对一个给定的工地预估可能出现的噪声值，使得对这一潜在的公害可以根据需要来协调管理。Cornac 程序根据所使用的设备和材料来计算噪声值，而 Ressac 程序利用材料特性的数据来使噪声值降到许可的数值范围内。

为了减少工地交通的危险，必须装备适当的保护装置，并且尽可能成组运输。当卡车离开工地时清洗轮胎可以限制泥浆拖带，保持路面光滑。安装在敏感位置并且有良好维护的、有时也装饰起来的工地临时围墙有助于给予场地一个好的形象。

限制污染

从施工工地上溢出的溶剂、碳氢化合物和其他有害物质会污染土壤、地表水和排水系统。在法国，防止碳氢化合物的污染正在成为行业标准，采用的方法是埋设在工地机动车停车场区地下的不渗透的隔膜、排油系统以及沉淀池里的水的预处理。减少模具油污染的方法是：只有必要时才使用、使用适当的设备以及相应地教育工地的工作人员。建筑说明编制者也许会坚持提倡生物可降解的、以植物为基料的油，其优点还在于使用时减少不舒适感。

控制废弃物

在法国，建筑工业每年产生的废弃物超过 3100

万吨，高于家庭废弃物的总和。施工场地废弃物的种类五花八门；其组成以及构件或部件的尺寸取决于建筑类型和所在部位。超过一半是拆除旧建筑产生的渣石；30%来自翻修工程，10%产生于新建建筑工地。

这些废弃物的管理必须成为总体环境方案的一部分，直接联系到所使用材料和产品的生命周期。废物管理的费用通过使用环保材料而降低，然后通过减少产生废弃物会进一步降低管理费用。

所有的参与者都能够做出贡献：

－发展商，通过在项目任务书中加入废弃物的管理战略；

－设计师，通过指定无污染的、可循环利用的产品和材料；

－制造商，通过使用可再生或可循环的材料；

－供应商，通过舍弃不必要的包装；

－承包商，通过将废弃物分类。

在"更干净的工地"中废弃物被分成6至10个类别。金属、纸板和未经处理的木材可以被循环利用；惰性的废弃物被运到填埋场；有害的废物被运送到相关的处理工厂；而"日常"垃圾被作为家庭废物来处理。对于分类和收集的统筹处理取决于可利用的空间，包括：分类容器的数量和它们的标签，以及与工作区域的相对位置、收集和更换的频率等等。指导说明必须足够简单，以便能够被工地上的工作人员正确理解并执行；并且必须采取预防措施来保证健康和安全，以及限制污染和破坏。

施工工地的废弃物

通常施工工地会产生：

－65%的惰性废弃物：被挖掘出来的泥土和岩石、灰浆、黏土、陶瓷、玻璃、矿棉和不同类型的拆除下来的瓦砾；

－29%的家庭类型的废弃物，包括包装、未经处理的木材、塑料和混合在一起的拆除下来的垃圾；

－6%的有害废弃物，主要是工业产品例如涂料、用含有重金属、石棉和碳氢化合物等混合物处理过的木材。

废弃物的处置场地根据其下面土壤的渗透性和废弃物的处理方法而分为三个等级：

－等级1场地用于有害的废弃物；

－等级2场地用于家庭类型和类似的废弃物；

－等级3场地用于惰性废弃物。

从2002年开始起，再也没有传统的垃圾场了，将要取而代之的垃圾处理中心只接受"最终的"废弃产物。对于原始废弃物的直接处理，例如填埋，或不利用所产生能源的焚化方式将再也不被接受。

施工工地废弃物的处置

为了减少施工废弃物的体积，考虑材料的经济性和将可循环利用的废弃物进行分类是必要的。在法国，据FFB估计废弃物处置的费用占总项目预算的1%～8%。将废弃物分类和分别收集会导致相应的人工费用，以及因设置不同的废物收集容器而产生的相关费用；尽管如此，FFB相信这将会节约总处理费用的40%，而这一数据近来正大幅度上升。只有当施工工地附近有合适的垃圾处理厂时，工地废弃物的处置才具有价值，但是随着垃圾处理厂的数量增长与立法的变更并驾齐驱，这种就地处置会更有希望。从2002年起，垃圾分类很有可能变为强制执行，到那时，只有经过三级处理的废弃物、并且将其变成惰性以及体积压缩至最小时才会被垃圾处理场接受。

虽然在南部欧洲再循环利用才刚刚开始进入公众意识，但在德国，总的废弃物的三分之一已经用该方法来处理。许多公司早已进入这一市场；例如德国企业金科生产的屋顶绿化，其系统的组成是可循环使用的聚乙烯支架以及用惰性的施工工地废弃物（主要是粉碎的陶瓷）来组成的颗粒状培养基。

拆除的渣石的处置

在法国，拆除和翻修工程产生的渣石每年有2800万吨。推土机或类似重型设备的系统化使用使得难以将渣石分类。1999年，ADEME在九个不同的施工工地上启动了一个计划来开发可替代且可行的拆除办法，并且评估其费用。拆除方法取决于建造材料；一幢木结构的建筑比混凝土框架的建筑不论拆散或重新拼装都要容易得多，产生的废弃物更简单，而处理的费用也更低廉。有些构件很容易拆除，甚至可以直接再利用；其他的在适当的处理（叫做下降性循环过程）后可以作为更低等级的材料被再次利用。对于木材而言，当再也不能在施工中重复利用时，还可以成为能量的来源；只有经过含有CCA成分或木材防腐油（在建筑领域中已经被禁用好几年了）处理的木材才被分类为特别的工业废料。

位于纳沙泰尔的新的瑞士联邦统计部的项目提供了一个很好的实例，其特别之处在于施工。在拆除场地上的原有建筑之前，发展商邀请公众和产业部门来到现场，拣取可以废物利用的任何部件。在这之后，一个专业的拆除公司来拆除剩余的部分，这使得40%的材料（砖、结构梁等等）可以被循环利用。

建筑的环境管理

遵循生物气候学原则的设计和充分利用材料是一幢真正的可持续建筑的必要但不充分的条件。对于一幢建筑来说既要持续保持经济可行性又要保持环境可行性，适当的管理是重要的。所有的部门必须再次携手以共同达成这一目标。

改变行为

环境方法的初级目标是改善生活质量。过去，居家生活的舒适性取决于传统文化、场地特性和地理区位——地形学、气候和现有材料。到了20世纪初，新技术和产品的工业化，导致国际化的开端和建造方法的一致，随之而来的还有更先进的卫生设施的发展。

今天，我们对于舒适性的需求提高了，但是居民维护居家环境的能力似乎相对下降了。我们增长的期望值必须有相匹配的责任感，以及对技术（排除风扇的排风口故障，或者操作一个恒温阀的能力）的足够熟练的操作，通过这些技术我们希望能满足我们的愿望。

正如法国HQE系统所设定的（见第24页），一个令人满意的室内环境有着空气湿度、声音、视觉和气味的容许值以及明显的温度标准。在实践中，这些从不被当作一回事，除非使用者亲自去调节他们可以操作的设备。在法国，每年的集合住宅领域的能源账单是一个65m² 的居住空间花费2000至5000法国法郎。更有效的管理需要清楚而准确的信息，使得环境措施能够被正确理解并应用。

生态消费主义

欧洲的许多国家有公共的"能源管理"实体，给关注环境措施的个人提供免费的建议和信息，并且为他们提供多种财政资助计划。伴随相关的出版物、展览、产品比照、课程和公共信息战役，对于生态消费主义的兴趣不断增加。几乎不需要提醒我们就能自觉意识到：应循环利用我们的家庭废弃物，购买节能家电和无危害的产品。减少我们对于水和电的消费是通过非常适度的投资就可以快速达到的一个目标。

为萨尔瓦铁拉建筑（见第164～168页）的建造而合作进行的工作方式提供了一个信息传播的很好的实例。发展商和未来的居民从项目的一开始就紧密合作，使得未来的居民能够相互认识并且熟悉起来；除此之外，成组的居民接着去团购低能耗的家用电器。

减少能源消耗

在低能耗建筑中所减少的能源消耗常常借助计算机控制的设备：家庭中的智能电器，或者是办公楼和公共建筑中的建筑管理系统（BMS），这些系统可以根据建筑使用了多少空间而自动调节运行。尽管如此，这些运用了先进的、有时是创新技术的系统，可能需要实质性的投资。

采暖能源的消耗（以及随之而来的温室气体的排放）也可以通过较少更改环境的方法来减少，例如挂壁式动力排风的（或密闭燃烧的）锅炉，这种方式更廉价而便捷。这些锅炉对新老建筑同样适用，并且体积小，可以直接安装在外墙上，使用非常少的能源。进风口和排风口经由两个同心烟道穿越墙体。这一系统被运用于位于斯图加特的迪格洛赫住宅（见第 132 ~ 135 页）。

减少电能消耗

在法国，照明、空调和电器占了每年能源消耗量的大约 10%。通过引入多种简单而造价低的方法很快就可以在不损失质量的前提下，将照明用电量减少大约 30%，或者达到 50%。在位于达姆施塔特的克拉里施坦的被动式住宅中（见第 103 页），通过安装高效能的电器（如洗衣机和洗碗机）和一个太阳能热水系统，将电力需求减少了 70%。

法国的 RT 2000 标准鼓励使用置于照明开关内的移动探测器以及定时断路系统来减少第三产业建筑中的不必要的照明用电。设计师也应该通过调整空间布局尽可能为建筑带来充足的自然光线和通风，以此限制对于人工照明和机械通风的需求，因为这是切实可行的。建筑说明编制者可以列出节能设备和电器、合适的照明系统和低能耗灯泡的清单。

尽管现在大多数家用电器消耗的能源只有它们在 20 世纪 70 年代的消耗量的一半，但是仍然有一些比其他的多消耗达 80%。欧洲的标签系统将它们分成 A 级（最低的能源消耗）到 G 级（最高的能源消耗）。

减少水的使用

饮用水正日益成为珍贵的日用品；水的保存方法也变得越来越重要。在工业国，水的消耗量是惊人的。在瑞士，人平均每日用水量为 180 升，其中的一半用于盆浴、淋浴和冲洗厕所。这一数据可以通过使用设置双档水量的坐便器、限流水龙头、低容量的花洒水头和更经济的洗衣机来将其减少大约 40%。这种措施只需要极少的投资，在一到两年内可以通过节约获得回报；对于一个四口之家，每年可以节约大约 100000 升饮用水。在公共集合住宅楼中分户安装水表可鼓励个人节约用水。

投资环境质量

在大多数的欧洲国家都有某种类型的国家、区域或地方层面的财政鼓励，这种政策是针对可再生能源项目和节能或节水措施的。资助金或其他激励机制常常用于安装太阳能热水系统、光电太阳能板、热泵或者以木材为燃料的采暖系统，以及屋顶绿化。

欧洲的试验

在法国，"绿色"建造最经常涉及专业人员及运用 14 个 HQE 目标，采用环境措施而增加的造价，总的来说估计在预算的 8% ~ 10%。这一数据不久会随着经验的累积和专业技术的增加而开始下降。在德国，建筑的环境方法已经沿用了更长的时间，因环境质量的改善而增加的造价估计在 2% ~ 5%。这些增加的造价主要来源于使用无危害的材料、高性能的窗户和更好的保温隔热、更节能的照明和家用电器，以及太阳能热水系统。通过在其他领域的节约，例如更简洁的建筑平面和紧凑的体量、优化的结构系统、预制装配和使用标准构件等方法，可以部分地补偿这些造价。依据所选择的措施，以及建筑使用者或多或少的有效参与，所导致的运行费用的下降，会在 10 至 20 年间补偿额外的投资。

私人资助项目的数据

位于雷恩的萨尔瓦铁拉公寓楼（见第 164 ~ 168 页），是欧洲 Cepheus 计划的一部分，目标是将能源效率与使用"绿色"材料相结合。这一项目从多种渠道获得资助，包括欧洲委员会，ADEME 和步列塔尼区域议会。一个财务分析报告表明类似试验值得推广。

在 2001 年投入使用的 40 个被动式住宅公寓楼，其总建筑造价高出含税（以地方住宅市场价的平均标准计）的销售价每平方米 9200 法国法郎（每平方米 1403 欧元）的 13.5%。这一超出的部分由获得的不同来源的资助金补贴。在这些超过的支出中，造价的 1% 是由于根据发展商的要求所做的修改，更大的一部分（造价的 5.4%）是由于项目的实验特

位于布赖斯高地区弗赖堡的居家工作室建筑的性价比（PPR）

		使用年限（年）	增加的造价 德国马克	节约的能源值 kW·h/年	PPR， 德国马克/kW·h
保温层	外墙 360mm 厚	30	58394	41178	0.05
	屋顶 430mm 厚	30	28413	7809	0.12
	底层楼板隔膜 200mm 厚	30	19533	10430	0.06
窗体	三层玻璃，U=0.6, g=0.42	25	30760	7023	0.18
	三层玻璃，U=0.7, g=0.6	25	69210	12448	0.22
	隔热窗框	25	208890	8207	1.02
技术系统	燃气热电联供机组	20	31200	38997	0.04
	从热电联供机组的排气中回收热量	20	3000	7295	0.02
	管道和管沟的保温	25	1900	1731	0.04
	带有热交换器的通风系统	20	117561	289000	0.02
	带有热泵的利用使用过的空气的通风	20	49938	21690	0.11
	地下冷却管	30	15800	500	1.05
热水	太阳能集热板	25	42800	20625	0.08
	管道保温	25	2223	2132	0.04
	扩大燃烧室的保温	25	200	400	0.02
电气	节能的家用电器	15	8150	9960	0.05
	光电太阳能板	25	15000	2850	0.21

资料来源：Sonnenenergie und Wärmetechnik。

性——研究工作、添置的仪器、对结果的分析、学术交流和出版。对一个 77m^2 的四居室的公寓，所投入的环境措施的实际造价是施工造价的 7.1%，或是大约 58000 法国法郎（8842 欧元），含税。这应该可以被运行成本的降低所补偿。对于一个通常的煤气采暖的四居室公寓，平均每年采暖的能源消耗为 7000 法国法郎（1067 欧元），在此只有 2000 法国法郎（305 欧元）。如果一个购房者承担 15 年的贷款，以现在的利率，这些节约措施将使他或她可以偿付额外的 50000 法国法郎（7622 欧元）的借款。因此很显然，这种项目即使没有资助金在经济上也是可行的。

投资的回报

在特别用于绿色措施而增加的造价中，有一些是可以准确定价的，例如额外的保温层或安装太阳能板。而其他的，例如与视觉和嗅觉的舒适性目标相关的，则较难评估。

上面的表格给出了在位于布赖斯高地区弗赖堡的沃邦居家工作室建筑（见第 154 ~ 158 页）中所采用的不同环境措施的性价比（PPR）。该比值的计算公式如下：

$$PPR = \frac{增加的造价}{每年的节能金额 \times 使用年限}$$

对于这些措施值得投资的极限值是每千瓦时 0.026 欧元；当性价比再高时，以现在的能源价格来计算，这项投资就不值得了。这并不意味将来仍然不值得投资，也不是说必须放弃这些措施，因为很显然它们能够带来环境的益处，例如减少了温室气体的排放。

将走向可持续发展作为一条生活的道路

为了使建筑的环境质量在欧洲将被理所当然地认为是建筑领域一个不可分割的部分，建造和建筑专业人士必须告知并教育广大的公众。相关讯息必须更加广泛而有效地传播，并且将健康和使用者的舒适性作为起始的主旋律。

告知的责任

如果我们要保护我们的自然环境，以下是重要的：

－政府当局提供"生态居民"的教育；

－设计师提醒建筑使用者关于环境质量的益处；

－社会住宅发展商协助居民创建并保持合作性的管理和维护。

如果建筑使用者没有被充分告知对于他们改变行为的期望，例如在一幢根据生物气候学原则而设计的建筑里，那么实际上的能源消耗相较于从项目的预先的模拟中所获得的数值而言可能是令人失望的。

在公共建筑中，尤其是在教育领域，建筑本身可以担当教育角色。在普利茨豪森的幼儿园（见第174～179页）和斯图加特－豪伊玛登幼儿园（见第169～173页）中，从雨水池中溢出的水流滋润着生物栖地，这些区域被当作了环境教育的工具。

在梅德的初级中学（见第185～189页）里，用于加热水的太阳能集热板和用于供电的光电太阳能模块的运用也担当了类似的功能。

令人鼓舞的未来前景

面对着保护我们所处的自然环境的需求，将更严格的规范和财政激励机制相结合已经开始出现成果。一小部分发展商、设计师和建筑公司长期以来献身于可持续发展，他们通过实际举措已经巩固了这一成果。现在，必须将舆论带到前台，使建筑领域的其他环节确信将可持续性整合到我们的日常生活中的重要性和紧迫性。

在德国、奥地利、瑞士、斯堪的纳维亚地区和荷兰，建筑环境质量已经完成了从试验阶段的转换，并且通过尊重人类及其环境的建筑，已经在一个广大的范围内整合到日常生活中。在法国和英国也出现了类似的环境途径。如果这些论点在约定俗成和实际的潮流中站住脚，可持续建筑可能在全欧洲迅速成为标准的实践。在不危害自然资源的情形下为生活质量的提升而做出贡献是一种挑战，将会鼓舞所有的成员共同努力。

可持续的建筑也有其局限性。在此描述的项目显示出它仍然具有潜力产生非凡的创造力。

法国埃塞蒂讷－沙泰勒夫的住宅

协作设计室设计

这一依据生物气候学原则设计的住宅建立在适度的预算上，采用了最低限度的饰面材料并且没有任何特殊的设备。其重点在于依据人体尺度，创造出人与所处环境的自然和谐的空间。

环境特征

• 生物气候学特征
被动式利用太阳能；
双层玻璃的外墙立面和屋顶；
隔热双层玻璃；
覆膜玻璃顶棚以限制眩光和采集的太阳能

• 材料和构造
主要结构为钢框架；
墙体为不锈钢框架的双层隔热玻璃；
屋顶为铝质框架的双层隔热玻璃

• 技术特征
自动开启的立面板以保证夏季的新鲜空气

• U值
地板和屋顶，隔热双层玻璃
$1.2W/(m^2 \cdot K)$

背景和场地

这一实心混凝土和木材混构的住宅坐落在俯瞰着蒙布里松平原的一块高地上，由平缓起伏的屋顶覆盖着，与周围地貌的轮廓线相呼应。它被松树遮挡了一部分，沿着车道渐渐展现在来访者的视线里。建筑的朝向、形状和材料根据场地和现有植被而定，并且运用了生物气候学的原则。

功能和形式

这幢住宅在其入口处是看不见的。它被宽阔的波浪形屋顶所覆盖，两个体量之中较大的一个沿着东西向轴线布局。其中容纳了主要的起居空间：起居室、厨房和用餐区位于夹层下围绕着壁炉，用餐区向着由当地开采的花岗石块支撑并以落叶松铺地的阳台开敞。这一宽敞的起居区域由入口门厅与主要的卧室分开，入口处独具特色地布置了一个水池，利用水蒸气来调节空气的湿度。在卧室上面，主要屋面的低矮部分是可以上人的屋顶平台，铺以落叶松板材。一个有盖的走廊将这第一个体量与混凝土立方体相连，立方体中容纳了办公室和儿童区，以及一个小型的起居区和三个卧室，向外视野可及福雷平原。

结构原则

在结构上结合了以钢模板浇筑的200mm厚的混凝土墙和密肋梁上承载的花旗松楼板。木构件的尺寸是40mm×100mm用于卧室，40mm×130mm用于起居区（其跨度更长），

建筑掩映在松树丛中

相同截面的木柱子在立面上支撑成对的托梁。这一系统不需要吊顶就产生了具有吸引力的楼板底面，并且使得较小截面的木材也能建造房屋的构架。结构系统延伸到位于厨房和夹层的玻璃背后的垂直墙面，进一步精炼了外观。这一凸凹起伏的表面提供了良好的吸声，否则这样的空间会被平整的、具有反射性表面的混凝土和玻璃所主宰。

材料和饰面

通常被视作对立面的混凝土和木材，在这里混合利用并效果良好。赤裸而坚硬的灰色混凝土墙面似乎是从岩石中升起，悬挑屋顶的曲线穿插着木结构的韵律。在起居区，从南立面来的光线被玻璃过滤，并且被木材的暖调子赋予了色彩，洒落在硬石膏的自流平地板上，而地板仅做了抛光和打蜡处理，但除此之外别无装饰。地板和立面结构使用花旗松，外墙板和

窗框使用落叶松——两者都是当地树种，其天然耐久性适合室外使用，耐生物危害等级是3级，没有经过化学处理。任何木材均不采用饰面处理。在这一建筑中使用的 20m³ 的花旗松和 10m³ 的落叶松，在它们的生命周期中储存了大约 30 吨的 CO_2。

能源和气候控制

设计遵循了生物气候学原则，最大限度地利用采集的太阳能，限制从建筑中损失的热量以保证在冬季和夏季都有舒适的温度。房屋的选址减少了暴露在从西面来的雨水中，并且使得在朝南的起居区有足够的入射阳光。起居区的北墙是混凝土的，形成了抵御气候变化的不透明屏障。这道墙的外部由 100mm 厚的矿棉提供保温，与屋顶的保温层连在一起，均由防水膜提供保护。垂直的落叶松木板构成了通风的外立面。

左图：结构将木材与混凝土的高热质结合起来

右图：木结构以当地花旗松制成的密肋梁构成

这幢建筑在白天的所有时间都可以从阳光中获益，包括当阳光直射在水池上的时候。室内外景观可以随着建筑物的层高而改变，这是与未来居住者协商的主题。卧室有着俯瞰下部平原的全景视野，并获得清晨的第一缕阳光。在主要的起居区，围绕着壁炉的窗户提供了朝向西面的视线，而从就餐区看出去是一列松树。在餐厅和夹层，被木柱子切断的玻璃带形窗过滤了入射的光线，调节其质量，并赋予视线以韵律感。

在福雷平原地区，冬天很冷而夏天十分干燥。降落在屋顶上的雨水通过凸出的泄水管槽，汇集到周围的地面。

地址：法国，埃塞蒂讷－沙泰勒夫 42600

项目概况：有着三个孩子家庭的私人住宅

业主：私人业主

建筑师：协作设计室（玛丽 · 勒内 · 德萨热，阿林 · 迪韦尔热，伊夫 · 佩雷），圣艾蒂安

时间表：设计于 1996 年；施工从 1997 年 2 月～ 11 月

面积：起居区 200m²，地窖 40m²；包括底层、二层、起居区的夹层，部分地下室

承包商：混凝土和土木工程：巴蒂 · 雷诺韦；木结构：贝札西埃（Bezacier）；室外装修：尚邦

造价：120 万法国法郎（182940 欧元），包含电源设备接户管线，含税

内景

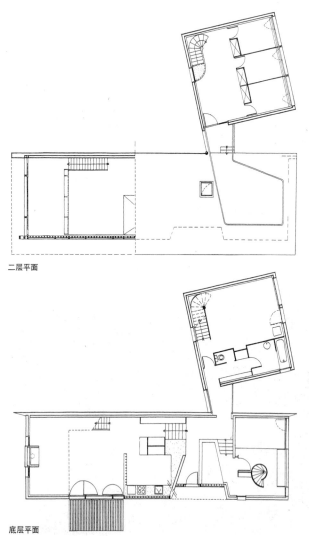

二层平面

底层平面

法国诺曼底的佩尔什的住宅

索尼娅·科尔泰斯设计

索尼娅·科尔泰斯是法国环境医学学院的顾问。在这幢住宅中她成功地将风格、舒适性和经济性结合在一起。在此所选择的环境措施增加了 5% 的建筑造价；这一增加的费用将在一个长时期内获得补偿，不仅仅是通过降低的能源消耗，也会通过较不容易被量化评估的健康的居住环境所带来的收益。

背景和场地

这幢住宅位于诺曼底的佩尔什地区的一个小村庄的外围地区，从屋子里看出去可以俯瞰山谷的斜坡。这幢建筑是为一位钢琴家和军事爱好者而设计的，形状狭长，并由禅的美学思想来主导。它从进入场地的道路向后退，这种布局使其拥有被周围的绿化所环抱的空间。这幢住宅以直角切入陡峭的斜坡；在西北面的边端，部分建在山体中，而房屋的其余部分则分为两层。建筑沿着东西向轴线布局，朝南面对着郁郁葱葱的乡村。

功能和形式

在决策之前，建筑师与客户进行了关于生

环境特征

• 生物气候学特征
将建筑结合到环境中；
被动式利用太阳能；
增加的保温措施，双层玻璃；
日光室；
使用可循环利用的材料，无危害的饰面材料和天然耐久性的木材；
通过巨藻床过滤废水

• 材料和构造
墙体框架使用实心杉木；
钢筋混凝土楼板；
屋面结构是以花旗松制作的胶合层压曲梁；
室内装修用山毛榉、花旗松和 Navyrex 胶合板；
顶棚用红杉；
窗框用染色的 Bieber[1] 胶合层压松木；
外墙板用红杉和 Navyrex 胶合板；
百叶窗用镀锌钢框架和红杉百叶片，以及 Naco[2] 铝制固定件；
屋顶面材用 Vieille Montagne[3] 生绿锈的锌；
地面饰面材料用葡萄牙的铺石板，刷 Junckers[4] 油的山毛榉拼花地板，以及稻草压编的踏踏米；
敞廊铺地用紫檀木

• 饰面材料
Holzweg[5] 木器有机涂料和保护性面层

• 技术特性
控制湿度的单向通风；
高效能的燃气锅炉，
Ciat[6] 双翼散热器

• U 值
— 木框架墙体 $0.31W/(m^2 \cdot K)$；
— 玻璃 $1.6 \sim 2.4W/(m^2 \cdot K)$；
— 内部带有保温层的混凝土墙体 $0.25W/(m^2 \cdot K)$；
— 地面层楼板 $0.25W/(m^2 \cdot K)$

• 工地
由于使用木结构对环境的破坏程度最小

建筑朝南的主立面

1 材料品牌名。——译者注
2 材料品牌名。——译者注
3 材料品牌名。——译者注
4 材料品牌名。——译者注
5 材料品牌名。——译者注
6 品牌名。——译者注

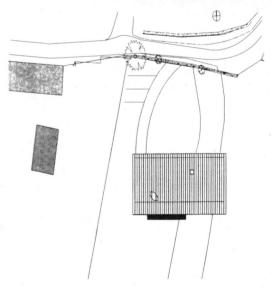

结构用胶合层压的花旗松，外墙板是红杉

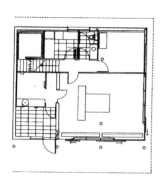
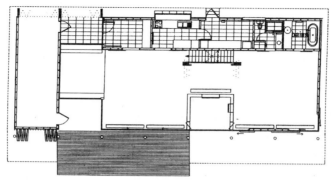

较低的花园层平面（左图）以及地面层平面（右图）

活方式、品位和生活期望的讨论。并且就讨论的结果草拟了详细的技术说明，包括关于设备的性能规格。

这幢住宅的设计是为了满足家庭不断变化的需求。在下层，有专门的入口通过日光室到达卧室、办公室、浴室和桑拿房。在地面层，起居空间——音乐室、武道馆（dojo）和就餐区——围绕连接着阳台的大型活动区布局。带滑轨的移动隔断区分不同的区域，使得空间具有灵活性。

结构原则

灰色亚光的锌制屋顶的柔和曲线呼应了周围群山的轮廓。并且在视觉上被一个玻璃带形窗将其从建筑主体中分离开，形成一个在红色杉木做成的矩形盒子上的盖子。结构构件是纤细的，这要归功于设计巧妙的承载路径、木材和钢的结合运用以及截面尺寸的谨慎优化。主横梁为 12m 长的胶合层压木梁，北端支撑在木框架墙上，在南端由一排木柱子上的钢构件支撑。这些柱子由胶合层压的花旗松制成，超出了立面线，因此使得立面本身从垂直承重构件中解放出来。立面的玻璃由一个水平梁支撑，这个水平梁通过钢索悬挂在屋顶结构上，再通过受压钢构件支撑在柱子上。没有存水点的优雅的连接件，保证了木材的耐久性。

材料和饰面

木材用于结构、室内装修和墙板。在此选择了不同的木材以避免防腐处理的需求；用于

结构的花旗松和红杉具有天然耐久性而适用于室外（依照 EN 335 标准的耐生物危害等级为 3 级）。用于敞廊的热带硬木紫檀木来自一个可持续管理的森林，在每公顷的 250 ～ 400 株树木中每年只砍伐 0.5 ～ 3 株。山毛榉的拼花地板被刷了油，而室内的木装修涂刷天然的油基材料。使用在墙板和室内装修的 Navyrex 胶合板是低甲醛含量的。屋顶保温由横梁之间的 200mm 厚的玻璃棉提供，而墙体保温是在 Navyrex 板材之间的 120mm 厚的岩棉。由于造价的因素没有使用亚麻和大麻作为保温材料，因为同样的原因也不能采用黏土的管道工程(而被 PVC 取代)。

能源和气候控制

节能设计遵循生物气候学的原则。附属区域组合在低矮的北立面的背后，充当了热量缓冲区。在南面，屋顶足够高敞，增加了冬季在起居区的玻璃立面上所采集的太阳能，而在夏

日光室的横剖面

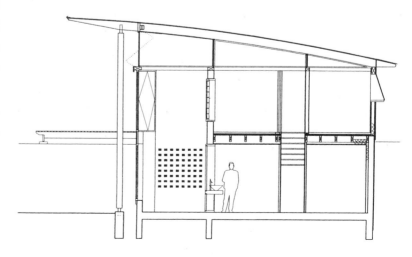

正如在日本和室中，推拉的隔墙可以重新布局以调整室内空间

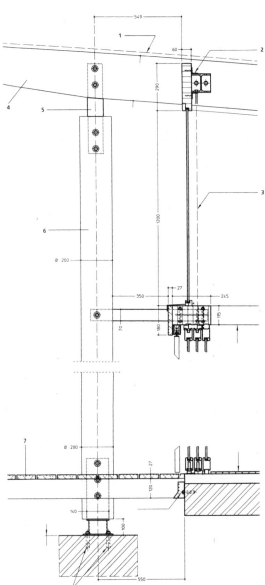

通过南立面的垂直剖面
1　22mm 厚的企口面层
2　40mm×40mm×40mm 的角钢，将 H 型钢连接到上部的木板
3　10mm 钢缆支撑玻璃梁
4　用胶合层压的花旗松制作的屋面曲梁
5　钢构件
6　用胶合层压的花旗松制作的直径为 200mm 的柱子
7　紫檀木的铺地

季其 2.5m 的挑檐提供了阴影遮蔽。日光室布置在房屋的中心，最大限度地获益于温室的保暖效应和实心构件的热质效应。在夜晚和多云的日子里，储存在砌筑墙体、混凝土楼板和铺砌的石板中的热量通过绕轴旋转的、可调节的门道传送到不同的居住空间中。南北立面的开口位置有利于自然通风。带有旋转百叶的、可滑动的折叠百叶窗有助于在夏季调节立面开口的面积以维持舒适的温度，并且对于进入的自然光线进行"雕琢"。阳光被亚麻的遮帘柔化，而像屏风一样的落叶灌木在夏季将渐渐遮挡住主要的立面玻璃。

废水处理

两个花园区域突出了场地的诗意：日本风格的日光室和"变换"花园。后者通过种植了灯芯草、芦苇和鸢尾属植物的巨藻床的过滤作用来过滤雨水、灰水（去除了脂肪和油脂）和污水。水沿着缓缓的坡度流经四个直线排列、面积为 5m² 的浅水池，和一个距离房屋大约

50m 的水渠。这一系统价廉且易于安装和维护，不使用任何能源和化学制剂。水通过一层层的沙、砾石和卵石的过滤作用而被净化；植物释放有机杂质，有助于减少细菌的含量并使悬浮物质易于沉淀。

地址：法国，索姆湾，欧蒂尔，图鲁夫尔 61190
项目概况：带有武道馆（军事艺术工作室）、音乐室、桑拿房和日光室的私人住宅
业主：私人业主
建筑师：索尼娅 · 科尔泰斯，巴黎
工程师：木结构：巴蒂；热工工程师：索菲 · 布兰代尔 · 贝特；声学工程师：德拉热和德拉热
时间表：设计于 1996 年 5 月～1997 年 5 月；施工于 1997 年 7 月～1998 年 11 月
面积：总面积 326m²，居住面积 285m²，包括地面层和花园层
承包商：砌体工程和室外土木工程：吉耶；木结构、屋顶和室外装修，隔墙和桑拿房：家（Le Toit）；室内装修和木地板：勒 · 昂方 · 德 · 克罗尼埃；采暖、管道工程和通风：戈梅；电力：勒 · 维兰；油漆工程：凯尔瓦恩（Kervaon）；装饰油漆工程：博德纳尔。
造价：243 万法国法郎（370450欧元），含税

日本风格的日光室在建筑中加入了"禅"的主导审美观

德国斯图加特的住宅

施卢德＋施特罗勒设计

这一幢小型的市镇住宅以其简洁的平面布局和结构系统以及清晰的立面设计而闻名。该住宅的承包商是一个预制建筑的制造商，现在已将这一建筑收录进其标准目录中。

环境特性

• 生物气候学特性
紧凑的建筑形体；
被动式利用太阳能；
增强的保温隔热；
自然通风；
使用无危害的材料；
使用当地的、天然耐久性的木材；
雨水回收系统

• 材料和构造
木结构使用标准构件；
墙体使用大尺度的预制板，以云杉做框架，矿棉作保温层；
预制楼板构件带有胶合层压梁和 Kerto 层压镶拼锯木 (LVL) 板；
窗框用落叶松；
可通风的外墙板用花旗松；
遮阳用花旗松安装在镀锌钢框架上；
敞廊和阳台用镀锌钢；
屋顶用铝板

• 技术特性
密闭燃烧的燃气锅炉

• U 值
－墙体 0.27W/（m² · K）；
－屋顶 0.21W/（m² · K）；
－玻璃 1.1W/（m² · K）；
－底层楼板 0.24W/（m² · K）

• 能源消耗值
采暖能耗值 62kW · h/m²/ 年

• 工地
由于采用标准化的预制木结构带来快速的、低环境影响的建造过程

背景和场地

该建筑位于斯图加特南部的现有的城市街区中，保持了周围建筑的传统的 45° 屋顶坡度的形式，但因其木制立面而赋予现代的外观。建筑朝向是东西向，平行于街道，并略微向后退进，使得建筑与街道之间有一个绿化的区域。

功能与形式

主要入口在北边山墙，衣帽间、盥洗室和储藏室组合在一起形成了一个热量缓冲区。

底层平面的其余部分是由一个布局开放的、多功能空间构成，其间还有厨房和就餐区，在视觉上被位于中央的开放式钢楼梯所分隔。二层平面被分成四个房间，每个房间 14m²，用推拉隔墙来创造私密小空间或大的开放式格局。立面是由交替间隔的不透明的板材或玻璃板构成。它们的外观随着外部百叶遮阳的位置变化而改变，当遮阳滑下时，可以提供私密性保护和遮挡住阳光。夜幕降临时分，通过百叶板流泻出的灯光使得建筑看上去流光溢彩。

以木材贴面的住宅适应周围的建筑环境

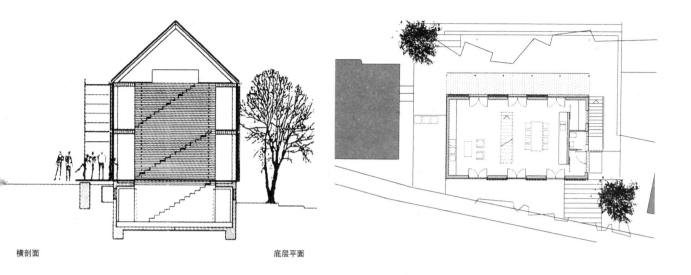

横剖面   底层平面

结构原则

结构是由标准化的预制木框架构件组成，在三天之内竖立在钢筋混凝土基础上。墙面是排列紧密的与层高同高的板材，在垂直构件之间加入了180mm厚的矿棉，另外在外表面加了40mm厚的软木纤维板。在内部，结构板的表面是纤维素石膏板，这是一种环保产品，具有良好的防火性能、隔声特性并有一定的表面干硬性。楼板构件也是预制的，在东西墙之间跨度为6.2m，由29mm的Kerto LVL板材固定在由三层300mm×60mm的胶合层压板组成的梁上。这些细梁的间距600mm，赋予内部空间以有规则的纹理。

材料和饰面

所有材料在使用时均不加饰面材料以保持其本身的天然纹理。它们几乎不需要维护；阳台和棚架的钢构架镀了锌，而木料不加涂层，也没有经过任何处理。所选择的树种——用于窗框的落叶松以及用于外墙板和遮阳的花旗松——其天然的室外耐生物危害等级为3级。可通风的外墙板由与层高同高的构件构成，在工厂预制，然后现场安装在结构墙体上。墙板由水平的、刨光的花旗松部件构成，内表面固定在一个框架上。遮阳百叶也以相同的方式固定在镀锌钢框架上。这种固定方式既具有审美优势，又避免了暴露在外立面上的螺丝孔，因

透空钢结构围合的木楼梯将厨房与就
餐区分开

此降低了木材腐败损坏的危险。

能源和气候控制

　　该建筑每年的能源消耗值在 $65kW \cdot h/m^2$
以下，低于德国 1995 年规范的最大值 25%，符
合低能耗住宅的标准（见第 100 页）。为达到
这一标准，在建筑中只采用了被动措施：简
单而紧凑的体量；220mm 厚的增强岩棉保温
层用于墙体，200mm 的厚度用于屋顶；还有
隔热的双层玻璃。高效能的密闭燃烧锅炉，
安装在（可利用的）屋顶空间，消除了单独
安装烟道的需求。为了保证夏季舒适的温度，
东西墙面上高敞的窗户布置成两两相对，使
得房屋的每个区域都有充足的自然通风。在
西立面的前面，有一个敞廊使攀藤植物依附，

既带来了遮阴，也在炎热的天气里有助于调
节空气湿度。雨水被收集在一个混凝土水池
中，用于浇灌花园。

地址：德国斯图加特－迪格洛赫，克来因勒·法尔
特 (Kleine Falterstrasse) 街 22 号
项目概况：私人住宅
业主：施卢德家族
建筑师：施卢德＋施特罗勒，斯图加特（项目建筑
师 马丁娜 (Martina)·施卢德）
结构工程师：弗里德曼＋合伙人公司，藻尔高
时间表：设计开始于 1996 年；现场施工从 1997 年 4
月～12 月
面积：居住面积 130m²；包括地下室、底层和二层，
加上可以利用的阁楼空间
承包商：卡尔·普拉茨有限公司，藻尔高
造价：480000 德国马克（245420 欧元），其中地下室
的造价为 100000 德国马克

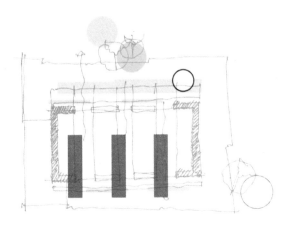

镀锌钢的敞廊保护西立面避免阳光直射

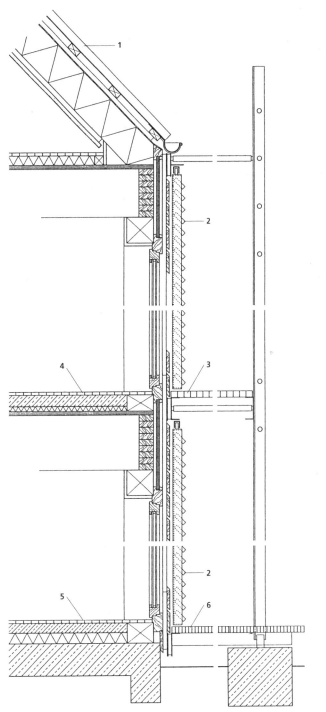

西立面的垂直剖面
1 屋顶
　－铝制面材
　－30/40mm 交叉压条
　－40/60mm 挂板条
　－防水膜
　－220×80mm 斜梁
　－200mm 厚矿棉
　－30/80mm 挂板条

　－12.5mm 厚石膏板
2 滑动遮阳
　－镀锌钢框架上的花旗松百叶板
3 镀锌的钢格架
4 二层平面楼板
　－18mm 厚木地板
　－65mm 厚水泥找平层
　－29/25mm 隔声层
　－29mm Kerto 层压镶板的木材

　－300×60mm 胶合层压梁
5 底层平面楼板
　－18mm 厚木地板
　－60mm 厚水泥找平层
　－29/25mm 厚隔声层
　－70mm 厚矿棉
　－200mm 厚混凝土楼板
6 木材铺地

瑞士阿尔卑斯的阿福尔特恩的退台住宅

麦德龙建筑师事务所设计

罗仁地区的开发项目具体表达了瑞士麦德龙建筑师事务所的实践目标：低造价、高密度的住宅，优化的环境和经济特性以及使用者的高度舒适。结构、立面和建筑设备都是标准化的；内部空间的布局适应每个家庭的需要，充分利用了场地特征。

环境特性

• 生物气候学特性
紧凑的形体；
主动和被动地利用太阳能；
使用当地木材，室外构件使用天然耐久的木材；
使用无危害的材料和饰面；
可以蓄留雨水的屋顶绿化

• 材料和构造
混凝土地下室；
墙体使用大尺度预制板，以实心云杉木为框架，加纤维素保温层；
结构梁柱使用胶合层压的云杉木；
阳台结构使用花旗松；
窗框使用云杉，外墙板和遮阳使用花旗松；
栏杆使用镀锌钢；
平屋顶绿化

• 技术特性
水－水的热泵为每一个四户住宅的组团服务；
可供选择的太阳能集热板用于加热水

• U 值
－墙体 0.28W/(m² · K)；
－屋顶 0.22W/(m² · K)；
－窗 1.4W/(m² · K)；
－底层楼板 0.38W/(m² · K)

• 消耗的能源值
采暖能耗 51KW · h/m²/ 年

• 隔声
起居区之间的隔墙，空气噪声，63dB（测量值）；
起居室楼板，冲击噪声，低于 30dB（测量值）

• 工地
由于选择标准化的预制木结构带来快速的、低环境影响的建造过程

背景和场地

本开发项目坐落在阿福尔特恩村庄的南部一个安静而充满阳光的地区，容纳了 10 幢退台住宅，每幢有四户人家。两条平行的进入场地的道路将这一区域划分为三块，相应地构成三种不同类型的住宅。在场地的中心，一个社区大厅作为集会的场所和公共空间，向开放空间开敞。开发区的上部向西南方向逐渐升高，其间 B 形和 C 形排屋与山坡平行布置。靠近溪边较低而平缓的区域容纳了朝向东南面的 A 形排屋，与其他部分的住宅呈直角布局。这种规划使得挖掘出来的材料能够在开发区场地内再利用。

功能和形式

尽管建筑布局有意提高了密度，但是内部空间仍然是宽敞的。所有的建筑都基于一个 6m 的网格，并且取自同样的平面，但是面积和楼层数有变化。A 形住宅有两层高，加上一个地下室，随之带来了额外的面积。

其他的排屋都有三个居住楼层：B 形住宅

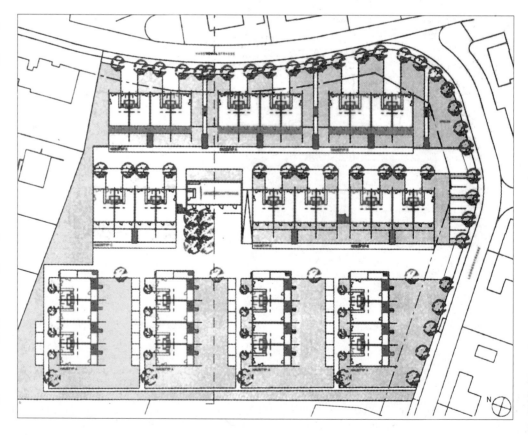

总平面

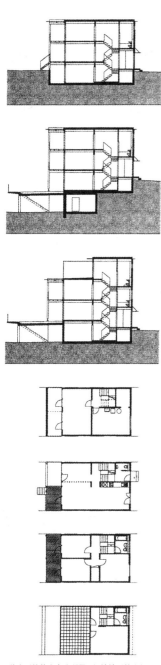

三种类型的住宅充分利用了场地地形的变化
横剖面和平面

在室内，云杉的楼板梁是裸露的

利用了斜坡地形而得到额外的一层，同时在地面层的平台下设车库，而 C 形住宅有一个带有第二浴室的阁楼层、私密阳台区和大型地下室，可以通过车库到达。

前门和盥洗室都在楼梯平台上，可以顾及住宅的其他部分，在建筑内提供了不断变化的自然光线，并且在房间之间产生了有趣的高差。在室内，玻璃隔墙在入口门厅和厨房之间提供了通透性。浴室顶上的玻璃能够向外看到周围的景色。在每一层楼，沿南立面通长的阳台，作为室内空间的延伸，为起居区和卧室遮挡直射阳光。

结构原则

预制的结构墙板竖立在混凝土基础结构的顶部。精确的设计和有效的协调合作意味着每一个四户排屋不会用超过一周的时间建成。户与户之间的分隔墙由两层木框架的墙板组成，中间由 30mm 厚的岩棉分开。每一块板由 13mm 厚的 Fermacell[1] 板、60mm 厚的岩棉、一个 60mm 厚的空气间层以及另一个 3mm × 13mm 的 Fermacell 夹板组成。这种构造提供

结构是钢筋混凝土基础上的大尺度木框架的板材

了良好的噪声隔绝，并且使得墙体形成有效的防火屏障。

材料和饰面

墙板的框架和预制的楼板构件使用当地云杉。墙体保温是支撑柱之间的 140mm 厚的喷涂的纤维素（密度为 $60kg/m^3$）和外表面的 20mm 厚的软木纤维板。这一构造体系的内部墙板是 Fermacell 含纤维素的纤维板，为横

---

1 材料品牌名。——译者注

外墙板和滑动遮阳使用当地花旗松

外部区域的处理在这一非常稠密的开
发项目中创造了私密空间

向的稳定性提供了抗剪强度。屋顶保温是两层80mm厚的岩棉。墙面允许水蒸气渗透，有助于保持舒适和健康的室内空气。楼板构件是由裸露的梁和三层的板材，以及现浇的水泥找平层构成，改善了隔声效果。阳台结构以及可通风的外墙板是花旗松，这是一种适用于室外的天然树种，耐生物危害等级是3级，不加饰面材料，并且没有经过防腐处理。平屋面在防水膜之上有70mm厚的拓展型复合屋顶绿化。下暴雨时，屋顶绿化蓄留住部分雨水，然后雨水逐渐流走，经过三个储水池流入小溪。

能源和气候控制

这一开发项目是EC 2000可持续建造计划的一部分。每一个四户排屋有一个水-水的热泵，从180m深、直径为100mm的钻孔中的20℃地下盐水中采集热源。这一系统不需要燃料的运输。采暖是通过暖气片，并且带有分户温度调节装置和计量器。所有住宅都装备了用来加热水的太阳能集热板的管道。这一项目特别注意了确保整体使用无危害材料，并且不含PVC：Fermacell隔墙贴着生染墙纸，刷着酪素涂料；地板用木材、油毡或瓷砖。

地址：瑞士阿尔卑斯的阿福尔特恩，罗仁街

项目概况：十个四户的退台住宅、社区大厅和汽车库

业主：库尔特·施内贝利，阿尔卑斯的阿福尔特恩

建筑师：麦德龙建筑师事务所，布鲁格［项目建筑师：于尔斯（Urs）·狄普勒（Deppeler）］

工程师：结构混凝土：施泰因曼；木结构：Rupi 木材建造技术

时间表：设计开始于1997年2月；现场施工从1997年11月～1999年11月

面积：净居住面积10596m²；A型住宅，地下室加两层楼；B型和C型住宅，地下室加三层楼

承包商：木结构：鲁皮（Rupi）木材建造技术

造价：16124321瑞士法郎（10909554欧元）。按1997年4月的价格，一个五间卧室的住宅造价为300000瑞士法郎（约190000欧元）

墙体剖面，表示隔声和防火措施

隔墙和屋顶绿化的连接
1 2×80mm 厚矿棉 (120kg/m³)
2 30mm 厚矿棉 (50kg/m³)
3 15mm 厚 Fermacell 板
4 2×60mm 厚矿棉 (18kg/m³)
5 13mm 厚 Fermacell 板

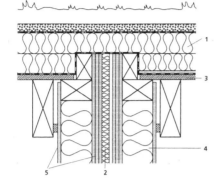

隔墙和立面的连接
1 140mm 厚纤维素保温层 (60kg/m³)
2 Compriband¹ 加压塑料节点
3 120mm 厚 Eternit² 纤维水泥板盖缝节点
4 20mm 厚软木纤维板
5 30mm 厚矿棉 (50kg/m³)
6 2mm×60mm 厚矿棉 (18kg/m³)
7 13mm 厚 Fermacell 板

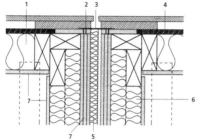

隔墙和楼板的连接
1 30mm 厚矿棉 (50kg/m³)
2 60mm 厚矿棉 (18kg/m³)
3 13mm 厚 Fermacell 板

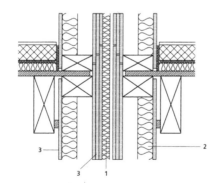

栏杆、栅板和遮阳的支撑使用镀锌钢

1 材料品牌名。——译者注
2 材料品牌名。——译者注

奥地利多恩比恩的住宅楼

赫尔曼 · 考夫曼设计

厄尔茨丙特的开发项目是一个对福拉尔贝格州地区传统的地方木构建筑技术的现代诠释的很好的例子。这一设计简单但不流于普通，将技术的有效性和环境措施结合起来。

环境特性

• 生物气候学特性
紧凑的形体；
主动和被动地利用太阳能；
增加的保温层；
气密性外围护结构；
绝热三层玻璃

• 材料和构造
云杉的结构系统由标准构件组成；
胶合层压梁；
预制箱形梁楼板构件由木框架上的三夹板构成；
墙体使用带有矿棉保温层的预制木框架板；
室外楼梯塔使用 Intrallam 中心墙体以及 Reglit 立面；
镀锌钢阳台和走道；
外墙板为落叶松

• 技术特性
地下冷却管；
热泵；
通过热交换器回收热量的双向通风；
太阳能板用于水加热。

• U 值
－墙体 0.11W/(m² · K)；
－屋顶 0.10W/(m² · K)；
－玻璃 0.7W/(m² · K)；
－底层楼板 0.12W/(m² · K)

• 能源消耗值
采暖能耗值 8kW · h/m²/ 年

• 隔声
墙体，空气噪声，60 ~ 75dB（测量值）；
冲击噪声，48dB（测量值）

• 工地
由于选择预制木结构带来非常快速的、低环境影响的建造过程

背景和场地

福拉尔贝格州位于奥地利的西端，是村庄和城镇区拥挤在一起的人口稠密的地区。正如这一地区的许多其他开发项目一样，位于布雷根茨居住郊区的厄尔茨丙特开发项目的成功在于开发商、设计师和承包商的有效而紧密的合作。

功能和形式

在这一建筑中引入了对于环境和经济的关注，以达成一个持久的结果。这一幢包含 13 个公寓的楼房有着创新的结构系统和能源概念，代表了向着将创新与高质量相结合的大规模生产的住宅系统的开发迈出的坚实一步。这些特征包含刻意的简单形体，经过设计以减少热量损失的建筑外围护结构，以及使用一种新的预制技术使得现场施工工期减少至 4 个月。

结构原则

结构基于由建筑师和结构工程师与木结构承包商共同开发的 K-Multibox 系统。建筑

太阳能集热板提供 60% 的热水需求

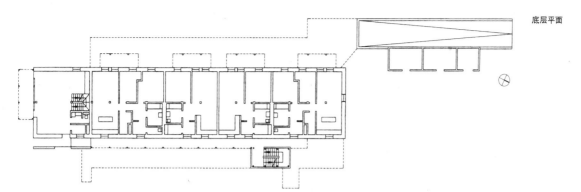

底层平面

有三层楼，建在一个混凝土基础上，框架的网格设置为 2.4m×4.8m。胶合层压柱和楼板的箱形梁通过特制的钢连接件榫接在一起，承受着垂直荷载。预制楼板和屋顶构件通过平面内作用稳定着主体结构。墙体是由六种标准类型的预制板构成：实心板、转角板、门板、窗板和两种落地窗板。因此每一个公寓都可以利用依照这套标准制造的部件来分别设计。楼上的浴室和厨房也是在工厂预先装配的。这些预先装配的厨卫和现场建造的底层浴室和厨房之间的比较显示出没有造价上的显著差别，但是预先装配带来了显著的时间效应。在东立面，连接钢走道的室外楼梯塔，以 Reglit[1] 浮雕玻璃覆盖，内部墙面使用的是 Intrallam[2] LSL（层压的刨花锯木），这是从黄松的副产品中制成的高性能复合木材。这个楼梯结构和走道，以及西立面的镀锌钢阳台都是垂直地支撑在混凝土基础上的。

材料和饰面

木贴面材料采用的是天然耐久的落叶松，细部被仔细地设计以便具有长期的设计寿命。为了减少斜接角部的干缩和变形效应，墙板的连接点设置在距离建筑角部 300mm 处，并且沿着柱子的边线。凸窗的边缘使用木材，但是更多暴露在外的水平构件采用镀锌钢。

---

1 材料品牌名。——译者注
2 材料品牌名。——译者注

外墙板是天然耐久的落叶松

镀锌阳台和走道构件大部分与主体结构分开

预制墙板没有承载任何垂直荷载

能源和气候控制

厄尔茨丙特是第一批被动式住宅项目（见第106页）之一。由于拥有紧凑的形体、非常厚的保温层（350mm厚的岩棉）、气密性窗框和三层玻璃，这些公寓不需要传统的采暖系统。正因为有着如此气密性的建筑外围护结构，使用者在冬季和夏季的舒适性有赖于一个有效的通风系统。为了保证达到目标能源消耗值 $8kW \cdot h/m^2/$ 年，而这是一个极低的数值，新鲜空气被分阶段输送到建筑中。室外的空气通过花园里一个不锈钢的进风口进入。接着流经一个地下冷却管，在冬季将空气加热8℃左右，在夏季将其冷却类似的幅度，然后穿过一个整合在通风系统中的热交换器。如果有必要，空气将被分户设置的热泵进一步加热，然后再配送到公寓中。使用过的空气通过厨房、浴室和盥洗室带到室外；而新鲜空气则被送进卧室和起居区。

在屋顶上，集合了 $33m^2$ 的太阳能集热板和一个2650升的蓄水池，提供了大约三分之二的热水供应。尽管使用了创新技术，这些现代而优雅的房屋的建设造价只比类似的常规项目高出大约5%。这一额外的投资会在经过长期使用后得到补偿，因为 $8kW \cdot h/m^2/$ 年的数值（含热泵）只有常规住宅的典型能源消耗值的10%。

地址：奥地利，多恩比恩6850，哈莫林（Hamerling）街12号

项目概况：12个被动式住宅单元加上一个艺术家工作室

业主：安东·考夫曼，罗伊特

建筑师：赫尔曼·考夫曼，施瓦扎赫（Schwarzach）

结构工程师：麦茨（Merz）·考夫曼合伙人公司，多恩比恩

时间表：设计开始于1996年7月；现场施工从1997年1月～5月

面积：居住面积940m²，包括地下室、底层平面和上面两层居住层；屋顶空间不可利用

承包商：木结构：霍尔茨·考夫曼股份有限公司，罗伊特

造价：1900万奥地利先令（约140万欧元）

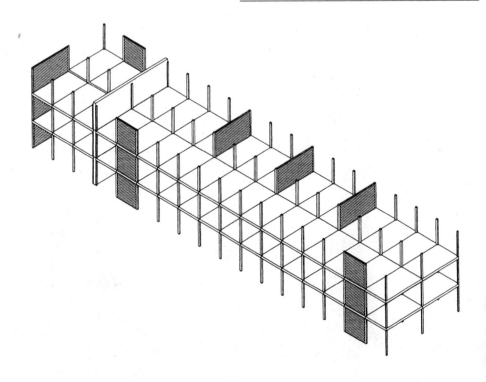

结构示意图，显示提供横向稳定性的实心构件

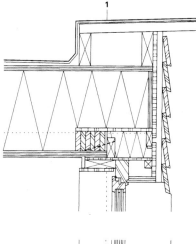

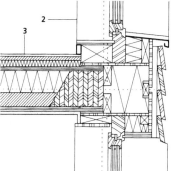

外墙剖面

1 屋顶
- 防水层
- 16mm 厚刨花板
- 460mm 厚胶合层压梁
- 400- 480mm 厚矿棉
- 防潮膜
- 16mm 厚刨花板
- 12.5mm 厚石膏板贴面

2 立面（实心板）
- 12.5mm 厚石膏板
- 16mm 厚刨花板
- 防潮膜
- 350mm 厚矿棉
- 12mm 厚刨花板
- 30mm 厚挂板条
- 落叶松贴面

3 标准层楼面
- 10mm 厚胶合木地板
- 25mm 厚刨花板
- 35mm 厚隔声层
- 20mm 厚 三 夹 板（K1 Multiplan）
- 180mm 厚胶合层压梁
- 110mm 厚矿棉
- 70mm 厚粒状填充材料
- 20mm 厚 三 夹 板（K1 Multiplan）
- 石膏板贴面

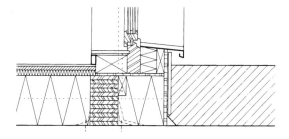

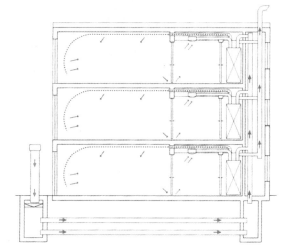

剖面示意图显示
采暖和通风原则

结构系统将柱子与预制结构的楼板和
墙体构件连接在一起

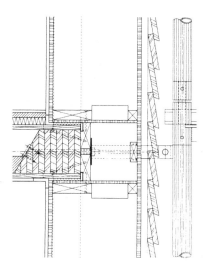

镀锌楼板和阳台结
构的连接节点细部

绍特事务所设计

绍特建筑师事务所的目标在于通过对场地的尊重和对形式、结构和材料的优化以达到环境质量的提高，为使用者提供他们所期待和盼望的生活质量。在这里，所采用方法的经济节约导致突显建筑质量的极简主义。

环境特性

• 生物气候学特性
紧凑的形体；
使用地方木材；
增加的保温；
隔热双层玻璃；
通过生物林园回收雨水

• 材料和构造
标准结构构件；
梁柱采用实心云杉，建构在混凝土架空层上；
实心云杉框架；
岩棉保温加上带有沥青涂层的软木纤维板；
室内隔墙是木框架上的刨花板；
室内楼梯采用空心截面的镀锌钢以及山毛榉踏板；
木窗框；
楼板面层是合成橡胶；
外墙板是未刨光的落叶松锯材；
走道栏杆是钢制网格；
屋顶是压型的铝制片材；
在木结构和墙板外是Desovag Consulan[1]的透明涂层

• 技术特性
在每一个住宅的屋顶空间里安置密闭燃烧的燃气锅炉用于采暖和热水供应

• 隔声
隔墙，空气噪声，65dB

• 工地
由于使用标准木结构构件带来快速的、低环境影响的建造过程

背景和场地

这一建筑群坐落在康斯坦茨镇上部山边的场地上，靠近大学，设计容纳102个学生居住。这17个明亮的、受人欢迎的住宅相对传统居住厅堂而言提供了更为友好和放松的氛围，在传统建筑中，长长的走廊无益于鼓励社会交往。这些建筑架空在底层平面上，可以看到保留在潮湿的地面环境中的植物和动物的生长活动。雨水被收集在一个混凝土的管沟里，从管沟流经一个生物林园，在这里被水生植物天然地净化了。

功能和形式

建筑群由五个住宅组成，每幢由两个、四个或五个单元构成，在平面上以直角布局，以此形成相互之间的庭院和半公共空间。架空的住宅一共有三层，包含一个阁楼层；每一个住宅单元在二层平面上有通过走道可以到达的入

色彩柔和的外墙板，将垂直和水平板材并置

---

1 材料品牌名。——译者注

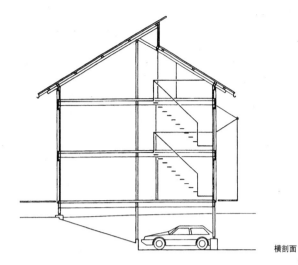

横剖面

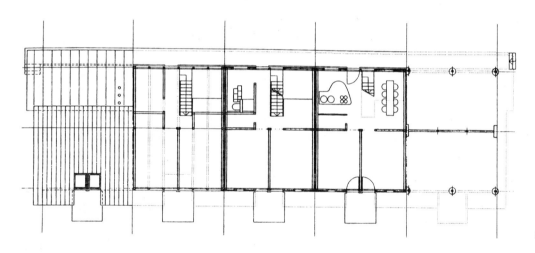

不同层的平面

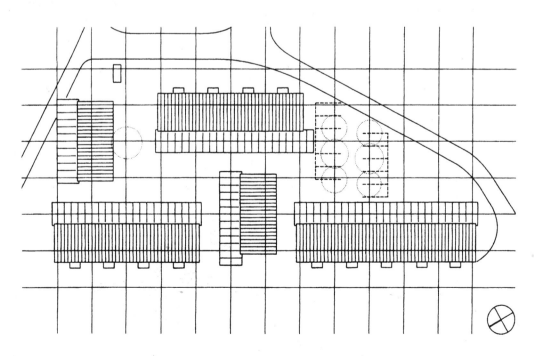

口。每一个单元由两个书房兼卧室和一些共享区域组成，共享区域包括二层的餐厅、厨房和储藏室，三层的浴室和盥洗室以及四层的洗衣房。楼梯的结构是由钢斜梁支撑着山毛榉踏板，并带有钢管栏杆扶手，楼梯在餐厅、厨房以及入口空间之间起着视觉屏障的作用。

结构原则

保护场地自然特性的愿望和一系列的技术限制，例如土壤的低承载力和洪水的威胁等，导致了这一项目选择的结构型式为轻型木结构支撑在混凝土垫板上。结构框架设置在一个 6m 的网格上，这是适合实心木构件的跨度。结构系统简单、具有推广性而且经济实用，只使用了比较少的截面尺寸种类：120mm×120mm 用于柱子，120mm×220mm 用于梁，120mm×180mm 用于椽木。楼板是噪声的屏障，起着质量 – 弹簧 – 质量系统的作用：地板的面材是合成橡胶、40mm 厚水泥找平层、25mm 厚防冲击的矿物保温层以及 30mm 厚沙土，顶棚是 25mm 厚企口的木材支撑在裸露的梁上。屋顶的斜度 32°，两边的斜屋面在屋脊错位，留出了一排带状的玻璃屋顶天窗。由于仅仅使用了少量品种的材料，主要是木材和钢材，进一步加强了建筑的透明度。在次要构件例如栏杆扶手、楼梯和走道结构中使用低造价、批量生产的部件使更多的资源可用于改善环境质量。

材料和饰面

建筑的外围护结构由框架立柱和椽木之间的 120mm 厚的岩棉提供保温隔热，另外在通风的木墙板后有两层 13mm 厚的软木纤维板。这些板材外的沥青涂层提供了防水膜。外墙的内表面由石膏板贴面；隔墙是两层厚度为19mm 的刨花板固定在 100mm×48mm 的立柱

上，中间填充 80mm 厚的矿棉提供隔声。建筑物的比例被仔细地推敲，清晰并置且互相搭接的外墙板，以及涂饰的柔和色彩——垂直构件为浅蓝或绿色，结构或水平构件为白色——为建筑增添了趣味性。双层玻璃窗的木框架被漆成了白色。铝制屋顶从屋檐和山墙处悬挑出来，造成平板置放在建筑体量顶上的印象。建筑于

右上图：为减少造价，尽可能选用标准目录的部件

右下图：建筑师为书房兼卧室设计了可移动的家具

1992年竣工；由于仔细的节点设计和施工的精确度，使得它们历久如新。

能源和气候控制

在这一项目中，除了通过采用被动的节能措施和使用无危害的材料，也通过使用者友好的建筑风格而达成环境质量，这一建筑风格得到了好评并且成功实施。充足的自然光线通过不同形状和尺寸的窗户照射入建筑内：在低层的卧室里，是通高的玻璃落地窗和书桌前的小方窗；在上层的房间，是天窗以及在屋檐和屋脊处的带状玻璃窗。室内装修也是相似的简洁而且经过仔细设计；家具是中性和实用的，床

和壁橱都安装了小脚轮，使学生们可以根据各自的意愿重新布置房间。

地址：德国，78404 康斯坦茨，永格哈德 (Jungerhalde)
项目概况：17 个半独立的和联排的住宅，每一个住宅有六间书房兼卧室加上公共区域
业主：康斯坦茨学生会
建筑师：绍特建筑师事务所，康斯坦茨
时间表：设计竞赛于 1991 年；现场施工从 1991 年 7 月～1992 年 9 月
面积：居住面积 1774m²；包括架空地面层，二层，阁楼
承包商：结构：卡斯帕尔，古塔士 (Gutach) ／黑林山
施工造价：570 万德国马克（291.4 万欧元）
项目总造价：700 万德国马克（357.9 万欧元）含费用、景观、家具和装修

建筑下部的空间用做自行车和小汽车停车区

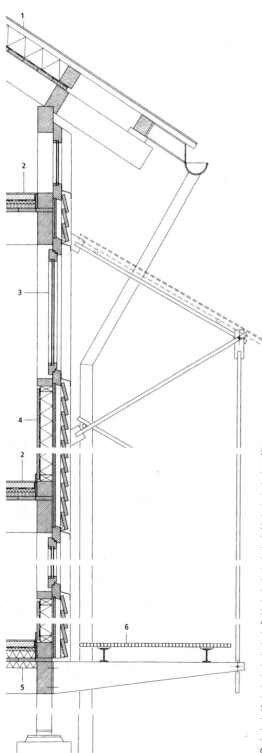

立面因不锈钢的走道支撑而变得生动

通过立面的垂直剖面
1 屋顶
　－铝板
　－120mm 厚矿棉
　－防潮膜（0.4mm 厚聚乙烯）
　－25mm 厚企口板顶棚
　－180mm×120mm 橡木
2 标准层楼面
　－3.2mm 厚合成橡胶地板面层
　－40mm 厚水泥找平层
　－防潮膜（0.2mm 厚聚乙烯）
　－25mm 厚隔音层
　－30mm 厚刨花板
　－30mm 厚粒状充填材料（在起居区的下方）
　－25mm 厚企口板顶棚
3 以云杉木为框架的双层玻璃窗
4 立面
　－裸露的云杉制的梁－柱结构
　－12mm 厚石膏板在 40mm×107mm 的木支撑上
　－防潮膜
　－120mm 厚矿棉
　－2mm×13mm 的木丝板加沥青涂层
　－外墙板是 24mm 厚未刨光的落叶松锯材
　－40mm×60mm 压缝条
5 二层楼面
　－同标准层楼面，加上
　－增加的保温层
　－40mm 厚防火表面处理
6 镀锌钢格栅

德国布赖斯高地区弗赖堡的居家工作室建筑

康门和吉斯设计

这幢建筑由16户家庭兴建，他们希望将家庭和工作室结合在一起以加强社会交往，侧重点在舒适性和可持续性。它符合被动式住宅的标准，并且可以以许多方式被效仿。雄心勃勃的环境概念包括经济地利用水资源和有机废物的再循环出产生物燃气，使得建筑在能源需求方面真正地自给自足。

环境特性

• **生物气候学特性**
紧凑的形体；
室外楼梯和走道与结构分开；
被动和主动地利用太阳能；
气密性的外围护结构；
带有保温窗框的三层玻璃；
使用天然的和可循环利用的材料；
屋顶绿化

• **材料和构造**
混凝土、砖和木材的上部结构，混凝土基础；
山墙和隔墙使用硅酸盐砖；
浇筑在永久性混凝土模板上的钢筋混凝土板；
南北立面使用带有考夫曼I形梁立柱的木框架板；
矿棉和纤维素保温层；
Vega Climatop[1] 太阳玻璃；
窗框使用云杉；
外墙板使用花旗松；
钢制阳台；
拓展型屋顶绿化

• **技术特性**
燃气热电联供机组；
双向通风，通过热交换器回收热量；
太阳能集热板用于水加热；
光电太阳能板；
Roediger[2] 真空坐便器；
从污水和有机废物中出产生物燃气作为炊具的燃料

• **U值**
－木框架墙体 0.12W/(m² · K)；
－砌筑墙体 0.15W/(m² · K)；
－屋顶 0.1W/(m² · K)；
－三层玻璃 0.6W/(m² · K)(DIN 数据)；
－底层楼板 0.16W/(m² · K)

• **能源消耗值**
采暖能耗值13.2kW · h/m²/年；
总能耗值36.2kW · h/m²/年

背景和场地

这块场地位于靠近福莱堡中心区的前军事用地，形成了沃邦环境发展项目（见第73～77页）的第一阶段的一部分。联合开发商通过社区发展协会——沃邦论坛而相聚。他们不断变化的需求导致高度个性化的建筑设计：住宅楼容纳了四间办公室、16个公寓、从单室套到跃层的家庭公寓、社区的公共区域和一个艺术家工作室。

这个开发展团队的部分成员是科学和生态学的专家；他们的加盟促进了优化技术措施的研发和保证了持续的技术投入，对于这样的试验性项目来说，这显得非常重要。建筑师、专业工程师和未来的居住者紧密合作保证了本项目的成功。

功能和形式

为了充分利用采集的太阳能，建筑是一个东

居住和办公室的混合带出了友好的社交气氛

1 材料品牌名。——译者注
2 材料品牌名。——译者注

为了避免热桥效应，南北立面的走道和阳台在结构上与建筑主体分开

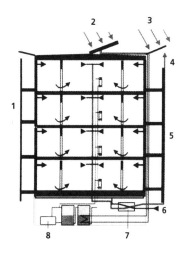

建筑能源概念的原则
1 阳台
2 供应热水的太阳能集热板
3 光电太阳能模块
4 使用过的空气
5 走道
6 新风
7 热交换器
8 燃气热电联供机组

及使用预制构件相当程度地降低了工程造价。

材料和饰面

优先使用简单而天然的材料：砖用于墙体、云杉用于结构和窗框、花旗松用于墙板。预制的木框架立面板有 240mm 厚的矿棉保温层。用于室内的第二层保温层可以根据住户的意愿采用矿棉或纤维素，而外表面的更进一步的保温由 Agepan[1] 纤维板提供。在建筑中几乎没有使用 PVC 材料。平屋顶种植了拓展型屋顶绿化系统。

能源和气候控制

多种主动和被动措施将每年的采暖能源需求量下降到 $13.2\mathrm{kW \cdot h/m^2}$。通过南立面玻璃采集的太阳能、利用结构材料的热质性、对建筑外围护体系中增加的保温层、以及带有 85% 效能的热交换器的机械通风系统等途径降低了采暖需求。一个 12kW 的煤气热电联供机组和带有 3400 升的热水水箱的 $50\mathrm{m^2}$ 太阳能集热板满足了剩余的能源需求。太阳能集热板在冬季用于采暖，而在 4 月至 9 月间提供 100% 的热水需求。热电联供机组和安装在最高层走道上的 3.2kW 的光电太阳能模块阵列共同提供 80% 的电能。为达到对太阳光的优化利用而采用了计算机模拟。综合应用这些措施使得该建筑在能源方面真正地自给自足，并且相对于常规的新建住宅楼，温室气体的排放量大约减少了 80%。

经过设计的水和废弃物的管理（见第 105 页）指向了雄心勃勃的环境目标。在厨房和浴室产生的灰水被现场的可通风的沙滤系统净化，然后用来冲洗真空坐便器，这种坐便器仅使用典型的常规坐便器用水量的 20%。污水和

西走向的狭长盒子。窗户在立面上自由分布，这是居民在设计过程中积极参与的结果，给建筑带来了活泼的气氛而非极其简单的外形。由北边的楼梯和走道可以到达建筑的四个楼层。优化太阳能源的 50% 部分从南立面的玻璃窗获得，20% 的部分仅从山墙面和北立面获得。南面由通长的、在结构上与主体建筑分开的阳台和沿着大街限定场地的成熟的大树等提供阴影遮蔽。

结构原则

这幢建筑的结构由横向承重的硅酸盐砖墙和浇筑在作为永久性模板的预制混凝土构件上的混凝土板组成。这一系统具有经济性，提供了良好的隔声性能和自然调节温度的高贮热体。建筑 10m 宽，到顶棚的高度是 2.65m，横墙之间的网格是 4m、5m 和 6m，允许不同公寓的较宽范围的平面变化。南北立面由不起结构作用的木框架组成；木材的低导热性减少了热量损失，而采用减少热桥效应的 I 形梁立柱进一步减少了热损失。紧凑的形式、简单的主体结构以

---

1 材料品牌名。——译者注

有机废物被收集在一个水池中，从它们的分解作用中产生的生物燃气被用作炊具的燃料，剩下来的残留物则当作肥料。雨水，以及从经过过滤的灰水中的任何溢流，汇集到一个在场地南边的沿街的沟渠里。

这幢建筑是作为环境研究项目而兴建的，并且得到专门的资金用于研究所采取的节能措施以及监控所获得的结果。

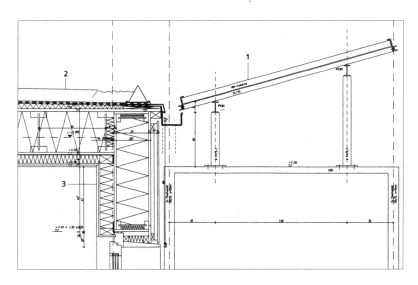

表示北立面和屋顶的连接的垂直剖面
1 PV 板，倾斜度为 15°
2 屋顶
- 拓展型屋顶绿化系统，100mm 厚防水层
- 放置在斜坡上的保温层，最小厚度为 20mm
- 22mm 厚 OSB 板
- 300mm 厚木制 I 型梁（考夫曼 D13～300）
- 300mm 厚矿棉 040
- 16mm 厚 OSB 板
- 带有密闭节点和边缘的 0.4mm 厚聚乙烯防潮膜
- 40/60mm 厚挂板条
- 60mm 厚矿棉 040
- 2mm×12.5mm 厚石膏板

3 立面
- 2mm×12.5mm 厚石膏板
- 木框架，截面尺寸为 50mm×100mm，中心距 625mm
- 100mm 厚矿棉 040 或纤维素
- 16mm 厚带有密闭节点和边缘的 OSB 板
- 240mm 厚木制 I 型梁（考夫曼 W240）
- 240mm 厚矿棉 040
- 16mm 厚 Agepan 纤维板
- 24/48mm 厚压缝条
- 24/48mm 厚交叉压条
- 12mm 厚木丝板贴面
4 砖墙
5 阳台支撑结构是 120mm 厚 H 形截面镀锌钢

地址：德国布赖斯高地区弗赖斯堡 79100，沃尔特·格罗皮乌斯街 22 号
项目概况：16 个公寓，从 36m² 至 170m²，以及四个办公室
业主：联合开发组（居住和工作业主协会）
建筑师：康门和吉斯，弗赖堡。
工程师：结构：沃尔夫冈·费斯（Feth），弗赖堡；建筑物理：弗劳恩霍夫太阳能学院和太阳能建筑公司，弗赖堡；流体：克来伯瑟（Krebser）和弗赖勒（Freyler），泰宁根（Teningen）；废物管理概念：耶尔格·朗格，弗赖堡
时间表：设计开始于 1996 年；现场施工从 1998 年 6 月～1999 年 7 月
面积：居住面积 1553m²（住宅 1360m²，办公室 193m²）；包括四层楼、社区空间和地下室技术设备区
造价：2400 德国马克 /m²（1227 欧元 /m²），含税；被动式住宅措施的造价，大约占总造价的 7%

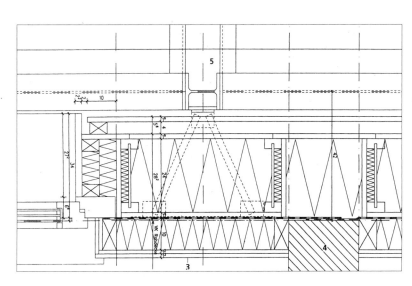

通过南立面的水平剖面

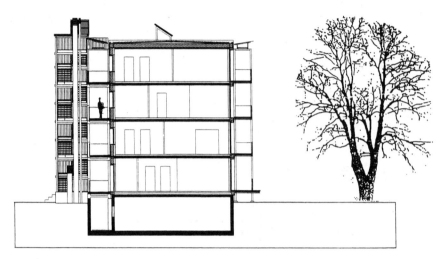

横剖面

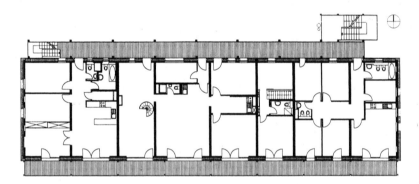

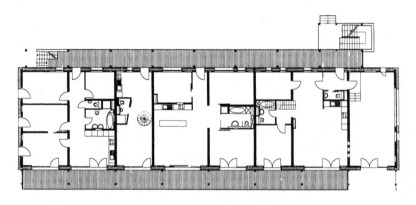

两个标准楼层的平面。在横墙之间有多种开间的结构
系统允许公寓和办公室有多种不同的布局

结构是砖和混凝土，木框架立面不起
结构作用

芬兰赫尔辛基的维基的住宅

阿拉克建筑师事务所设计

这个项目作为欧洲试验计划的一部分，包含了关于建筑热工方面的广泛研究。它结合了使用预制构件、带有增强保温的高的热惯性、一个创新的通风系统和太阳能的利用。

背景和场地

这一建筑坐落于距离赫尔辛基中心区 7km 的维基环境区的一个居住区域里（见第 81～84 页）。场地的北边由一条道路界定，而南边是一座城市公园。该市的出租社会住宅项目包括了一个准许计划，目的在于保证社会混合；住宅的申请人在获得批准前，必须完成一个关于他们对于环境观点的态度的问卷。

这一项目是欧盟的 Sunh 计划的一部分，其目的在于提出在可持续建筑中的创新的并且可推广的节能措施和太阳能利用。这是芬兰研究中心 VTT 持续两年的研究成果的主题。市政当局对于维基地区的发展也有着严格的规范。预制的木材质立面结合了许多技术创新，这些技术措施的开发是由技术局 Tekes 资助的。

功能和形式

这些建筑以传统的芬兰风格布局，在内部形成了开放的庭院空间。这个庭院在南边被一幢俯瞰着花园的两层的退台住宅楼屏蔽了主导的南风，而在北边是一幢四层楼房。一幢安排了公共洗衣房和建筑设备区的小型建筑形成了东部的边界。四层的楼房是由跃层公寓重叠而成的，从底层或三层的走道都可以进入。这些走道和入口将这一建筑与一幢较小的、布置了楼梯、公共桑拿房和最小的公寓的楼房连接在

环境特性

• 生物气候学特性
对于材料的整个生命周期的评估；
主动和被动地利用太阳能；
玻璃的阳台日光室；
增强的保温层

• 材料和构造
结构和楼板使用预制混凝土；
立面使用预制木框架构件

• 技术特性
使用来自城市供暖厂的回收水的低温地板采暖；
通过热交换器和具有季节性调节功能的单独的机械通风；
太阳能集热板用于水加热

• U 值
－ 墙体 0.21W/(m² · K)
－ 底层楼板 0.18W/(m² · K)
－ 屋顶 0.13W/(m² · K)
－ 玻璃 1.0W/m² · K

• 能源消耗值
67kW · h/m²/ 年

• 采集的太阳能
12.25kW · h/m²/ 年（估计值）

• 隔声
墙体，冲击噪声，35dB

• 工地
使用预制的结构和立面构件

建筑群全景

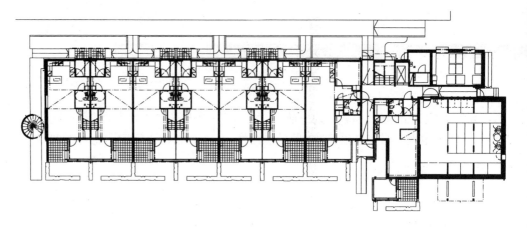

四层楼房的花园层平面。起居区被玻璃日光室、室外敞廊和小型私人花园延伸了

西立面。景观庭院区域的北边由四层楼房形成屏障，而在南边，较低矮的建筑允许阳光进入

通过室外的木制走道到达公寓的三层

一起。南立面组合了玻璃日光室，在顶层布置露台。退台住宅也有朝南的日光室，延伸到私人花园中，花园以厚密的绿篱和水果树围合，促进了生态系统的发展。庭院成为孩子们玩耍的区域，并且与邻近的建筑物共享。这一带有半公共空间和共享的休闲环境的布局，有利于社会交往和社区氛围的发展。

结构原则

建筑构筑在桩基础和地基梁上，带有易检修的架空空间，并且通风良好可以驱散其下的花岗石散发出的氡气。主要的承重和横向稳定的结构是在 6m 网格上的预制混凝土，以及整合了保温层和饰面材料的预制构件。地板是 265mm 厚的空心板，不需要进一步的吸声措施。木框架的立面和屋顶有增强的保温层，被建筑师构想为"一件具有保护性的羊毛运动衫"。屋顶保温是在钢屋顶的覆面层和胶合板的挑檐底面之间的 450mm 厚的纤维素，喷在实心的结构木梁之间。立面由整合了保温层和内外墙板的预制木框架构件组成。阳台和走道结构，以 45mm 厚防水的 Kerto 层压胶合木材制成，支

撑着蒸压成型的松木铺的地板，由室外自动喷水消防系统提供防火保护。在芬兰广泛运用的预制构件，伴随着材料的经济性和极少的工地废弃物而达到高质量的饰面效果和高技术性能。

材料和饰面

选择相对传统的材料不仅考虑了它们的结构和热工性能，还包括对其整个生命周期的评估。承重的立面和木制走廊都是传统材料在芬兰运用的首例，这是由于最近在防火规范上的修改才得以实现。室外的钢构件，例如栏杆、扶手和楼梯，都是镀锌的。由于维护的原因，木窗框被取消；取而代之的是开发的成品复合系统，即在木框架贴面外加铝的粉末涂层。立面由从可循环利用的纸张和树脂中制成的层压复合板材做墙板。楼梯面材的选择是吸声橡胶，这取代了在顶棚上设置一层矿棉的需求。

能源和气候控制

混凝土楼板和墙体的高热质性、增强的保温层、整体玻璃日光室以及充氩气的、低辐射率的双层玻璃等共同工作趋向于自然的

退台住宅有着整体的玻璃日光室、平台和种植绿篱的花园

一幢小的设备用房构成了庭院的东部边界

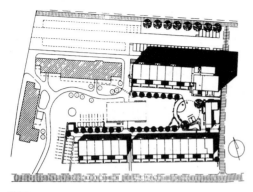

总平面

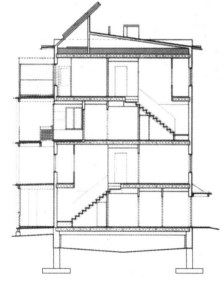

四层楼房的横剖面，显示跃层公寓的叠加。太阳能板巧妙地结合在建筑中

走道、敞廊和玻璃盒子在立面中加入了情趣；它们之间的空间形成了社交区域

温度调控。这些措施与一个创新的空气循环系统相结合。每一个公寓都有带热交换系统的机械通风，这种系统在斯堪的纳维亚地区的气候下特别有效；在夏季空气从北立面进入，而在冬季则从南面进入。在后者的情况下，进入的空气通过通风系统的切换在日光室里被加热，这一系统的切换由维修人员来操作。立面色彩也依据这一能源策略：南立面是灰色的，有助于在凉爽的季节优化太阳能采集，而在夏季避免过热；北立面是白色的，以亲近入射的自然光线。基于混凝土的贮热功能而选用嵌入楼板的低温采暖系统；它利用了来自城市供暖厂的热水回收网路。总共 63 个太阳能集热板提供了 60% 的热水需求。消耗的能源量是每个公寓分户计量的。

地址：芬兰赫尔辛基，Tilanhoitajankaari 街 20 号

项目概况：44 个城市出租公寓

业 主：赫尔辛基城市地产部 (ATT)，皮赫拉吉斯顿 · 金泰斯特托特 · Oy (Pihlajiston Kiinteistöt)。

建筑师：阿拉克建筑师事务所，基斯基莱，劳欧蒂拉 (Rautiola)，劳欧蒂拉有限公司，赫尔辛基；汉努 · 基斯基莱，马里 · 科斯基宁，玛丽亚 · 尼西宁，奥利 · 萨尔兰

工程师：结构：K. & H. 工程师事务所，哈门林纳；流体：卡洛尔，赫尔辛基；电气：项目组 (Projectus Team)，埃斯波

欧洲合作者：赫尔辛基科技大学建筑环境研究所

景观设计师：MA 建筑师事务所，赫尔辛基

时间表：设计开始于 1997 年；完成于 2000 年

面积：总面积 4797m²

总承包商：塞伊康 (Seicon)，赫尔辛基

造价：462 万欧元，不含税

资助金：Suhn，欧盟的兆卡计划；Tekes；从 ARA 州住房基金中的贷款

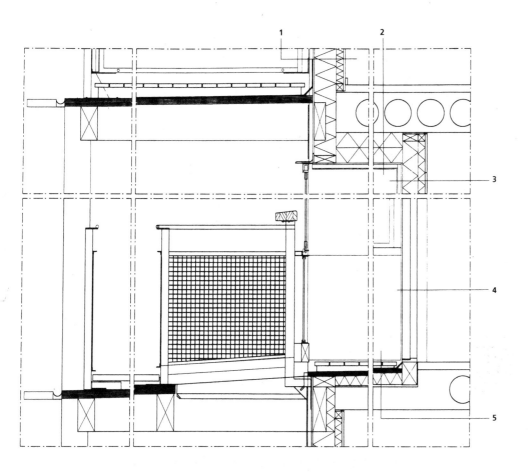

四层楼房的通过立面和走道的剖面
1 外墙 [U=0.21W/(m²·K)]
 − 6mm 厚层压板
 − 22mm 厚垂直挂板条
 − 9mm 厚防风的石膏板
 − 带有 148mm 厚矿棉的垂直框架
 − 0.2mm 厚防水膜
 − 48mm 厚垂直框架
 − 13mm 厚石膏板
 − 饰面层
2 顶棚 [U=0.23W/(m²·K)]
 − 6mm 厚层压板
 − 22mm 厚水平挂板条
 − 9mm 厚防风的石膏板
 − 196mm 厚矿棉
 − 265mm 厚空心板
 − 50mm 厚找平层
 − 地板面层
3 外墙 [U=0.26W/(m²·K)]
 − 6mm 厚层压板
 − 22mm 厚水平挂板条
 − 9mm 厚防风的石膏板
 − 带有 98mm 厚矿棉的垂直框架
 − 0.2mm 厚防水膜
 − 48mm 厚垂直框架
 − 13mm 厚石膏板
 − 饰面层
4 门 [U=0.21W/(m²·K)]
5 楼面 [U=0.36W/(m²·K)]
 − 铺地
 − 4mm 厚沥青防水层
 − 25mm 厚 LVL 板
 − 80mm 厚聚氨酯保温层
 − 265mm 厚空心板
 − 面层

退台住宅的底层和二层的局部平面。一个走道将设备用房与两个工作室公寓的二层连接

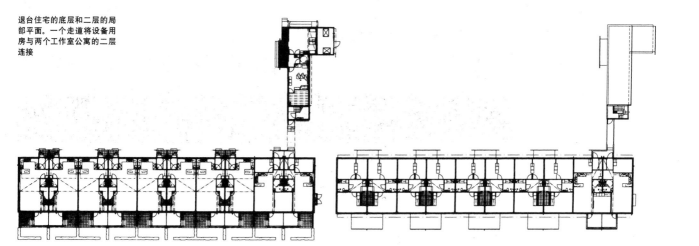

法国雷恩的萨尔瓦铁拉住宅

让－伊维斯·巴里设计

> 萨尔瓦铁拉的公寓楼将先进的技术和节能措施与使用天然材料相结合，产生出温暖而健康的环境。它采用了以使用者舒适性为首要目标的实用而有效的方法。

环境特性

• 生物气候学特性
紧凑的形体；
被动和主动地利用太阳能；
气密性外围护结构；
麻刀保温层；
充氩气的双层玻璃；
使用天然材料和无危害的饰面材料

• 材料和构造
混凝土、黏土和木材的混和结构；
结构墙体和柱子使用现浇混凝土，楼板使用实心的光面混凝土板；
东、西和北立面使用带有麻刀保温层的木框架板；
南立面使用黏土砌块；
室外窗框使用相思树[1] (mengkulang)；
外墙板使用 Silberwood[2] 云杉和 Eterclin 石棉水泥；
屋顶使用带有涂层的钢板，平台使用防水的平屋面系统

• 饰面材料
室内油漆：由 La Seigneurie 公司生产的 Pantex[3] 油漆

• 技术特性
通过热交换器的带有热量回收的双向通风，通过城市暖气厂进行额外的新风预热；
太阳能加热水

• U 值
－带有麻刀保温层的木框架墙体 0.21W/(m^2·K)；
－黏土墙体 0.75W/(m^2·K)；
－屋顶 0.2W/(m^2·K)；
－玻璃 1.3W/(m^2·K)；
－底层楼面板 0.19W/(m^2·K)

• 能源消耗值
－采暖能耗值 14.9kW·h/m^2/年；
－总能耗值 40kW·h/m^2/年

背景和场地

萨尔瓦铁拉建筑是欧盟的 Cepheus 被动式住宅计划(见第 102 页)中惟一的一个法国项目。它坐落在博勒加尔发展区（见第 90～91 页），起初是由雷恩市政府和一个开发－建造商的合作机构提出的。位于城市的上部斜坡的博勒加尔场地为促进环境质量而设计，布局有大片绿化区，作为主导风向功能的建筑以及一个废物管理系统。

功能和形式

这一建筑是 Cepheus 项目中最大的一个，有 40 个公寓，从两居室到六居室不等。房间设计的布局、形状和朝向以及所选择的材料，是为了能够充分利用太阳光来采暖和自然采光。位于下部四层的公寓是紧凑型的，以限制热量损失并采用比较简单的结构，而其上两层的跃层公寓都带有朝南的敞廊。为了避免暗楼梯井，楼上的公寓是通过北立面的室

南立面

---

1 梦哭郎树，又名相思树、红豆树，银叶树属（Heritiera），产于西马来西亚，适合做胶合木的饰面层。——译者注

2 材料品牌名。——译者注

3 材料品牌名。——译者注

上层公寓以木材为框架

楼上的跃层公寓从下部的楼层中退后

外走道而到达的，在走道上可以看到庭院的花园。

结构原则

萨尔瓦铁拉建筑除了在节能方面是范例，还代表了将当代技术与传统材料的结合。建筑师让－伊维斯·巴里在依据生物气候学原则而设计的项目方面具有广泛的经验，在此项目中将材料混合以充分利用每一种材料的特性。具有经济性的混凝土结构的作用在于横向稳定性和作为贮热物质。北立面和尽端立面采用木框架，其绝热性能减少了热桥效应。南立面采用

黏土砌块的截面尺寸为500mm×700mm

北立面以预先油漆的云杉为外墙板

未烘焙的黏土，在场外压制成块状，截面尺寸是700mm×500mm，长度是600～1000mm。在这样的项目中使用这一当地的传统技术给地方手工艺以很高的价值，为其可能的复兴带来了希望。

材料和饰面

这一建筑从其他的Cepheus项目中脱颖而出是因其重点在于使用天然的、无危害的、可再生的和可循环利用的材料。木框架墙体的保温由立柱之间的两层80mm厚的纤维麻刀提供，其热工性能类似于矿棉。建筑的上部由重叠搭接的预先油漆的云杉板贴面，而下部使用Eterclin，这是一种木纤维和水泥的混合物，具有良好的防火性能（在法国的规范中为M0等级）。使用油漆好的用于外墙板和窗框的木材回应了该地区的传统住宅。黏土砌块在内外表面有着以黏土和白垩为基材的饰面涂层。地板贴以瓷砖或以木材饰面，涂料是经过环境认证的，这些反映了建造合作方关于以质量和使用者舒适性为重点的决定。

能源和气候控制

为了达到被动式住宅的准则，一幢建筑必须在不使用传统采暖系统的情况下达到温度和气候的控制。年平均采暖能源消耗被控制在15kW·h/m²，并且总的能源消耗值（采暖、热水、照明和家用电器）在42kW·h/m²以内，大约比常规新建住宅的平均值少了75%。这些数据是通过综合运用各种生物气候学措施，以及仔细地设计建筑外围护结构和技术系统而达到的。黏土砌块的贮热性能有助于夏季和冬季的温度调节，而窗户是4-16-4的高透射率、低辐射率的双层玻璃，其中充以氩气以增加绝热性。仔细的节点设计，尤其是楼板与立面的连接节点设计，目的是通过保证空气的气密性

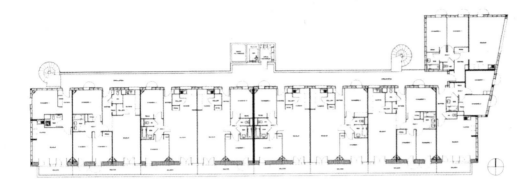

标准楼层平面

来减少热损失。除了这些生物气候学的特性，双向通风系统中装备有 80% 效能的热交换器。从厨房和浴室的使用过的空气中回收的热量被用来加热进入的新风，然后通过布置在主要房间角落的出风口传送到建筑中去。余下的能源需求由区域供暖厂提供，同时也提供由屋顶上的 100m² 太阳能集热板所不能满足的热水需求。未来的居住者被不断地告知项目的进展情况，并且提供给他们有关被动式住宅的知识；他们对于项目的目标所承担的义务应该能够保证建筑的持续的节约型管理。

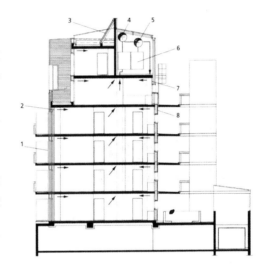

显示通风原则的横剖面
1 50mm 厚黏土砌块
2 预加热的新风
3 太阳能集热板
4 出风口
5 新风入口
6 设备区域
7 预加热的新风
8 150mm 厚麻刀纤维保温层

地址：法国，35000 雷恩，萨克 · 博勒加尔
项目概况：40 个试验性的、从两个卧室到六个卧室的公寓，加上三个常规公寓
业主：建造合作机构，让 · 克洛德 · 阿兰和蒂埃里 · 瓦格勒，雷恩
建筑师：琼 · 伊维斯 · 巴里，图尔
工程师：能源：绿洲公司 (Oasiis)，欧巴涅；结构：BSO，圣布里厄
时间表：设计开始于 1998 年；现场施工从 1999 年 11 月～ 2001 年 3 月
面积：居住面积 3100m²；包括四个标准楼层，加上上部的跃层公寓；地下室小汽车停车库
承包商：混凝土工程：贝尔特拉米；黏土工程施工：吉略雷尔；木结构：Ceb35 公司；油漆工程：戈尼；采暖和管道工程：格罗杜瓦，保温工程：勒南；室外装修：费弗里埃；太阳能板：Clipsol 公司
造价：1600 万法国法郎（243.9 万欧元），不含税

三间卧室的公寓平面。通风系统的出风口位于房间角落

通过北立面的垂直剖面
1 钢筋混凝土板
2 踢脚板
3 木框架
4 麻刀保温层
5 防水膜
6 13mm 厚固定在横条上的石膏板
7 上过油漆的云杉外墙板
8 挂板条

9 防水层
10 钢筋混凝土楼板
11 沥青胶砂
12 木扶手
13 钢制栏杆立柱，10mm×80mm
14 钢制栏杆水平条，10mm×80mm
15 带有 62mm×30mm 网格的钢制格栅
16 5mm 厚钢板
17 排水管

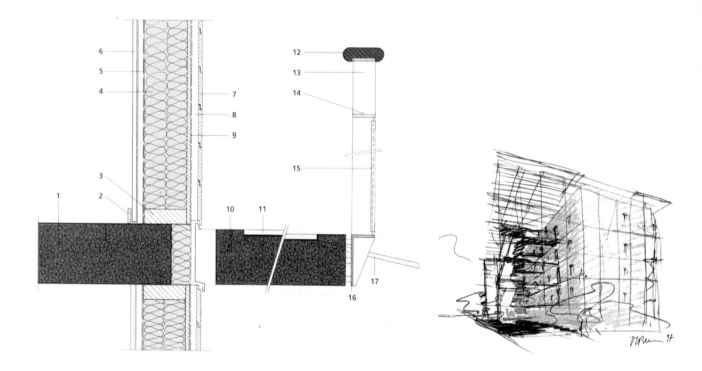

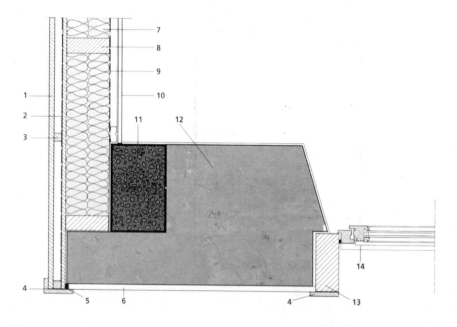

通过南面与西面墙体转角的水平剖面
1 云杉外墙板
2 防水膜
3 挂板条
4 木制护角板
5 防水接缝
6 饰面涂层
7 麻刀保温层
8 木框架
9 防潮膜
10 13mm 厚固定在横条上的石膏板
11 钢筋混凝土柱
12 未烘焙的黏土砌块
13 木制立柱
14 木制窗框

德国斯图加特的幼儿园

约阿西姆 · 艾伯建筑师事务所设计

在20世纪90年代后期，新的德国立法保证为每一个3岁孩子提供一个托儿所名额，这导致了大量新幼儿园的建造。斯图加特—豪伊玛登幼儿园与许多其他幼儿园的共同之处在于创造了健康而令人愉悦的环境，其温暖的感受部分由于在整个结构和装修中都使用了木材。

背景和场地

豪伊玛登幼儿园坐落在斯图加特南部的一个行政区的靠近住宅楼群的一个绿色空间的中心。设计师约阿西姆 · 艾伯是德国环保建筑师的先锋，和业主——斯图加特青少年部——联合起来将他们关于使用无危害的材料和产品的意愿贯彻在整个建筑中（见第65～70页）。

功能和形式

这一建筑包括七间教室、一个大厅、几个专业教室、一间社会助理办公室、办公区、一间自助餐厅和建筑设备区。正如通常的德国幼儿园，所有的教室包含一个用于班级活动的大房间和一个用于小组活动的小一些的区域；因此这七个单元被分成了不同的体量，因其不同的形状和颜色而清晰地被区分。不规则的有机平面使得总面积为1390m²的体量在视觉上被分解成更多的便于管理的部分，有助于孩子们更容易辨认他们各自所在的班级。从二层走廊可以到达的三个室外楼梯给予孩子们直接到达花园的捷径。

结构原则

结构采用实心木材，有定义清晰的结构逻辑。墙体、楼板和屋顶结构由预制板材构成，这种板材由第二等级的当地云杉穿越整体厚度钉接在一起而成型。用于楼板的板材厚度为160mm，宽度为1m，长度足够房间的跨距，大约为5.5m。外墙板材的厚度为100mm，内墙厚度为80mm；墙板的高度为3m，最大宽度为9m，这一方向的尺寸受到运输极限的限制。屋顶板的厚度为120mm。感谢所有参与者的承诺，可持续发展的原则在整个项目的进展中始终被严格地贯彻：云杉来自附近的舍内布赫森林以便于减少交通运输，并且所有被选中的承包商都来自当地。

环境特性

• 生物气候学特性
结构使用实心木材；
增强的保温层；
使用未经处理的当地木材和无危害的材料和饰面；
主动地使用太阳能；
雨水回收系统

• 材料和构造
预制云杉板材用于室内和室外的墙体、楼板和屋顶；
以云杉制成的胶合层压梁柱；
油地毡地板面层；
外墙板是云杉的厚木板和三夹板；
屋顶面层是钛铝制品

• 饰面材料
Auro 透明涂层 Lasur130 用于室内板材和外墙板；
Auro Lack-Lasur 不透明涂层用于窗框

• 技术特性
太阳能集热板用于水加热

• 工地
由于使用预制结构构件带来低环境影响的建造过程

幼儿园的有机形式和所使用的色彩回应了奥地利教育家鲁道夫 · 施泰因讷的人智论原则

在背立面的主入口是友好而好客的

在楼层之间的隔声由 20mm 厚的椰子纤维吸声层提供，上面覆盖着 50mm 厚的水泥抹灰找平层。楼板的面层是油毡，云杉板的楼板底面是裸露的。

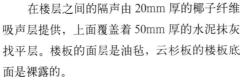

在立面上，温暖的土地色调和天蓝色形成对比

材料和饰面

在一些区域，内墙板是双面布置并且裸露的。构成外墙的板材在内表面是裸露的。立面由 24mm 厚、未刨光的云杉厚木板作为外墙板，点缀着 12mm 厚的三夹板，这些板材水平或垂直设置着。不同体量之间的区别由所使用的颜色来强调。跳跃的黄和橘红代表着土地，与两种色调的蓝色成对比，这些蓝色用于三个教学楼和一些二层立面区域，唤起空气和蓝天的意向。

饰面材料基于天然材料，使用亚麻子油和矿物颜料制成，并且溶解在以橙子油为基材的溶剂里。木板材先有一层底漆，然后有几层面漆——用于室内板材两层，用于外墙板三层——Auro Lasur 130，这是一种透明的饰面，使得木材的纹理清晰可见。窗框有一层底漆和 Auro Lack-Lasur 的两层面漆，这是一种含有更高比例的颜料和亚麻子油的不透明面漆。用在外墙板上的颜色，由于被太阳光照射，比用在室内的要略深一些。为

交替使用的水平和垂直的外墙板强调了不同的体量。垂直木板固定
在三夹板上

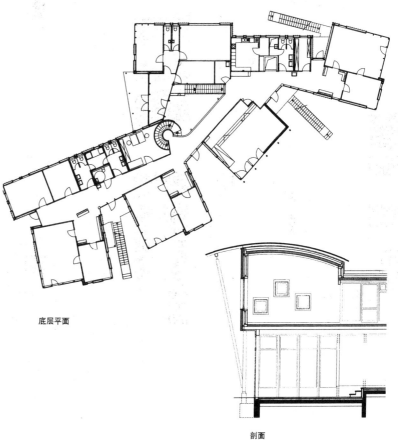

底层平面

剖面

油毡地板面层选择的颜色出于同样的调色板：在教室是红色、橙色或黄色，在走道和设备区用蓝色。

能源和气候控制

这些年来，斯图加特所有已建成的新的公共建筑都比目前的规范所要求的增加了25%的保温材料。这一政策所带来的造价的增加，据估计会通过减少30%的能源消耗量而在大约12年的时间内得到补偿。在豪伊玛登幼儿园中，保温是由实心木材的热工性能，加上160mm厚的纤维素来提供的，这些纤维素是喷射在层压板和室外贴面板后面的19mm厚的纤维板之间的空隙里的。用于加热水的太阳能集热板和雨水回收系统也加入到该项目的环境资格证书中。

地址：德国，70619 斯图加特－豪伊玛登，普菲宁－埃克尔街（Pfenning-Äcker）27 号
项目概况：带有七个班级的幼儿园，加上社会助理办公室
业主：斯图加特市政当局青少年部
建筑师：约阿西姆·艾伯建筑师事务所，蒂宾根
结构工程师：施耐克（Schneck）和沙尔（Schaal），蒂宾根
时间表：设计开始于 1995 年 1 月；现场施工从 1996 年 7 月～1998 年 1 月
面积：使用面积 1088m² ；包括底层和二层，二层的教室中带有夹层
木构承包商：盖阿·努瓦（Gaia Nouva）和许勒木构（Holzbau Schüle），伯布林根（Böblingen）
造价：374.2 万德国马克（191.3 万欧元）

窗户的不规则布置产生了生动的、趣味盎然的立面

立面以 Auro 天然涂层作为面漆

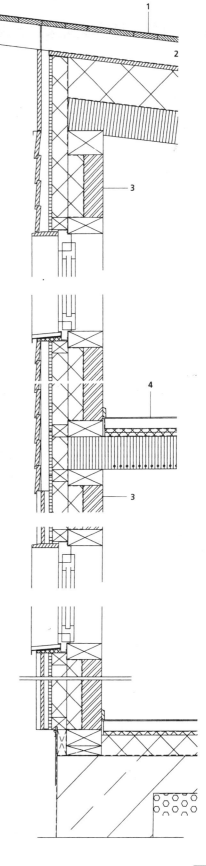

通过立面的垂直剖面

1 屋顶
   – 钛铝板
   – 32mm 厚木板材
   – 通风的空气间层
   – 19mm 厚木板材
   – 防水膜
   – 2mm×100mm 厚纤维素保温层
   – 防潮膜
   – 120mm 厚钉接层压的云杉板
2 100mm×60mm 橡木
3 实心立面
   – 100mm 厚钉接层压的云杉板
   – 防潮膜
   – 80mm×60mm 水平钉板条
   – 2mm×80mm 厚纤维素保温层
   – 80mm×60mm 垂直交叉压条
   – 防水膜
   – 19mm 厚木板材
   – 40mm×60mm 钉板条，通风的空气间层
   – 24mm×140mm 未刨光的云杉外墙板
4 楼板
   – 0.3mm 厚油地毡
   – 50mm 厚水泥找平层
   – 2mm×20mm 厚椰子纤维隔声层
   – 160mm 厚带有吸声压槽的钉接层压云杉板

德国普利茨豪森的幼儿园

英卡＋沙伊贝设计

环境特征

• 生物气候学特征
北面的服务区形成热量缓冲区；
主动和被动式利用太阳能；
额外的保温隔热；
南面墙体的双层玻璃立面；
使用无危害的、可循环利用的材料以及天然耐久的木材；
雨水回收系统；
屋顶绿化

• 材料和构造
以实心云杉木为框架的预制板材；
以胶合层压木为窗框的双层隔热玻璃；
落叶松胶合板作为室内墙板；
地板铺油地毡；
外墙板、遮阳和室外铺地使用落叶松；
金科 Floradrain 60 的拓展型屋顶绿化系统

• 技术特征
用于水加热的太阳能集热板；
光电太阳能模块

• U 值
－墙体 0.16W/(m² · K)；
－屋顶 0.21W/(m² · K)；
－幕墙 1.2W/(m² · K)；
－双层玻璃 0.84W/(m² · K)；
－底层地面板 0.17W/(m² · K)

• 工地
使用预制板材带来快速施工；
结构使用标准木构件

1978 年，巴登－符腾堡州成为第一个选举绿党作为区议会代表的德国地区。从那时起，供给儿童和青少年使用的设施就已遵循着经济和环保的基本原理，并且基于对结构和建筑设备系统的明智的选择而建立起来。

背景与场地

普利茨豪森幼儿园位于一组教育和体育设施旁边，靠近一些带回廊的小住宅，有一条沿着停车场边缘的被藤架凉棚遮蔽的道路通向它。在建筑群的北边是一座种果树的花园。

功能与形式

这座建筑可以清晰地分为三个独立的体量，教室和服务区之间的区分也同样十分清晰。每个教室单元都包括一个宽敞的 3.5m 高的空间供班级活动，在南面有从楼板到顶棚的通高玻璃窗可以看到果园。山毛榉木楼梯通向在夹层的安静的玩耍区，向下可以俯瞰教室和门厅；在夹层下方，是个稍小的有楼板遮蔽的空间供小组活动用。在每个教室旁边，都有一个落叶松木的平台连着通向花园的台阶。一个交通区

三间教室朝南并面向花园

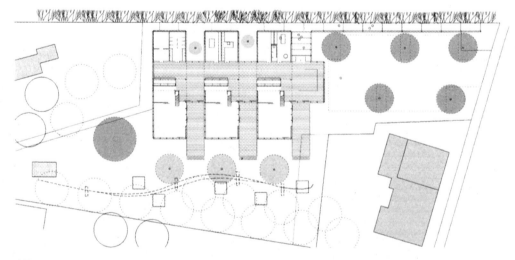

底层平面

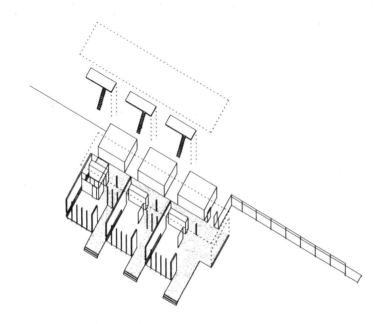

沿着一个长长的廊架通往幼儿园

1 材料品牌名。——译者注

把教室部分和北面的服务用房分开，服务区包括办公室、工作室、自助餐厅、盥洗室和仓库，布置在三个直接位于教室后面的较低的体量中。公共空间被设计成具有多功能：靠近入口处的地方形成了一个宽大的运动场，而教室之间较小的空间则被用作衣帽间。

结构原则

这一设计是经济和环境理念结合的结果。结构框架是基于一个立柱间距为 1.25m 的重复出现的空间网格。这有利于预先装配和现场安装，降低了造价，而施工时间被缩减到六个月。垂直结构包括 200mm × 90mm 的胶合层压木柱、木框架墙和幕墙立面。结构梁是胶合层压的云杉木制成的，教室中的梁截面尺寸为 300mm × 80mm，跨度为 6.5m，而入口大厅的梁截面尺寸为 400mm × 80mm，跨度为 8.25m。屋顶的保温层是梁与梁之间的 180mm 厚的岩棉；而屋顶绿化又提供了额外的隔热。梁柱的耐火极限为 30 分钟。为了使其他每处都达到这个防火标准，入口大厅和服务区之间的隔墙在走道一侧的胶合板饰面内衬石膏板。

材料和饰面

本地产的云杉木被用于结构框架：实心截面用于构筑墙的框架，胶合层压板用于外幕墙。内部隔墙的贴面板是由 19mm 厚的以 Polish[1] 松木三夹板制成的胶合板。其中一些做穿孔处理以改善其声学性能。外墙板是 26mm 厚刨平的落叶松板条。遮阳和室外平台铺地也使用刨平的落叶松板条，均没有作防腐和涂膜处理。屋顶绿化则栽种了五彩的景天属植物，它们只需要极少的呵护。其 70mm 厚的培养基埋设在可循环利用的聚乙烯材料制成的排水构件内。而排水构件放置在多层沥青防水系统上，并且由具吸水作用的毡垫和隔根层提供保护。

外墙板、遮阳板和铺
地使用落叶松

能源和气候控制

实心墙壁具有双层岩棉保温层：立柱之间为 180mm 厚，并且结构外层还有 50mm 厚。南面是可以通风的双层隔墙可最大限度地利用所采集的太阳能：内部的 70mm 厚的双层玻璃组件与外层 12mm 厚的单层玻璃之间被 300mm 厚的空气间层隔开，并由镀锌钢的角钢轻型结构支撑。为了改善教室的自然通风，有手动系统可以开启在较低处的小块玻璃板。空气间层里的百叶可以防止夏季的气温过热。用于洗脸盆和自助餐厅的热水由屋顶上的 $20m^2$ 太阳能板加热。而 $5m^2$ 的光电太阳能组件则提供幼儿园的电力供应。雨水被收集在一个水池中通过一个水泵用来冲洗厕所和浇灌。从水池中溢出的水会流到一个生物林园，这也作为教学工具，给年幼的孩子们带来最初的环境意识。

穿堂把教室和服务区分开

南立面拥有玻璃的双层外墙

地址： 德国，普利茨豪森 72124，卡尔街
项目概况： 幼儿园，拥有三个底层教室，加上夹层
业　主： 普利茨豪森城市委员会
建筑师： 英卡＋沙伊贝，费尔巴哈
结构工程师： H · 斯维尔特（H.Siewert），普利茨豪森
时间表： 设计竞赛于 1998 年 10 月，现场施工从 1999 年 3 月至 8 月
建筑面积： 使用面积 593m²
结构总承包商： 里格木构（Holzbau Rieg），施韦比 · 施哈尔（Schwäbisch Gmünd）
造价： 190 万德国马克（97.15 万欧元）

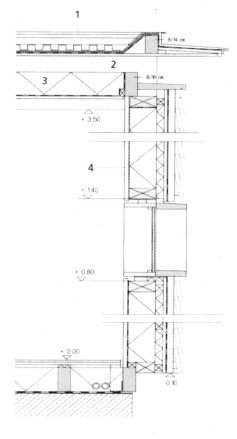

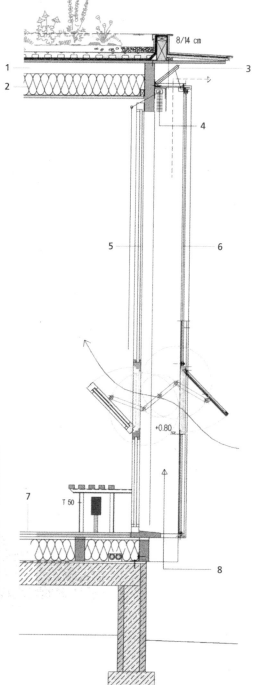

表示南立面自然通风系统的垂直剖面
1 100mm 空气层
2 400mm×80mm 胶合层压的屋顶梁
3 出风口
4 铝质遮阳百叶
5 双层玻璃立面的内表面
　– 木框架
　– 68mm×68mm 窗框
　– 双层隔热玻璃
6 双层玻璃立面的外表面
　– 50mm×50mm 镀锌钢角钢框架
　– 12mm 硅胶固定的单层玻璃
7 地板
　– 0.5mm 厚油地毡
　– 2mm×19mm 厚刨花板
　– 180mm 厚矿棉
　– Bitu–Bahn¹ 防潮层
8 新风入口

实心墙剖面
1 屋顶
　– 景天属植物
　– 70mm 厚培养基
　– 压型排水构件
　– 吸水性防护衬垫
　– 多层沥青防水层
　– 抛光云杉胶合板
　– 180mm 厚矿棉
　– 防潮膜
　– 抛光云杉胶合板
2 空气间层

3 300mm×80mm 胶合层压的屋顶梁
4 实心立面板材
　– 19mm 厚抛光云杉胶合板
　– 防潮膜
　– 180mm 厚矿棉
　– 2mm×50mm 厚矿棉
　– 12mm 厚刨花板
　– Bitu–Bahn 防水层
　– 48mm×48mm 挂板条
　– 层叠的 25mm×180mm 花旗松厚板外墙板

双层立面细部

1 材料品牌名。——译者注

英国若特利绿色小学

阿尔福德·霍尔·莫纳汉·莫里斯设计

环境特征

• 生物气候学特征
紧凑的平面形式以及使用的
灵活性；
自然采光和通风；
温度和湿度的控制；
屋顶绿化；
使用可循环利用的材料

• 材料和构造
砌块墙体、木梁、木框架和
外墙板；
纤维保温层；
胶合板和红松木的外墙板；
胶合板支撑的 Erisco-Bauder[1]
屋顶绿化；
地板铺亚麻油地毡、竹片和
橡胶

• 其他技术特征
地板采暖；
创新的通风系统

• U 值
－墙体 0.21W/（m² · K）
－亚麻地板 0.37W/（m² · K）
－木地板 0.38W/（m² · K）
－屋顶 0.32W/（m² · K）
－玻璃 1.5W/（m² · K）

• 能源消耗值
采暖能耗值 142kW · h/m² / 年

• 隔声
办公室墙体：35～40dB；
交通区和洗手间墙体，40dB

位于埃塞克斯的若特利绿色小学是英国最近采用的关于在公共建筑，如学校和医院中运用太阳能技术和节能措施的政策的一个范例。并且同时还是在设计上采用跨学科方法的一个很好的例子。不同学科在这个设计团队中密切交流的结晶成了未来埃塞克斯地区学校的新的注脚。

背景

这个项目的竞赛任务书是对总体设计理念与设计和构造的细部上同样看重，其目标是为了树立一个新的"绿色"学校的典范。由公众参与的集思广益是极其强调的。建筑设在一座新的花园式村镇里，这个村镇还未被充分开发，因而在设计的早期阶段几乎没有当地的社区团体可以参与商议。尽管如此，关于在学期之外最大限度地利用学校建筑的概念被保留了下来。

功能与形式

三角形的形式从四种备选方案中脱颖而出，竞赛组织者在与未来的使用者讨论过后，研究并评估了这种形式所带来的环境质量。这一形状在场地内强烈地表达了建筑形式，同时也拥有最适合的可用面积和建筑外围护面积之比，因此减少了热损失。高效的室内空间布局使得总占地面积减少了10%，这样更多的花

费可以投入到环境措施上。一个位于中心位置的中庭提供了自然采光和通风，在功能上作为交通空间，同时也是大厅和其他邻近部分的延伸。六个东南向的教室，在春季和秋季都被上午的阳光加温。教室连接室外平台，这些平台有电力供应和上下水供应，并且构成教学区的不可分割的一部分。工艺教室面向西南的运动场，而在面向北边和东北面的街道这一边，办公室和服务区组织在一个更加城市化的立面背后。大厅在课时之外供给社区和其他组织使用。在三角形的西北角，是一个有顶棚的室外院子，被设计成了一个小型露天剧场。

结构原则

通过最低限度的挖掘减小对场地的影响，任何挖出的土方都用于场地的景观处理。基于相同的理由，优先使用架空在地梁上的预制板而取代现浇混凝土。砌块墙有 5m 高，立在地梁上，支撑的是 Masonite[1] 跨度为 6m 的木制 I

东南立面。教室延伸到室外平台区

1 材料品牌名。——译者注

形梁。一层 15mm 厚的胶合板立面支撑着屋顶系统同时将水平荷载传递到外墙上。外墙板利用杉木容易维护的特性，为红色企口板，并带有散置的水平带状玻璃窗，窗框使用室外防潮的胶合板。承载挑檐的木梁由钢结构支撑以保持构件断面的连续性。

材料和饰面

对于材料的选择是期望在可循环利用、整体耗能、便于使用、维护、质量、造价以及可行性等方面取得平衡。窗框由等温木材和铝材制成，而不是整块木头，可以减少维护费用。地板则使用了压型的竹子材料，这是一种可以快速更新的材料，还有天然亚麻布。可循环利用的材料在此被广泛运用：Warmcell[2] 保温隔板的保温材料来源于旧报纸；大厅使用的橡胶垫来自回收的轮胎；墙壁废物利用（Made of Waste[3]）的聚乙烯涂层来自回收的塑料瓶。水管和电缆线套管不含 PVC。只需要很浅的培养基的屋顶绿化系统，帮助产生微气候和吸收 CO_2；它同时也是一个教学工具：在运动场有一个用于播放的演示构件。[4] 这些植物只需要非常少的维护并且提供了一块随季节而改变外观的绿色地毯。

能源和气候控制

由于预算和便于使用两方面的原因，安装了简便的手工操纵系统，可以由教师或学生来操作。玻璃窗的比例是由一个计算机模型来确定的，在提供优化自然光照的同时防止过多的热损失。屋顶绿化向上倾斜形成了高侧窗的屋顶采光，将北向的光线带进教室，同时使中心院子和大厅减少对于人工照明的需求。

左图，天窗的屋顶采光提供舒适的自然光照

右图，打开推拉门将大厅和室内中庭合并在一起

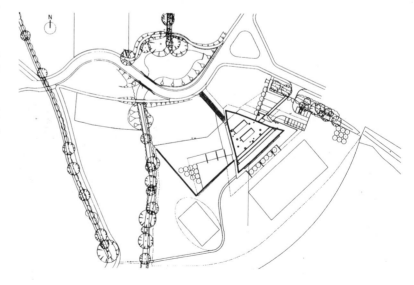

---

1 材料品牌名。——译者注

2 材料品牌名。——译者注

3 材料品牌名。——译者注

4 设置一个大屏幕用来演示 CO_2 是如何被吸收的。——译者注

紧凑的三角形体型带来有效的空
间分配

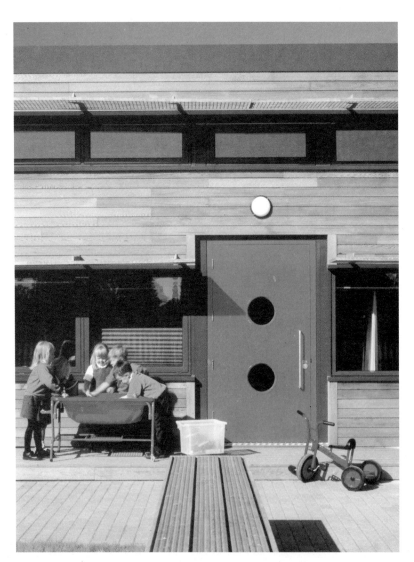

除了厨房和盥洗室，这座建筑通过立面和
顶部的开口形成自然的穿堂风。中心区域使用
的通风系统让人回想起从前在罗马浴室中使用
的系统：在这个系统中新风在地板下 450mm
陶瓷管道里循环，然后被送进图书馆并在较高
的标高处从屋顶天窗排出。南面和西面的窗户
被金属遮阳板遮住，而室内百叶窗则可以进行
入射光线的调节。地板采暖系统的使用减少了
温度梯度变化并且使得温度可以分区调节。

地址：英国埃塞克斯，布伦特里，布莱克·若特利，
布利克灵路
项目摘要：六班小学
业主：埃塞克斯区委员会
建筑师：阿尔福德·霍尔·莫纳汉·莫里斯，伦
敦（西蒙·阿尔福德，大卫·阿切尔，斯科特·巴
蒂，切里·戴维斯，乔治·道斯，乔纳森·霍尔，
保罗·莫纳汉，彼得·莫里斯，德梅特杜·赖德·朗
顿（Runton），约翰·索恩伯里）
工程师：结构："一"工作室，伦敦；环境工程："十"
工作室，伦敦
工程量估算：库克和巴特尔（Butter）
景观设计：乔纳森·沃尔金斯（Watkins）景观设计
公司，伦敦
时间表：设计始于 1997 年 12 月；现场施工从 1998
年 10 月至 1999 年 9 月
建筑面积：1044m²
总承包商：杰克逊建筑公司，伊普斯威奇
造价：195 万欧元

不同颜色的门区分出不同教室

1 室外剧场
2 大厅
3 室内中庭
4 公众入口
5 专业教学区
6 儿童入口
7 教室
8 室外平台

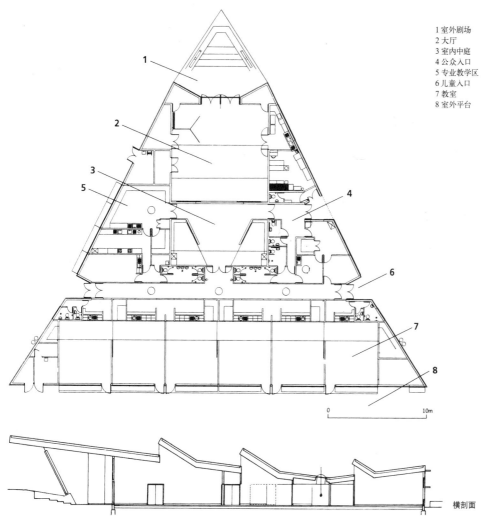

0   10m

横剖面

挑檐覆盖在室外剧场之上，作为大厅的延伸

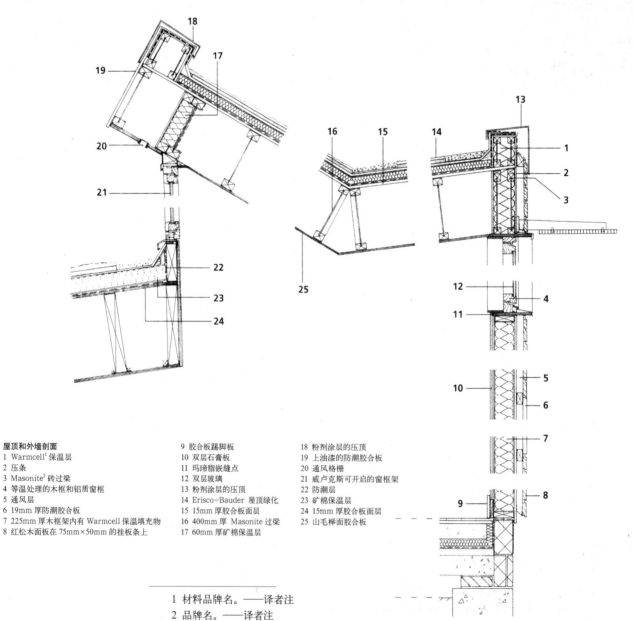

屋顶和外墙剖面

1 Warmcell[1] 保温层
2 压条
3 Masonite[2] 砖过梁
4 等温处理的木框和铝质窗框
5 通风层
6 19mm 厚防潮胶合板
7 225mm 厚木框架内有 Warmcell 保温填充物
8 红松木面板在 75mm×50mm 的挂板条上

9 胶合板踢脚板
10 双层石膏板
11 玛琦脂嵌缝点
12 双层玻璃
13 粉剂涂层的压顶
14 Erisco-Bauder 屋顶绿化
15 15mm 厚胶合板面层
16 400mm 厚 Masonite 过梁
17 60mm 厚矿棉保温层

18 粉剂涂层的压顶
19 上油漆的防潮胶合板
20 通风格栅
21 威卢克斯可开启的窗框架
22 防潮层
23 矿棉保温层
24 15mm 厚胶合板面层
25 山毛榉面胶合板

1 材料品牌名。——译者注
2 品牌名。——译者注

奥地利梅德的初级中学

鲍姆施拉格和埃贝勒设计

卡罗·鲍姆施拉格和迪特马尔·埃贝勒，是福拉尔贝格州"建筑艺术家"组织的先锋，在这一项目中保持了他们对于极简主义原则的虔诚态度。这座奥地利的第一个生态学校是基于对于形式和功能的充分表现，同时也取得经济和环境方面的平衡。

背景与场地

鲍姆施拉格和埃贝勒曾在梅德区的新中心建造了几座建筑，具有很高的环境质量（见第62～64页）。为形成一个公共广场，这座学校建筑使用了对比强烈的材料和风格：主要教学楼是一个玻璃和木制的双层立面的立方体，而与之毗邻的体育馆则呈现混凝土和玻璃的水平线条。

功能与形式

这座四层教学楼建于一个28m×28m的方形平面上，这种紧凑的形式可以减少总建筑面积并且降低能源成本。这一朴素而精确的设计和谨慎思考的细部达到了互补。在每一层，房间都围绕着中央娱乐空间排列，并由采光井和隔断上方的带形玻璃窗提供采光照明。底层容纳了一个公共房间和工作室，楼梯和洗手间放在西北角上。上面三层的每一层都分为七个面积在65-70m²的空间，其平面、照明和装修都相同，可以用来做普通或专业教学用房、管理用房或职员用房。这种设计的灵活性使得学校可以适应不同的教学实践和需求。

环境特征

- 生物气候学特征
  简单而紧凑的形体；
  被动和主动式利用太阳能；
  额外的保温措施；
  羊毛制品隔声层；
  双层玻璃立面；
  聚氨酯管道；
  不使用PVC的电缆线；
  不需要溶剂的粘接剂和涂层

- 材料和构造
  标准构件的结构；
  钢筋混凝土柱、预制钢筋混凝土楼板；
  以云杉木为框架的预制外墙板；
  岩棉保温层；
  以纤维石膏板为内衬里的墙体；
  落叶松木窗框；
  以落叶松木为面层的胶合板作为贴面板

- 其他技术特征
  地下冷却管；
  带有经由热交换器的热量回收系统的双向通风方式；
  计算机控制的采暖、通风和电气照明；
  太阳能水加热；
  光电太阳能模块

- U值
  － 墙体 0.15W/(m²·K)
  － 屋顶 0.15W/(m²·K)
  － 玻璃 0.6W/(m²·K)

- 能源消耗值
  采暖能耗值 20kW·h/m²/年

四个立面是相同的

结构原则

结构系统充分利用了建筑材料的特性。主体结构由跨度为9m的750mm宽预制钢筋混凝土楼板，搭在混凝土柱子上构成。内外墙使用预先装配的木框架板材，而玻璃幕墙使用胶合层压的落叶松为框架。重复的网格使预制装配和建造趋于合理化，从而降低造价。

材料和饰面

建筑的四个立面是完全一样的。玻璃覆盖了2/3宽度的立面，这些没有接缝的玻璃完全包围住建筑外立面。在玻璃幕墙的立面区以外，这些玻璃外立面保护着19mm厚的以落叶松为面板的胶合板，提供抵抗气候侵蚀的屏障，可以降低气候的影响并使木材不需经过化学处理。因此，这种双层立面系统的使用产生了一种在室外使用木制产品的新的可能。

环境逻辑被十分严格地运用。地板上铺亚麻油毡；油漆、涂料和胶粘剂使用了不含化学溶剂的产品；电缆线不含PVC；水管是聚氨酯的，这是一种比PVC的危害更小的产品。墙壁和顶棚使用以核桃木为面层的胶合板，在局部是空心的以提高声学性能。在这一层的后面，一层绵羊绒毛取代更常用的起吸声作用的矿棉层，以避免吸入纤维的潜在健康危险。

能源和气候控制

双层立面系统使建筑在夏天可以在享受阳光的同时保持温度调节的功能。垂直窗格形成外立面在边缘部分的重叠，其间有80mm空隙以保持自然通风。在立面的玻璃部分，两层立面之间530mm的空隙中安装白色棉质转轴式遮帘。为了达到当地政府要求的每年能源消耗低于$20kW \cdot h/m^2$的目标，又额外增加了两层岩棉保温层，分别为140mm和120mm厚，设在木框架墙中。

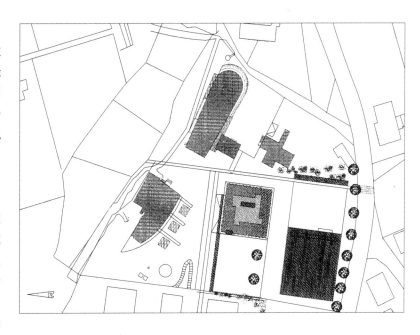

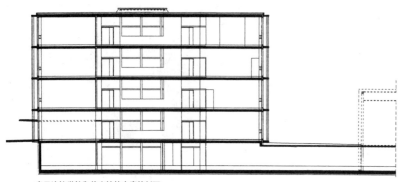

表示连接学校和体育馆的走廊的剖面

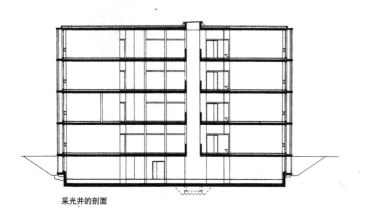

采光井的剖面

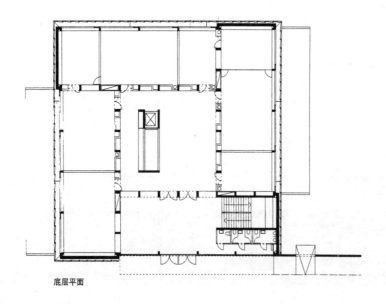

底层平面

外面的空气被 837m 的地热管道自然加热，然后经过通风系统中的热交换器，最后进入教室。如果需要进一步采暖，则由生物能暖气厂提供，它们同时也为镇上其他公共建筑提供暖气。在屋顶上 28m² 的太阳能板连接 3000 升水箱，提供大约占每年 50% 的热水需求。体育馆屋顶上的 90m² 光电太阳能模块每年可提供 10000kW·h 的电能。能源消耗的优化是通过一个由计算机控制的照明和通风系统达到的，并且每个教室里装备了移动探测器。

地址：奥地利，梅德 7681，Alite Schul 街
项目摘要：十一个班级的初级中学
业主：梅德城镇委员会
建筑师：鲍姆施拉格和埃贝勒，洛豪（项目建筑师：赖讷·胡赫勒）
工程师：静力学：鲁施，迪姆及其合伙人公司，多恩比恩；环境工程师：施拜克图姆（Spektrum），多恩比恩
时间表：设计始于 1994 年 5 月；现场施工从 1996 年 11 月至 1998 年 8 月
建筑面积：使用面积 3728m²，包括地下室、底层和上部三层
造价：8800 万奥地利先令（639.5 万欧元）

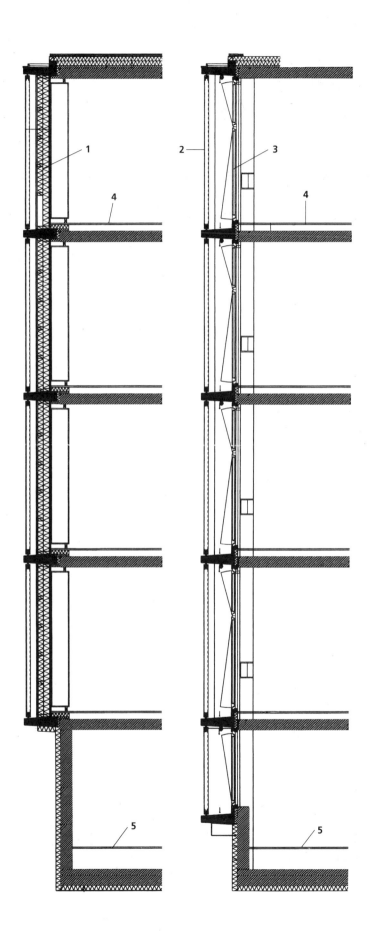

两层玻璃之间的自动控制的遮阳在夏季遮挡教室的阳光

外层的玻璃板是重叠的,两片玻璃之间有 80mm 的间隙提供自然通风

表示双层立面的垂直剖面
1 实心墙板
  – 12.5mm 厚石膏板
  – 防潮膜
  – 12.5mm 厚石膏板
  – 120mm 厚矿棉板
  – 防水层
  – 24mm 厚空气间层
  – 19mm 厚落叶松木胶合板
2 重叠的玻璃片
3 以落叶松为框架的三层隔热玻璃
4 标准层楼板
  – 4mm 厚亚麻油地毡
  – 30mm 厚刨花板
  – 木制支撑
  – 220mm 厚钢筋混凝土楼板
5 底层楼板
  – 4mm 厚亚麻油地毡
  – 30mm 厚刨花板
  – 防潮层
  – 木制支撑
  – 350mm 厚钢筋混凝土楼板
  – 120mm 厚聚苯乙烯

法国加来的莱昂纳多·达·芬奇初级中学

伊莎贝拉·克拉斯和费尔南德·苏裴(Soupey)设计

莱昂纳多·达·芬奇中学是在法国诺尔省加来海峡地区规划的一系列 HQE 学校项目中的第一所。其设计和建造都基于 HQE 目标系统。由于通过采用许多复杂的系统，其能源和水的消耗量降低大约 30%，这些系统包括：风轮机、热电联供机组、太阳能集热板、光电太阳能模块和雨水回收系统。而这些只需要增加相当于常规类似建筑造价的 8%。

环境特征

• 生物气候学特征
建筑形式和选址适宜于主导风向；
优化自然采光；
运用当地材料和欧洲木材；
低辐射双层隔热玻璃；
利用可再生能源

• 材料和构造
钢筋混凝土框架；
实心钢筋混凝土楼板，部分浇注在永久性混凝土模板中；
双层外墙由黏土隔热砌块，附加保温层与外层贴面砖组成；
交通区的隔墙使用清水多孔空心砖；
Placostyl 隔墙；
胶合层压木或者木桁架的框架；
地板铺亚麻油地毡或陶片；
平屋顶绿化；
室外走道以橡木铺地

• 技术特征
可用程序控制的采暖和空调；
带有热量回收系统的双向通风；
煤气热电联供机组；
带有冷凝装置的燃气锅炉；
厨房 Héliopac 太阳能水加热系统；
光电太阳能板；
风轮机；
雨水回收利用系统

• U 值
— 架空底层地板 0.53W/(m²·K)
— 墙体 0.49W/(m²·K)
— 屋顶 0.30W/(m²·K)
— 玻璃 1.94W/(m²·K)

• 能源消耗值
总燃气使用（采暖和热水供应）65.6kW·h/m²/年(2000年测量的数据)

• 隔声
空气噪声和墙体噪声：
交通区和教室之间 26dB；
楼梯和教室之间 44dB；
两个实践教室之间 52dB；
两个办公室之间 44dB

• 工地
废弃物分类及再循环利用（试验性"绿色工地"项目）

背景与场地

这所学校设计可容纳 1700 名学生，直到读高中前学生们在这里学习普通课程和工艺课程。学校坐落在博马勒(Beau-Marais)行政区，场地是一块布满沼泽和砂丘的、被堤坝分成十字形的低洼地。水因此成为设计的主题：场地的边缘被水沟环绕，并被水渠穿过，这些水渠将雨水沿着主体建筑的西侧汇集到水池中。横贯东西的水渠轮廓被一排排柳树、槐树和赤杨树所强调，并且被灯光勾勒出来，帮助限定场地外部的轮廓。在堤岸上采用传统技术：以当地的石头和网状石笼与编捆的柳树丛交替布置。那些种有当地植物的台地形成了多种多样的自然栖息地并且可以充当教学工具。挖掘出的土方等材料被重新利用于规划场地东边的停车场周围的场地景观。

功能与形式

这座建筑被设计得能最大限度地遮挡主导的近岸风。其布局使建筑立面可以整年享受阳光照射，以提高内部舒适性并同时降低能源消耗。聚集在 4 公顷场地西南侧的这五幢建筑，其不同的形状和立面处理方式都是为适应不同的功能需求。一座橡木天桥跨越水渠通往四分之一圆形的主体建筑，主楼的办公室和档案中心分列内部街道的两侧，并且通过天棚采光。

雨水被收集在一个围绕着主体建筑的水池中

从这座建筑向东有一个侧翼延伸到有科学教学区的建筑，而另一边则伸向北侧的有普通教学区的建筑、以及食堂和厨房。专家教学活动则在院子中的一座稍低的建筑里进行。在场地东面的台地上是九幢员工宿舍。

结构原则

土壤的低承载力，以及地下水位与地坪接近甚至平齐等因素，导致在这一项目中采用20m的深桩基础。矩形主体建筑的结构形式是钢筋混凝土框架，现浇楼板浇筑在永久性模板中。横向稳定性由钢筋混凝土剪力墙来提供。木框架是胶合层压木或桁架。室内走廊的墙壁用清水空心砖砌筑而成，砖体是密实的110mm厚三孔砖，可以隔声。教室之间采用Placostyl[1]石膏隔墙，以便日后有需要时可以拆除。双层立面的外墙拥有内层190mm厚的隔热黏土层，在内表面油漆，后面衬以50mm厚的矿棉板。而立面较低处的外层为110mm厚的清水砖砌，其上贴瓷砖。

材料和饰面

材料按照三个主要标准进行系统分析：外观、耐久性，以及从装配到拆除直到被废弃的整个过程中对环境的影响。为了限制造价和运费，尽可能地利用当地原材料和产品：在混凝土、石笼和室外景观中采用来自布洛内地区的沙和石头；黏土用于墙体；未经处理的橡木用于铺地。屋顶绿化拥有200mm厚用于植草皮的培养基，形成可上人的平台，并且有利于控制温度的梯度变化和排除暴雨时期的雨水。植物的布局方式与其生长在附近砂丘上的相似，同样也可以限制夏季屋顶表面过于干燥。在本项目中采用很多措施来

降低工地上的公害：水被分为七种类别并被循环利用；自然基的模具油用于模板；沉淀水池安装在混凝土搅拌设备之下，和工地交通车辆清洗装置设在一起。

能源和环境控制

该项目能源概念的目的在于使学校在用水、采光、采暖和通风方面尽可能地自给自足。减少水资源消耗的方法，例如低水量冲洗坐便器和带有流量控制器的水龙头等，是和一个雨水收集系统结合在一起的，该系统从3000m²的屋顶上收集雨水并将其储存在

场地的每一边由沟渠和水池限定

1 材料品牌名。——译者注

一个 200m³ 的水池中。经过过滤以后这些水又被送回到非饮用水管网系统；每年收集的 2000m³ 雨水可以满足冲洗坐便器和浇灌的需求。优化自然采光是设计的另一个重要元素。玻璃覆盖部分的朝向、内墙的反射、采光井以及墙面颜色和吊顶的形状等都是为了使自然光线的扩散达到最大化。以建筑使用率为基础的一个电脑控制的采暖和通风系统使得建筑运行的费用被维持在最低限度。采暖通过一个高效能带有冷凝装置的燃气锅炉来供应，其氮氧化合物的排放量很低。其他设施也使用可再生能源：包括光电太阳能板，连接到热泵的太阳能集热管和一台风轮机。

热电联供机组和风轮机

学校的部分电力需求是由一台 135kW 的 Seewind 风轮机提供的，它的有三个叶片的转子直径有 22m，安装在一根 35m 高的桅杆上。当风速在 10km/h 和 90km/h 之间时风轮机开始启动，而如果有任何电力盈余则会经由一个连接器输送到公用供电网，出售给 EDF（法国国家电力供应商）。而一台使用管道燃气的 165kW 的热电联供机组连接在一部交流发电机上，用来满足剩余的电力需求。其发动机和排出的废气则通过热交换器进行水冷却处理，因此回收的热能随后输送到采暖网路。在这一过程中回收的 320kW 的能源大约能提供 20% 的能源需求。

太阳能集热板和光电太阳能模块

安全照明和报警系统所需要的低压电由 75m² 的光电太阳能板提供，安装在屋顶的铝质结构中。这是由 136 个容量为 50Wp（峰值瓦数）的模块构成，提供总容量为 6800Wp 的电力。每年产生的电能超过 5100kW·h；产生出的电能储存在一个电池阵列中。厨房所需的热水也

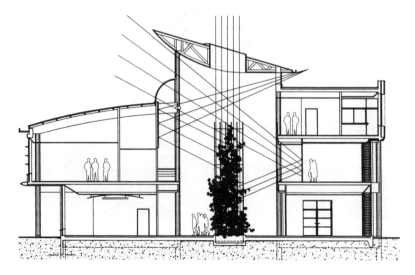

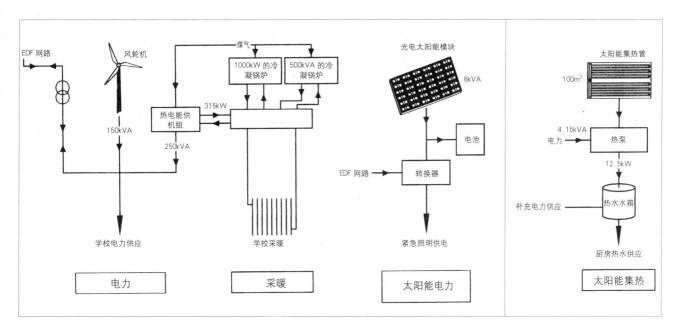

图中标注：

EDF 网路　风轮机　煤气　1000kW 的冷凝锅炉　500VA 的冷凝锅炉　光电太阳能模块　太阳能集热管

100m²　6kVA　100m²

150kVA　热电能供机组　315kW　6kVA　4.15kVA 电力　热泵

250kVA　电池　12.5kW

EDF 网路　转换器　补充电力供应　热水水箱

学校电力供应　学校采暖　紧急照明供电　厨房热水供应

| 电力 | 采暖 | 太阳能电力 | 太阳能集热 |

学校所需的部分能源由一台风轮机提供

是由一个 Héliopac 太阳能加热系统提供。厨房屋顶上有 100m² 的太阳能集热管，形成了初级回路，里面充满了乙醇酸盐液体；然后在二级回路中两个 25kW 的热泵将太阳热能转化到水中，把水加热到 55℃。热水储存在两个 5000升的水箱中。

地址：法国、加来 62100，马丁·路得金街

项目摘要：供 1700 名学生学习的初级中学，带有三个教学部分

业主：法国诺尔省加来海峡地区政府

建筑师：伊莎贝拉·克拉斯和费尔南·苏裴，加来。

工程师：能源：雅各布斯·塞雷特 (Serete)；流体力学：别里姆

景观：昂普兰，鲁贝

环境顾问：弗朗索瓦·塞捷，诺德工程公司，里尔；塞尔日·西罗多夫，因泰克塔 (Intakta)，巴黎

时间表：设计竞赛于 1995 年 12 月；施工从 1996 年10 月至 1998 年 9 月

建筑面积：总面积 21852m²，净使用面积 20452m²；包括底层、一层和二层

承包商：北太平洋公司 (Norpac) 和泰吕

造价：1.32 亿法国法郎 (2012.3 万欧元)，不含税

德国巴特埃尔斯特的疗养温泉

贝尼施及其合伙人事务所设计

直到现在，在一个室内游泳池内保持令人舒适的环境都需要大量使用耗费能源的系统。而巴特埃尔斯特的温泉展示了怎样依靠一个"智能"玻璃屋顶来减少对于这些设备的依赖。

环境特征

• 生物气候学特征
被动式利用太阳能；
双层玻璃的外墙立面和屋顶；
隔热双层玻璃；
覆膜玻璃顶棚以限制眩光和
调节采集的太阳能

• 材料和构造
主要结构为钢框架；
墙体为不锈钢框架的双层隔
热玻璃；
屋顶为铝质框架的双层隔热
玻璃

• 技术特征
自动开启的立面板以保证夏
季的新鲜空气

• U值
地板和屋顶，隔热双层玻璃
$1.2W/(m^2 \cdot K)$

背景与场地

萨克逊地区的巴特埃尔斯特自从1848年以来就是一座温泉，特别是以其"泥浆"疗养浴而闻名。其中建于1910年的阿尔波特浴场，尽管现在已经完全由时新的设施加以改造，是一座富有装饰主义的新艺术运动风格的建筑并且是这一胜地的中心景点。建筑围绕着一块长方形院子，并向旁边的村镇展示出其雄伟的立面。这座新近翻修的院子目前容纳了该温泉引人注目的新景致，包括一个信息咨询亭、一座按摩和治疗中心以及户外温泉池。在这些新设施的旁边就是新建的室内游泳池，其半透明的外壳模糊了室内外空间的界限。

功能与形式

这些现代的增建部分以其形式上的极简主义和对创新技术的运用而形成与历史建筑的鲜明对比，而且更衬托其先进性。新的浴场建筑拥有自由的形式，随意的布局，其结构几乎淹没在变幻的光影和鲜亮跳动的颜色中。室内空间沐浴在自然光线下，通过玻璃的墙壁和屋顶可以清晰地看见周围建筑和远处葱茏的青山。

结构原则

在设计前期阶段，建筑师和工程师就提出了一个能源概念来适应设计要点和场地以及环境气候。这一概念已经被模型验证，并且影响了建筑

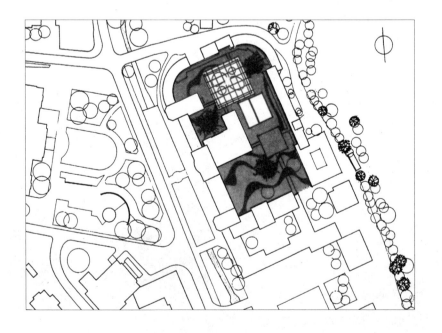

总平面

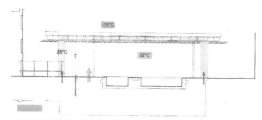

在冬天和到夜晚的时候

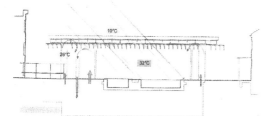

在春天和秋天

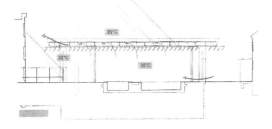

在夏天

在冬天和到夜晚的时候，顶棚的百叶窗是水平的；其中通风的空气间层起着热量缓冲作用，减少热量交换带来的热损失以及防止在钢结构和玻璃上的冷凝效应

在夏天，百叶窗按照阳光照射的角度做适当倾斜，以其覆膜面的反射来提供最大的保护。多余的热量则从北立面和南立面顶部自动打开的百叶中散发出去

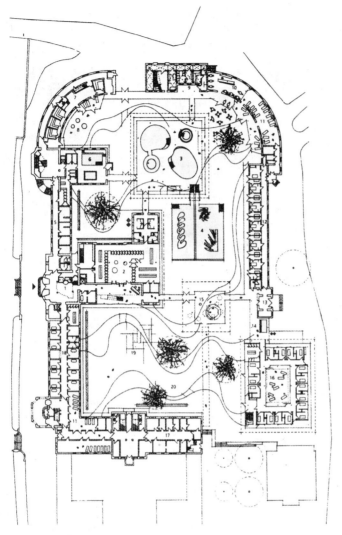

温泉中心的平面

浴场建筑的墙体和屋顶采用双层玻璃围护

的形式和结构。钢结构框架支撑着一个透明的外壳，这一外壳设计成双层玻璃立面系统，用来降低能源消耗；这一节能原则也同时被运用在墙体和屋顶上。两层立面大约相距 1m，形状好像一种在底层围绕着整个建筑的步行走廊。

在立面上，一个不锈钢框架结构支撑着外部隔热的 10/16/10mm 的双层玻璃立面和内部的层压板。里层的立面则是在较低的触手可及处用 20mm 厚单层固定玻璃，而其余地方用 10mm 厚玻璃。铝质高反射率的百叶窗提供遮阳。组成屋顶系统的是外部的固定在铝质框架中的 10/14/16mm 厚双层玻璃外层，以及带有转轴式玻璃板的百叶式顶棚。玻璃板厚度为 10mm，45% 以上的玻璃表面筛孔印刷着一种白点图案，以反射部分阳光。而其下表面是红、蓝、绿和黄等鲜艳颜色的图案，这是艺术家埃里希·维斯纳的作品，给人们带来活泼和欢乐的感觉。

材料和饰面

在整个温泉建筑中，都强调使用无危害的材料以及材料与环境的可持续的兼容性。随着设计的进展，这一点成了中心议题，并且与减少维修预算联系在一起。游泳池上方的玻璃屋顶倾斜了 3°，使雨水可以自由排掉。屋顶外层的下表面在其下的玻璃百叶完全打开时，能够得到清洗。

能源和环境控制

温泉游泳池的理想室内温度是 30℃，相对湿度在 65%。这给双层外围护系统的设计提出了特殊的限制。通过一系列短期和长期的措施可以在节能并控制造价的条件下达到最佳的运行效能，这些措施包括建筑在场地中的布局、高性能隔热玻璃的运用、对采集到的太阳能的有控制的利用，以及有助于夏季自然通风的在立面上适当位置的开口。

屋顶系统的造价共计约 10000 法国法郎 /m² (1525 欧元 /m²)。但是，屋顶确实担当了许多功能，包括一些通常需要特殊系统才能达成的，例如气候控制和防晒等。自然对流排除了对大型机械通风设备和占地庞大的不雅观的管道的需求。

地址：德国巴特埃尔斯特，巴特街，库米特豪斯 (Kurmittelhaus)

项目摘要：原有温泉中心的改造；新的室内游泳池，治疗中心以及信息中心的建造；对带有室外游泳池的室外庭院的重新修整

业主：萨克森的国家游泳池，巴特埃尔斯特

建筑师：贝尼施及其合伙人公司，斯图加特 [冈特·贝尼施，曼弗雷德·萨巴特 (Manfred Sabatke)] 项目建筑师：克里斯托夫·扬森 (Christof Jantzen) 和米夏埃尔·布兰克，迪特尔·雷姆，理查德·贝塞勒，妮科尔·施达佩尔，托尔斯滕·克拉夫特

工程师：结构：费舍尔·弗雷德里希，斯图加特；能源：光导能源科技，斯图加特

景观设计师：卢茨 (Luz) 及其合伙人公司，斯图加特

色彩专家：埃里希·维斯纳，柏林

时间表：设计竞赛于 1994 年进行；现场施工从 1996 年 12 月至 1999 年 12 月

建筑面积：净使用面积 71093m²，其中游泳池部分 690m²

造价：1 亿德国马克 (5112.9 万欧元)，其中室内外游泳池 2310 万德国马克 (1181.1 万欧元)

双层围护系统的细部和垂直剖面　　　7 钢柱
1 隔热双层玻璃　　　　　　　　　　8 单层玻璃
2 钢梁　　　　　　　　　　　　　　9 伸缩缝
3 次要钢结构　　　　　　　　　　　10 地板
4 覆膜玻璃百叶窗　　　　　　　　　　　 － 地砖
5 遮阳百叶　　　　　　　　　　　　　　 － 整体采暖的水泥找平层
6 双层玻璃　　　　　　　　　　　　　　 － 混凝土楼板

透明的外壳坐落在传统的新艺术运动
风格的建筑旁边

浴场建筑的墙体和屋顶采用双层玻璃围护

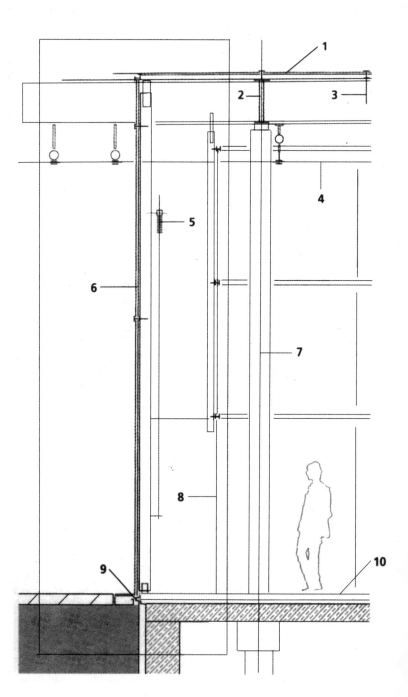

法国泰拉松的文化和游客中心

伊恩里奇建筑师事务所设计

这座建筑与其周围的主题公园精巧地融合在一起，同时很好地利用了生物气候学原则来控制太阳能采集以及在夏季的自然通风——这在温室里可不是容易做到的。

背景与场地

小镇泰拉松–拉维勒迪约（人口为6000人）位于韦泽尔河山谷顶部。它的所在地区，连同许多史前遗址包括拉斯科岩洞、还有罗卡马杜尔和莱塞济村落，均属于联合国教科文组织认定的世界文化遗产，吸引了很多游客。泰拉松的"想像的公园"由美国景观建筑师凯思琳·古斯塔夫森设计，每年接待35000名游客。这座6公顷的现代式公园，坐落在一块陡峭斜坡的场地上，代表一个时期的园林设计风格。以不同文明的象征和神话来设置主题序列：庄严的树木、绿色的隧道、几何构成的花园、阶梯式的植物、"风的轴线"、透视法的运用、一座水景花园、一座玫瑰园以及一座仔细修剪的植物园等等。由伊恩里奇设计的玻璃温室是公园里惟一的建筑，其功能相当于游客游园时中途停留休息的地方。

功能与形式

从上面第一眼看上去，这座建筑就像是一个伸展的水平表面，反射着太阳的光芒，就像在公园的其他水景中的一个虚拟的湖泊，只不过它会根据天色和周围树木的变化而改变面貌。从下面看上去，游客则会看到曲线状的毛石笼墙壁和场地的地形很好地结合在一起，就好像是保留下来的形成公园不同标高的墙壁一样。这座建筑被设计成一座可作为剧院、音乐会、会议和展览用的公共观演空间，同时也是参考书图书馆和植物研究中心。其平面形式是由一个扇形结合一个直角三角形形成的。从咖啡厅和纪念品商店的夹层俯瞰，可以看到剧场

中设置在地面的一排排观众席。沿着弧形的北墙，柑橘树形成了一条步行道路，增加了空间的模糊特性，这与其说被设计成一幢"真正的"建筑，不如说是公园的延伸。

结构原则

曲线状的毛石笼墙壁使用了一个独立的悬臂结构，这是一种更经常被用在土木工程而不是建筑工程上的技术。埋入山腰的楼板、毛石基础和南墙都采用了钢筋混凝土。有2°倾斜的玻璃屋顶，由一个漆成白色的钢结构支撑。这个钢结构体系是与周边墙体分开的，由跨越管状边梁的T形截面梁组成，并由中空截面的圆形柱子支撑。同时一个不对称布局的钢缆托架支撑着这一结构。

屋顶是由德国Seele公司设计、装配和建造的，并且是由五个人在十天内组装起来的。其创新性的玻璃支撑系统，需要通过一个

环境特征

• 生物气候学特征
高热惯性；
优化太阳能采集；
自然通风

• 材料和构造
毛石笼墙壁；
钢筋混凝土楼板；
由周边墙体分开的钢框架的夹层安全玻璃

• 技术特征
由水分蒸发降温

• U值
－屋顶 5.6W/(m^2·K)
－地板 0.4W/(m^2·K)

从下方的小路看，毛石笼墙面强调了山坡的斜度

Atex 测试程序来获得认可，而且经受了时间的考验。

材料和饰面

曲线状的毛石墙壁是用未经加工的当地石头堆砌在有网眼的不锈钢笼子里制成的。屋顶是夹层的安全玻璃，以两片 8mm 的玻璃板和四层聚乙烯醇缩丁醛（PVB）薄膜组成。玻璃由可调节的不锈钢节点装置支撑并且可以转动。一个直径为 15mm 的套环在夹层叠加前先固定在玻璃板上；其筒形部分装配在较低的玻璃板内，有 3mm 的环形截面在 PVB 里层。夹层玻璃板的面积为 $1.5m^2$，靠近每个角部的地方都有一个节点；边缘部分的玻璃板是三角形、梯形或者扇形的。这个系统允许从垂直方向调整节点，形成一个完全光滑的外表面，除了玻璃板之间的 15mm 的硅胶接缝以外玻璃板是完全连续的。在建筑的右侧，排污管道由雨水池来限定边界，这也同时可以防止游客接近屋顶。

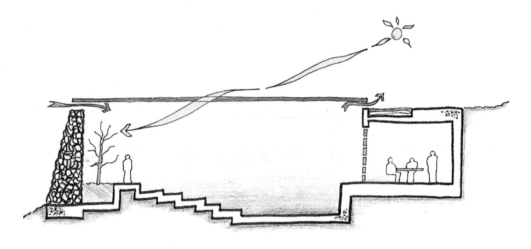

在春天和秋天，屋顶边缘的空隙部分可以防止冷凝效应
室外的墙体起吸热部件作用，稳定室内温度

在夏季，遮阳板防止阳光直射导致的室内过热。水分蒸发降低墙体温度，制造出"冷辐射"效应以提高室内舒适度

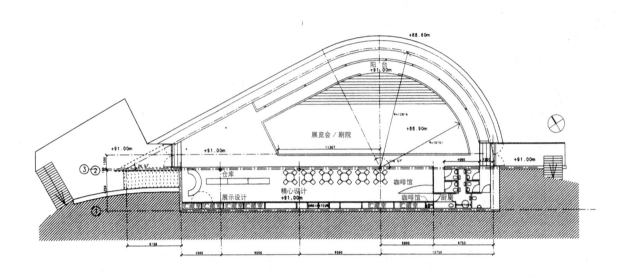

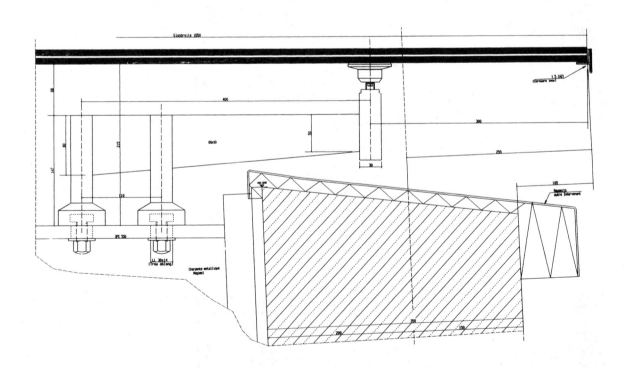

雨水池部分的玻璃屋顶剖面。钢结构
的固定件支撑玻璃板并且与墙体明确
分开,这个设计的关键部分既带来美
感也保证了温度控制

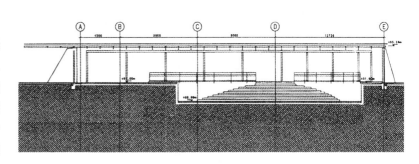

能源和气候控制

温室的边缘部分被设计成有盖的空间，保护房屋不会受到风和季节性极端气候的损害。在冬天，直射阳光对毛石墙的内表面和部分楼板加温，使得室内温度高于室外大约8℃。墙壁和玻璃屋顶之间的空隙部分有助于通风，并且能降低冷凝作用的危险。在夏天，这个空隙部分以及边门使得自然通风可以经由主导风来实现。大体块的混凝土和石墙在晚上冷却下来，增加了建筑的热惯性。从毛石墙壁和临近的树木蒸发的水汽，形成冷辐射效应。这一场所只有在春天、夏天和秋天对公众开放，因为这是气候控制系统工作良好的季节。在夏季炎热的日子里，屋顶上的可以回缩的遮阳板保证了室内温度和室外接近。

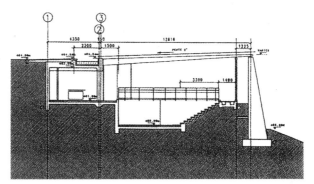

纵向和横向的剖面。室内空间埋入地下由此获益于高热惯性

从上部看，玻璃屋顶像湖面一样反射着天空

地址：法国，泰拉松－拉维勒迪约 24210
项目摘要：容纳文化和游客中心的温室建筑
业主：泰拉松－拉维勒迪约城镇委员会
建筑师：伊恩里奇建筑师事务所，伦敦，伊恩里奇，S·康诺利，E·旺
工程师：钢结构：奥韦·阿勒普及其合伙人公司，伦敦；混凝土和流体力学：ARC 布里夫
景观设计：凯思琳·古斯塔夫森，景观设计公司，巴黎
时间表：设计始于 1992 年 10 月，施工从 1993 年 8 月至 1994 年 7 月
建筑面积：400m²，在 6 公顷的公园内
承包商：玻璃屋顶：Glasbau Seele 玻璃公司，玻璃：Vegla 玻璃制品公司
造价：416 万法国法郎（63.4188 万欧元），以 1994 年的价格

德国普利茨豪森的数据组办公楼

考夫曼·泰利设计

这些办公室属于一个迅速扩张的 IT 服务公司，在一个具有吸引力并且舒适的建筑环境中提供了 250 个工作站，并通过使用一体化的设计手法达到了低造价的目的。这座建筑的设计具有高度的透明性和创新性，回应了该公司一种超前思考的哲学。

环境特征

- **生物气候学特征**

紧凑的形体，带有围绕中庭的交通空间；

被动式利用太阳能；

利用混凝土墙体和楼板的热质性；

空气流通的楼板；

经由流动水自然控制湿度；

充氩气的隔热双层玻璃；

间接自然光照明

- **材料和构造**

混凝土、钢和木材的混合结构；

混凝土楼板由混凝土核心筒和不规则分布的环形钢柱支撑；

木框架墙，Landes[1] 涂层的松木饰面板；

镶玻璃板的桦木饰面的胶合板隔断；

带有双层隔热玻璃和张力网格结构的椭圆形屋顶；

橡木和石材的地板；

木质阳台

- **技术特征**

带有经由热交换器的热量回收的双向通风；

太阳能水加热；

经由地下冷却管道的新风的预加热和预冷系统

- **U 值**

立面及屋顶玻璃 $1.3W/(m^2 \cdot K)$

- **能源消耗值**

采暖能耗值 $35kW \cdot h/m^2/$年（测量值）

环形平面提供了外表面积和办公面积之间的最适宜比例

背景与场地

数据组大楼坐落在小镇普利茨豪森的郊区，像一个标记矗立在从斯图加特到蒂宾根的高速公路旁。从施瓦丙（Schwabian）平原上观其全貌，$10000m^2$ 的场地由北面开始并向南面急剧变陡。在相对低的可用预算下，业主需要建造一座可以便于日常工作以及职员交流的办公建筑。

功能与形式

从主入口可以直接到达中庭，中庭被三层开敞式办公室所环绕。这种环绕的形式既减少了交通面积也减少了建筑表面积，由此减少了热损失。同时中庭在玻璃屋顶的覆盖下，成为一个焦点，不仅是功能上的中心也是建筑的"情感"中心。垂直和水平方向的交通流线都经过它，因此也成为集会交流的场所，有助于产生群体感。在较高的楼层中，开敞式空间里点缀着会议室以及部门领导和秘书们的独立办公室。大进深的木阳台和悬挑屋檐形成了完整的阴影，减弱了直射阳光和电脑屏幕上反光的强烈对比效果。办公室和走廊之间以及各部门之间的玻璃隔断，在提供隔声的同时保持着邻近工作区之间的视线联系。穿越建筑底层的 6m 的下沉空间使得食堂和专家研究室、设备用房和停车场位于更低的底层平面中。

结构原则

三个钢筋混凝土筒形柱，分别容纳着楼梯、电梯和洗手间，同时提供横向稳定性。电线、通讯电缆以及新风管道在混凝土楼板内被设计呈正交的网格。

在中庭之上，是一个椭圆形的，长短轴分别为 21m 和 13m 的玻璃屋顶，覆盖着主要的环形空间，楼板中另外还有几个较小的圆形开口。由 Seele 玻璃系统公司开发的电缆网状结构，可以比拟为一个网球拍，缆线以 1.3m 见方的正交方格状张拉在钢圈梁上。屋顶的外层由充

1 材料品牌名。——译者注

氩气的绝热双层玻璃覆盖，通过环形钢构件连接到结构节点的钢缆上。

材料和饰面

混凝土筒形柱是裸露的，使得其贮热性能可以被充分利用。正如屋顶一样，外立面玻璃也是双层隔热的。室内装饰和装修混合搭配材料、色彩以及形状，呈现出一种解构主义的自由状态；隔断是玻璃和白桦木饰面的胶合板的；走廊边的扶手结合了钢、玻璃和实心山毛榉。在满足多功能的同时，不规律的立面形式还打破了乡间环境中的建筑体量。

能源和气候控制

为避免阳光照射在电脑屏幕上的问题，自然光线间接进入办公室：从中庭屋顶，经由围绕走廊的玻璃隔断射入，以及通过立面上的，开启方向避免阳光直射的玻璃窗射入，还有从阳台和屋檐的阴影下射入等等。在冬天，建筑的紧凑形体和保温的外墙，连同大量计算机终端发出的热量，电器照明发出的热量和人体的热量，使得在工作时间内几乎完全不需要采暖。

能源需求因此主要与天气炎热时的空气调节有关。在夏天，每天早上被地下冷却管冷却的空气送到建筑中给混凝土构件降温，形成

出挑深远的屋檐和阳台的阴影可以使
办公室避免阳光直射和夏季气温过热

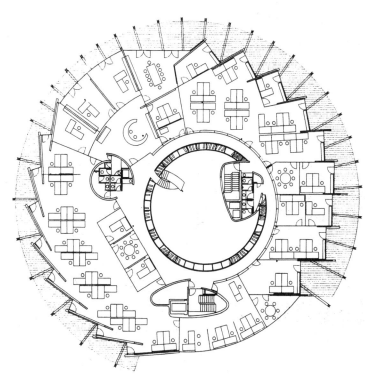

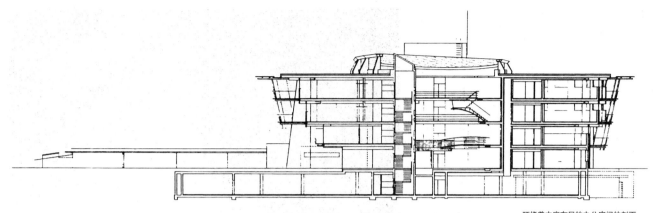

环绕着中庭布局的办公空间的剖面

低温蓄积。使用过的空气从楼板下流走。在冬季，使用过的空气通过热交换器将进入的新风加热，然后从屋顶蒸发。在中庭里，水沿着一面混凝土墙流下，保持舒适的空气湿度。

这些基本上来说是被动式的、简单而低造价的方法与高水平的隔热措施相结合，将每年采暖和空调的能源消耗量控制在 $35kW \cdot h/m^2$。由电脑模拟软件 TRNSYS 和 Adeline 优化的结果也在一个物理模型上进行了测试。每年在采暖和通风上节省的开支估计在 10000 欧元。

地址：德国，普利茨豪森 72124，威廉·席卡街 7 号
项目摘要：250 人的 IT 办公室
业主：哥尼贝尔（Gniebel）地产协会，沙伯先生（Herr Schaber），普利茨豪森。
建筑师：考夫曼·泰利（Theilig），Ostfildern；项目合作者：沃尔夫冈·凯尔加斯勒
工程师：结构：普菲弗空（Pfefferkorn）及其合伙人公司，斯图加特；能源：Transsolar 公司，斯图加特；建筑物理：霍斯特曼（Horstmann），阿尔滕施泰格（Altensteig）；流体力学：施莱伯（Schreiber），乌尔姆。
时间表：设计始于 1993 年 6 月；施工从 1993 年 12 月至 1995 年 2 月。
建筑面积：总面积 7500m²，净使用面积 5600m²。
造价：1700 万德国马克（869.2 万欧元），不含税

办公室围绕中厅的环状布局减少了交通
流线的长度

玻璃屋顶由一个缆线网格支撑。中庭由一面三角形的黄白相间的遮阳幕布覆盖，当其完全打开时，就像一朵花；而当太阳落山时，一个悬臂锤会将其收拢在一个钢环上，花就合拢了

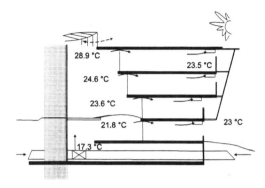

28.9 °C

23.5 °C

24.6 °C

23.6 °C

21.8 °C   23 °C

17.3 °C

在夏天，新鲜空气在通过130m
的地下冷却管道后到达中庭，管
道将其冷却至 7°C 左右。然后冷
空气经过直径为 100mm 的塑料
管，穿入 300mm 厚的楼板，最后
送入办公室中

右图：外部新风的入口（上）
　　　空气管道穿入楼板，其方向朝向中庭
　　　（中）
　　　一个办公室地板上的新风出风口（下）

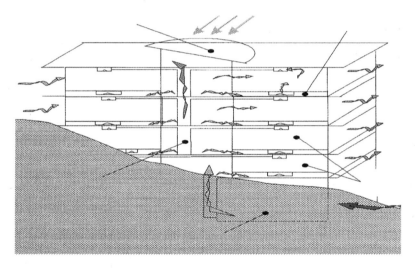

荷兰的瓦赫宁恩的研究中心

贝尼施，贝尼施及合伙人事务所设计

几十年来，京特·贝尼施及其协作者采用了人文主义者的环境方法，致力于使用者的安宁和健康。他们用设计图和模型进行了活泼的设计，让人们经常沐浴在阳光中。他们故意纳入明显不规则的元素使得使用者有悠然自在的感觉。

环境特性

• 生物气候学特性
紧凑的形体，
通过两个玻璃中庭被动式地使用太阳能，
使用高贮热物质材料，
自然通风，
使用地方材料和天然耐久性的木材，
中庭绿化和水体，
绿色平屋顶，
雨水回收系统，
重新使用被污染了的农业用地

• 材料和构造
混凝土、木材和钢混合结构，
钢筋混凝土楼板和圆柱，
实验室立面采用钢框幕墙，
双层隔热玻璃和水泥纤维窗间墙，
外墙面板和铺面板用洋槐木，
中庭立面用落叶松木框和带有双层隔热玻璃的板材，
中庭屋顶用单层玻璃和钢结构，
楼梯和走道用镀锌钢，
使用批量生产的部件

• 技术特性
屋顶上用自动的遮阳板，用照度计启动

• U 值
底层楼板 0.9W/(m²·K)，
屋顶 0.9W/(m²·K)，
固定玻璃 1.35W/(m²·K)，
水泥纤维窗间墙 0.9W/(m²·K)，
木窗间墙 1.1W/(m²·K)，
窗框 1.7W/(m²·K)

• 工地
使用预制构件带来快速施工

背景和场地

位于瓦赫宁恩的森林和自然研究所的设计竞赛的目的是建造一个欧洲的实验工程，其主题是在标准预算下"为人和人所处的环境而建造"。贝尼施和贝尼施合伙人事务所的方案为未来的使用者即生态学的专家们提供了一个机会，为在建筑物和周围的自然环境之间取得和谐的关系而采取了适当的措施。场地位于大学城瓦赫宁恩北边的一个过去的小麦场，这一小麦场的土地已被精耕细作的农业耗尽了资源并且被污染了。这个明显的不可能进行环境工程的场地将会被逐渐地恢复活力。所引入的景观元素，例如干石墙、池塘和水沟、树篱和树木、再生的天然水循环，以及相互对比的自然环境的创造，包括潮湿和干燥、寒冷和炎热、阳光普照和阴云密布、迎风和遮蔽，使得自然可以自我再生。

功能和形式

建筑的平面是一个大写的 E 字的形状，从容纳着实验室的矩形北翼伸出三栋线型的办公楼，在它们之间由玻璃的中庭分开。南边山墙区有一个图书馆、会议室和餐厅。构图形式的简单化是出于经济和环境的原因。建筑的层数被限制在三层，使得在其中工作的人们有更好的交流和视觉的联系。办公室和服务区可以通过步行道和小桥到达内院，给人以穿越花园的印象。不在原有设计任务书中的中庭提供了多种气氛，给予工作人员多种放松区的选择。在第一种休闲空间中，繁茂的植被使得气氛更私密；而第二种，则安排了池塘和雕塑，使得设计更形象化。

结构原则

由于造价的原因，建筑物的框架采用了钢筋混凝土框架，以圆柱支撑实心楼板。为了充分利用混凝土材料的贮热性能，顶棚（即吊顶）只用在有防火或是隔声要求的位置。楼梯的结构和扶手以及连接办公室的步行道是用钢材制作的。

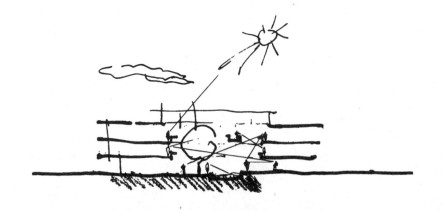

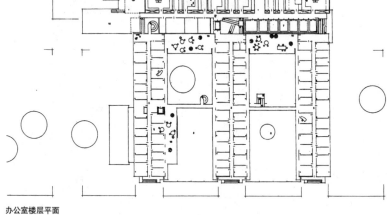

剖面

办公室楼层平面

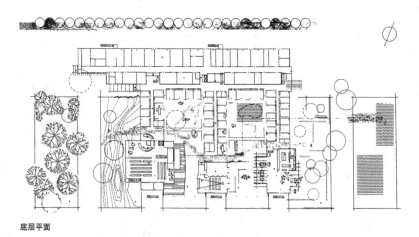

底层平面

材料和饰面

材料的选择考虑有目的地使用和环境影响的作用。设计参考了许多评判标准，包括在制造过程中所使用的能源、再生性和循环性、运输、维护和设计寿命。面向中庭的立面由玻璃的屋顶提供遮风挡雨。玻璃顶用一种当地的不需要处理的落叶松木材作框架和外表面。立面使用胶合的小截面板作外皮，这是一种充分利用粗糙的木材边角余料的技术。内墙面积的 60% 为玻璃窗，窗户的位置使得办公室能最大限度地采用自然光。暴露在室外多变的气候里的外墙为钢结构，采用纤维水泥窗间墙和洋槐木的外层覆面，洋槐木是当地仅有的、天然耐生物危险等级为 4 级的木材。外立面和内立面使用隔热的双层玻璃，而玻璃屋顶则为单层玻璃。

能源和气候控制

建筑设计在使用当代科技来符合当代需要的同时，同样也基于自然采光和使用地方材料的原则。

能源节约概念的基本元素是两个玻璃中庭，它们帮助调节太阳能采集，使得偌大的体量没有温度差别。在冬季，扩散的太阳光加热了空气，热量贮存在厚重的结构构件里。在夏季，花园被水池和植物的蒸发作用所降温。在这里所采用的遮阳系统受到了运用在商业暖房中的启发，在夏季里提供遮荫，在冬季里帮助防止外墙热量的散失。热空气和烟通过电控的阀门被抽走，实现彻底的自然通风，并在夜晚降低了建筑物的温度。这一系统大大地降低了运行费用。用户能够按照自己的意愿打开可推拉、可旋转的落地窗或无框窗给自己的办公室通风。只有厨房和图书馆采用了自动的机械通风。水循环由带有雨水收集系统的屋顶绿化所控制，收集到的雨水注入中庭水池或者用来冲洗厕所。

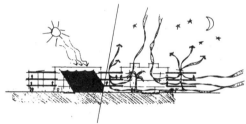

白天自然采光，夜晚自然通风

屋顶绿化和室外景观帮助
调节自然的水循环

使用者可以随意地给自己
的办公室通风

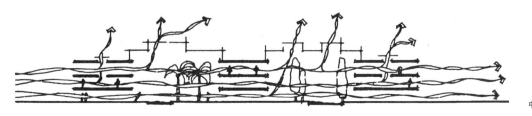

中庭可以自然通风

遮阳屏风的灵感来源于商业温室

拓展型的屋顶绿化种植景天属植物

外部景观创造了形成对照的自然区

地址：荷兰，瓦赫宁恩

工程概况：大约 300 人的研究所，有实验室、办公室、图书馆、会议室、厨房和餐厅

业主：阿纳姆，里基克斯格博丁斯特·迪雷克蒂·奥斯特（Rijiksgebouwdienst Direktie Oost）

建筑师：贝尼施，贝尼施及其合伙人事务所（京特·贝尼施，斯特凡·贝尼施，京特·沙勒），

工程负责人：托恩·吉利森（Gilissen），肯·拉特克，布鲁克·米勒，安德烈亚斯·迪楚奈特，亚尼·杜利（Yianni Doulis），迈克尔·舒赫，马丁·肖德（Schodder）

工程师：结构：阿姆斯特丹，阿龙松 VOF，建筑物理：斯图加特，弗劳恩霍夫研究所，流体：赖克斯韦克·迪恩斯（Rijkswijk Deerns RI）公司

雕刻家：米歇尔·桑热，美国；克里京（Krijn）·吉森，法国

景观：中庭：贝尼施，贝尼施及其合伙人事务所，以及科皮京（Copijn）和乌得勒支（Utrecht），室外景观：文·赫思（Hees），古达

时间表：设计竞赛于 1993 年 8 月进行，设计开始于 1993 年 10 月，施工从 1996 年 10 月至 1998 年 4 月

面积：总面积（不包括中庭）：11250m²

总承包商：托马松·杜拉（杜拉布旺），霍滕 BV

造价：大约为 4350 万德国马克（相当于 2224.1 万欧元），包括室外景观

希腊雅典的阿法克斯总部大楼

米莱蒂蒂基 /A·N· 汤巴西斯 (Meletitiki/A.N.Tombazis) 协作建筑师事务所设计

希腊的主要建筑集团之一 ——阿法克斯是一个年轻的公司。在新的总部大楼中，该集团试图利用技术和环境这两个概念的关联来建立一个力学的形象，同时为其员工提供舒适的工作条件。

环境特性

• 生物气候学特性
使用贮热物质材料，
用双层立面系统来控制太阳能的获取，
自然通风，
冷的储备系统

• 材料和构造
结构框架和楼板用混凝土，
立面的外层用绕轴旋转的图案印刷的玻璃翼片

• 技术特性
可以自动或手动控制的独立空调

• U 值
墙体 0.35W/(m²·K)
屋顶 0.31W/(m²·K)
玻璃 2.8W/(m²·K)

• 能源消耗
电能 62.3kW·h/m²/ 年，
冷气 7.7kW·h/m²/ 年，
热泵 27.4kW·h/m²/ 年，
照明 9.3kW·h/m²/ 年

背景和场地

该建筑位于雅典中心的一个拥挤的城市行政区，在海拔大约 100m 的利卡贝托斯 (Lycabettos) 山的斜坡上。500m² 的场地的后部和侧面被其他的建筑物所限定，而主要的和最长的立面朝东。这个建筑是欧洲联盟兆卡计划 (Thermie 2000)[1] 的一部分 (DG XVII)，该计划提供了研究基金和与工程节能及其他环境问题相关的其他费用。

功能和形式

建筑物最有效地利用了土地，其 3500m² 的总面积分配于三层地下停车场、底层的两层高的门厅、四层标准的办公室楼层和其上带有屋顶花园的行政楼层。在街道这一侧，大型的植物构成了外部空间，后院拥有一个小花园，入口大厅被大块的景观区所环绕。在标准层，沿着主要立面的办公室和会议室被走道与服务区分开，服务区有洗手间、厨房、楼梯和电梯。无柱空间的设计能适应未来的需要，内部装修根据楼层而变，家具和可移动的玻璃隔断的布局维持了开敞感。

结构原则

45% 的玻璃立面被由 5 个直径为 600mm 的支撑楼板的混凝土柱分成 7.2m 跨度。在建筑的背立面，混凝土墙仅有 10% 的开口。

主要立面的玻璃区包含 2 块有框的玻璃

在多云的天气，玻璃翼片完全打开

---

1 欧洲联盟鼓励在建筑中使用再生能源和节能革新计划。——译者注

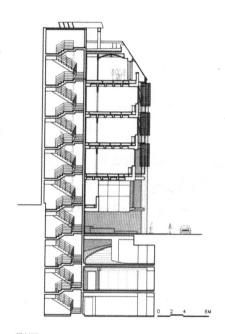

横剖面
建筑进深很浅,有3层楼的地下停车
场和5层楼的办公室
底层接待区为两层楼高

主立面有一个外部的"智能"层,它将阳光过滤,提供了
最佳的室内环境

办公室受益于印有图案的立面玻璃翼片所过滤的自然光

办公楼层剖面
气候控制通过窗户、顶棚吊扇和从楼面进入的冷空气的共同作用来实现

0 1 2 3M

片，总高1.7m，落在一个实心窗间板上；大的那块玻璃片提供景观视野，而较小的那块在500mm高处能够手动打开，以调节采光和通风。柱子立于立面前方，并且用钢梁在每一层与窗

间板连接，钢梁承载垂直的特制的印有图案的玻璃中轴旋转开启翼片。这样便形成了双层立面系统的外皮，它作为一个光栅，控制太阳能采集和自然采光。

材料和饰面

办公室的架空楼面是花岗石铺地，便于管线穿越。这一架空楼面使得楼板的下表面完全暴露（只是涂了涂料），从而充分利用了其热工性能。东面的外墙也有同样的作用，200mm的混凝土悬梁被包在建筑外墙内，外墙为包有保温层的钢板。窗户为铝框的双层玻璃，其细部设计可以减少冷桥，还安装了室内的百叶窗帘。西立面是双层立面，采用矿棉保温层和内部抹灰饰面的100mm厚的砌块。在底层和顶层，遮阳由外部的活动百叶窗提供。平屋顶是混凝土楼板，用聚苯乙烯隔热层和架空大理石铺地。内墙是石膏板和光面的砌块。

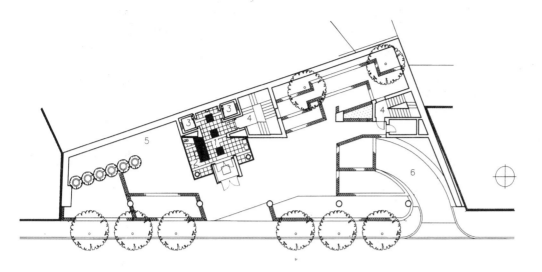

自然采光

建筑的浅进深，其中办公室仅 3m 进深，使得室内能够达到最适度的自然采光水平。"智能"立面成为一个光线过滤器，其密度自动地根据温度和进光量而改变，这可以由软件"Radiance和 Superlite"来进行电脑模拟并建立模型。当需要弥补必要的光度平衡时，人工照明的设计考虑了节能和取得舒适性。内墙涂成白色来帮助光线发散，并且每个工作区提供专用的照明来最终达到 200 ～ 250 lx（勒克斯）的间接照明系统。走廊和停车场的运动探测器与一个自动调节照明水平的控制系统相连接。这一系统能够用手工通过红外线控制器来操作。

能源和气候控制

自然通风系统减低了对空调的需求。在白天，太阳光由立面翼片所过滤，阳光仅仅产生最少的热量。手工控制的安装在顶棚上的螺旋状风扇将舒适度保持在 25℃ 至 29℃ 之间。在夏季的月份里，在温度较低、能效较高和能源较便宜的晚上 21 点到早上 7 点之间，有一台中心冷却机在地下室运行，由机械通风将建筑预先制冷。局部的运动探测器用来启动空调；架空楼板系统可以安装局部的冷却机，同时又

底层向行人开敞

提供了空气管道的空间。立面的翼片可以调整，这一夜晚冷却系统由一个中心建筑管理系统启动，它被设计成为"空气护照"项目（欧共体"焦耳"计划[1]中的组成部分）的一部分。当人们打开窗户、开关风扇并且操作局部的空调时也参与了能源管理。太阳能集热板满足了一部分热水的需求，而光电板则提供了保安和电话系统的电能和底层照明用电。

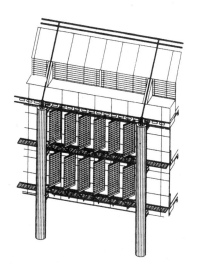
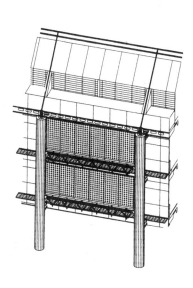

"智能"立面根据室内温度来过滤阳光，从而调节太阳光的获取和光线效果

自动控制系统可以用手工操作

主要结构柱支撑用以搭载印有图案的玻璃片的钢桁架

地址：希腊，雅典，15 Koniari Street
工程概要：带有接待、办公和行政区的总部大楼
业主：阿法克斯
建筑师：雅典，米莱蒂蒂基／A·N·汤巴西斯（Meletitiki／A.N.Tombazis），由尼科斯·弗雷托利第斯（Fletoridis）协助
工程师：结构：结构设计公司。电气：机电顾问工程师公司，雅典能源：特定技术协会，雅典
时间表：设计开始于 1992 年，施工从 1994 年 2 月至 1998 年 5 月
面积：总面积 3050m²，5 层楼加 3 层地下停车场
承包商：阿法克斯，雅典
造价：367647 欧元，不含税

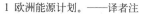

1 欧洲能源计划。——译者注

马里奥·库西内拉建筑师事务所设计

环境特性

• 生物气候学特性
高效的、灵活使用的平面，
自然通风，
舒适的温度、湿度和采光水平

• 材料和构造
混凝土框架和楼板，
铝合金遮阳板，
钢和玻璃的楼梯

• 技术特性：
热电对流散热器

在这幢建筑中办公室围绕中庭布置，成为在意大利炎热地区的显著的高效采用自然通风的建筑。在实验测试准确模拟了办公室的光照效果后，研发出了该建筑的采光系统。

背景和场地

90000m² 的伊古奇尼（lguzzini）总部大楼的场地位于中部意大利的山峰和山谷之间，这里容纳了集团的工业活动和行政办公总部，总建筑面积为 30000m²。马里奥·库西内拉承担了整个场地的改造，包括新管理楼新制造车间的建造，入口道路和新景观、照明和指示牌的重组等。这一改造建立了步行和机动交通的层次以及在厂区、停车场和绿色空间之间的明确区分。从正门开始，绿树成荫的道路将人们引导进入各栋建筑和一个陈列有前罗马帝国遗址挖掘遗物的公共花园之中。

功能和形式

矩形的总部大楼围绕中庭布置，中庭包含花园、电梯和服务区，通过玻璃和钢制的楼梯直接与邻近的区域相连。行政办公室占据了基本上是开敞的三个楼层，管理办公室位于顶楼，与平台相连。中庭面积为 100m²，13.8m 高，屋顶上有 12 个 2.8m 高的天窗，为办公室带来了顶部采光和自然通风。这一构图使得可用面积和总使用面积的比率保持在 0.83，符合这种类型办公室在市场中的标准比率，因此并没有对经济效益产生不利影响。南立面完全是玻璃的；由于外部气温在夏季可能达到 38℃，所以在顶层平台上方采用了一个固定的雨篷作为遮

南立面外观
前景是树荫遮蔽的停车场

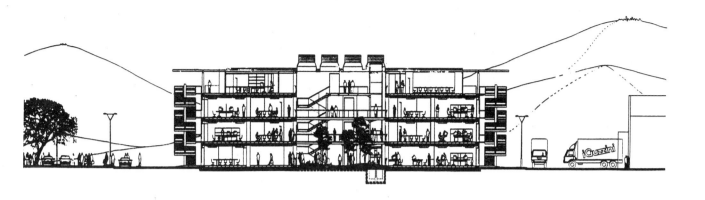

阳板，它沿水平方向伸出 6.7m，并且在立面前方向下延伸 3.7m。底层沿建筑宽度的一个草坡隐蔽了一个遮阳的室外停车场。

结构、材料和饰面

该场地位于地震区，因此主体结构和楼板，以及建在一个通风口上的底层楼板采用钢筋混凝土建造。北面和南面的立面用玻璃幕墙覆盖，用钢悬臂构件支撑在混凝土结构前方 780mm 处。铝合金框架构件的细部设计是为了防止冷桥，玻璃是低辐射率的 8/12/6mm 的双层中空玻璃。东立面和西立面为不透明材质，覆盖有 1200mm×300mm 的黑色无光瓷砖。遮阳雨篷由 330mm 的铝合金条组成，支撑在一个 I 型钢梁结构上。为了完全遮挡建筑的夏季直射太阳光，和 80% 的春秋季太阳光，屋顶雨篷的铝合

金条间距为 400mm，与水平方向呈 45°排列。而立面前方的遮阳铝合金条水平排列，间隔为 500mm，可以获得冬季的直射阳光并且保证建筑物的视野。混凝土框架、楼板和砌块墙直接与室内空间相联系，并且作为贮热物质。以瓷砖铺地的架空楼板取代顶棚（即吊顶），因为它具有更大的灵活性。

能源和气候控制

该项目使用主动式和被动式的元素，以及将自然通风，热惯性和防晒相结合的简洁的总体战略。屋顶开口的面积为立面开口面积的一半，并且天窗结合了用来通风的铝合金百叶。幕墙立面由 6.6mm×3.2m 的框架组成，每一个框架被分成 9 块玻璃片，其中 4 片玻璃可以开启——两个在顶部，两个在下

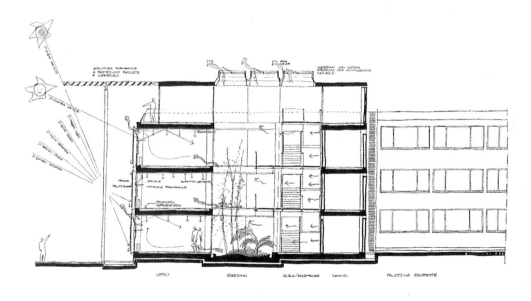

草图表现能源原则
太阳篷被改进得更有效

部。这一结构，利用了包围着的中庭的空气和由立面进入的新鲜空气之间的温度梯度来获得自然的对流通风。当没有风时，该系统通过中庭里形成的空气层以烟囱效应来运作。在中庭和办公室之间的开口很小，所以对于空气运动的作用很小。一个中心控制系统保证所有这些部件正常工作。结构构件的贮热性能与自然通风原则相结合，在夜晚降温并且防止白天的过热。结果是在全年55%的时间内都有着舒适的室内环境，只有10%的时间需要冷气，35%的时间需要暖气。能源消耗比常规的办公楼低了70%。

为了达到室内光线的满意度，进行了一个日光测试（见第99页）。结果显示，采光水平为565～1031 lx，这远远高于对于办公室的350～500 lx的适度照明的要求。遮阳的假想措施也进行了测试，并在经过一些改进后得到认证：即位于中央的最暴露的窗户必须安装室内遮阳帘，并且安装反光罩使光线能进一步进入办公室。

地址：意大利雷卡纳地，伊古奇尼·伊卢米那；SS77,km102

项目概况：行政和管理总部

业主：伊古奇尼·伊卢米那（iGuzzini Illuminazione SRL）公司

建筑师：巴黎和博洛尼亚，马里奥·库西内拉建筑师事务所（MCA）（马里奥·库西内拉，伊丽莎白，爱德华多·巴达诺，西蒙娜·阿加比奥（Agabio），弗朗切斯科·邦巴尔迪，伊丽萨贝塔·特雷扎尼（Trezzani）

工程师：环境：奥韦·阿勒普及其合伙人事务所，伦敦，结构：多梅尔·萨巴蒂尼，雷卡纳蒂

日照系数研究：洛桑生态技术学院（Ecole polytechnique de Lausanne）

景观设计：詹姆斯·泰南，里昂

时间表：设计从1995年至1997年，施工从1996年至1997年

面积：总面积3000m²

承包商：立面和钢构：普罗莫（Promo SRL）公司，马切拉塔

造价：320万欧元，不含景观，景观造价为70万欧元

中庭允许自然通风

带有疏散楼梯的东立面

太阳篷的细部

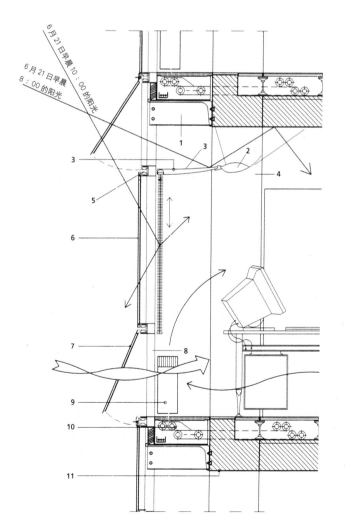

6月21日早晨10：00的阳光

6月21日早晨8：00的阳光

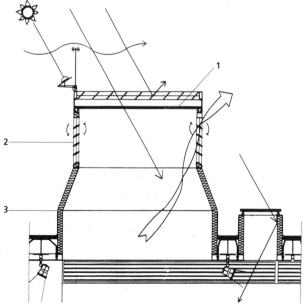

南立面的剖面
1 200mm×100mm×5mm 矩形空心钢
2 顶灯
3 1mm 厚铝合金板
4 550mm×550mm 混凝土柱子
5 铝合金框断面
6 8/12/6mm 厚低辐射率双层玻璃
7 可开启的窗户
8 铝合金立面构件
9 散热器
10 服务管道
11 混凝土楼板

中庭天窗的剖面
1 12/12/10mm 厚双层玻璃
2 铝合金条
3 80mm 铝合金夹层板

法国拉图尔·萨尔维的完全能源工厂和办公楼

雅克·费里埃设计

完全能源工厂的新制造车间风格朴素而优雅，是符合经济性和环保要求的，并且是将结构效率与敏感的环境处理相结合的设施。这一成功的关键取决于从项目初期就开始的业主、建筑师、工程师和承包商之间的紧密合作。

环境特性

• 生物气候学特性
与景观相结合，
紧凑的体量，
办公室墙体内有附加的保温层，
主动式利用太阳能

• 材料和构造
主体结构为镀锌钢门式框架，
侧墙为砌块墙，
外墙板和屋顶用有纹路的钢板，
窗框与铝合金平板相结合，
穿孔的铝合金遮篷，
山墙外墙板和遮阳板用Prodema板，
使用标准目录的构件

• 技术特性
Photowatt 光电组件，
可逆的热泵，
贮热楼板，
用于停车场地表水的碳氢化合物分离器

• U 值
墙体 0.4W/(m² · K)，
屋顶 0.49W/(m² · K)

• 能源消耗
冬季 138944kW · h
夏季 27275kW · h

• 隔声
墙体 48dB

背景和场地

完全能源工厂是一个迅速发展的制造太阳能光电电池的公司，主要出口到发展中国家用于驱动井泵或是类似的设施。位于里昂的原场地已不适应集团的发展，因此该集团决定在城市的边缘建造一个新工厂。业主要求经济化的建造，并且将其生产的 PV 组件整合进建筑成为技术的展示。场地位于刚建立的一个商业园区，处于乡村环境中，邻近拉图尔·萨尔维村庄。建筑被分成几个体量，其尺度和形状使人联想起附近的谷仓，成组分布在场地的西北角，为未来的扩建留有空间。建筑部分地建于山腰，避免高于邻近的树木，从而与周围景物谨慎地结合。

功能和形式

为了与该集团的协作哲学保持同步，办公室和厂房建筑使用相同的建筑语言，并且有着清晰而高效的结构系统。主楼有两栋，在北楼，一个容纳设计办公室、研究实验室和售后服务部门的长形楼座俯视主要集会区和仓库。北楼的双倍宽度视觉上被它的两个纵向重复的体量所减小。较小的办公楼与北楼平行，并且由一个镀锌的人行小钢桥相连，它拥有两层楼的行

建筑体量的重复有助于建筑与周围环境相融合

政办公室和销售部门办公室。门厅位于人行小桥的下方，并延伸到一个展览区，可以俯视南边周围的乡村景色。

结构原则

该项目的适度预算，导致的不是日常所见的建筑，而是最低纲领主义者所倡导的简洁明晰。高质量的建筑通过严格的方法来实现，使用标准的、批量生产的目录产品来对特定的需要作出特定的反应。钢门式框架是一个经济的结构系统，可以迅速地建造起来，就像用在仓库和农业建筑中一样。以 6m 为轴线网格,跨距 12m,提供了一个宽大无柱的、高度灵活的使用空间。建筑外表面可以被简

便地拆卸，并且也曾经因为增加办公区的一扇窗户而改动过。

材料和饰面

立面和屋顶用的是预先涂膜的有凹凸的钢板。在厂房楼中，外墙由钢板、两层保温层和一层钢皮的内表面所组成。在办公楼中，200mm 的砌块墙设在外立面的金属外墙板内侧，在砌块墙内侧还填有一层保温层。一些细部设计突出由此产生的内表面的一致性。西立面山墙用 Prodema 材料包裹，这是一种用热硬树脂浸渍的木纤维产品，呈板状或水平条状，为窗户提供了遮荫。在每一面山墙的前面有一个穿孔的铝合金天篷，由一个分离的门架结构

山墙面板用 Prodema 板和百叶

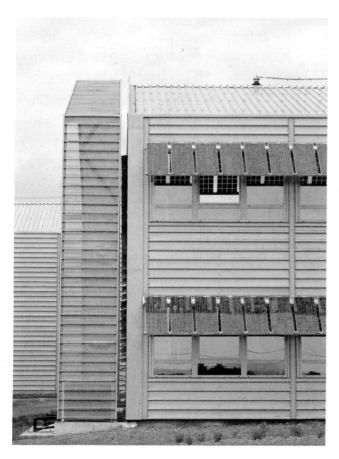

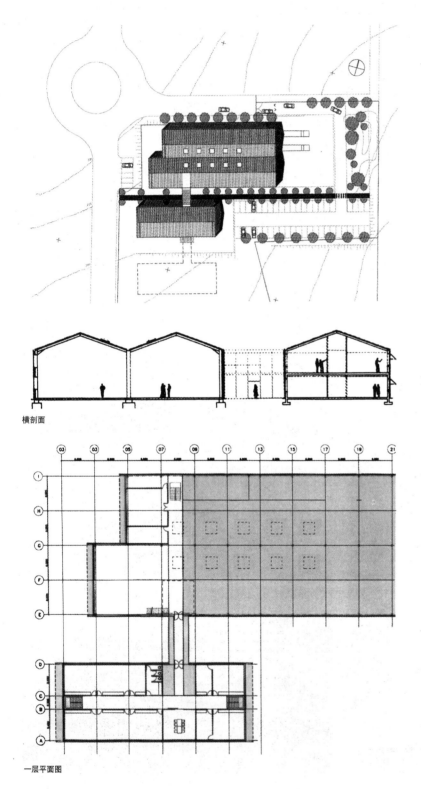

横剖面

一层平面图

支撑，提供了一个有顶的室外堆场。为了避免切割昂贵的外墙面板，较长立面上的窗户按垂直开间与铝合金板平接。整个建筑的质量归功于细致的细部设计和不同标准构件之间的节点的处理。

能源和气候控制

完全能源工厂的光电组件以两种方式运用在本工程中。120 个 500mm × 1000mm 的 Photowatt 光电板，呈 40° 倾斜，被固定在办公建筑的南立面的玻璃板的前面。光电板上的多晶硅以不规则图案呈现为眼状，涂成银色和蓝色，它们是半透明的，既作为遮阳板，同时也出产能源。而在实验室上方有着整合了 36m² PV 组件的玻璃区，向下投射出浅蓝色的光。这两部分的光电板可以产生大约 20% 的能源需求，同时提供了一个全尺度的测试设施。暖气系统也相应满足了这栋建筑的专门需要。可逆的热泵加热了实验室和办公室，而这些房间内的控制器也使得每间房间可以单独调节温度。厂房区是通过储热楼板系统供热的，在冬天温度可以基本达到 10℃，在必要时结合散热器又可以提供额外的采暖。采暖系统是通过一个外部的恒温器电动控制的。

地址：法国，12,allée du Levant,69890 拉图尔·萨尔维
项目概况：工厂和办公室
业主：完全能源工厂（首席执行官罗兰·巴尔泰兹）
建筑师：巴黎，费里埃·雅克事务所，项目建筑师：让·弗朗切斯科·里松和纪尧姆·索尼耶，斯蒂芬·吉特
工程师：皮唐斯
PV 板的安装：索拉特，伊夫·若塔尔特（Jautard）
时间表：设计开始于 1998 年 1 月，施工从 1998 年 6 月至 1999 年 3 月
面积：办公室净面积 800m²，厂房净面积 1400m²
总承包商：皮唐斯
造价：815 万法国法郎（相当于 124.2 万欧元），包括采暖和通风，但不包括 PV 板

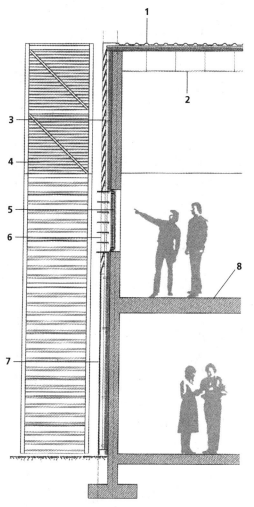

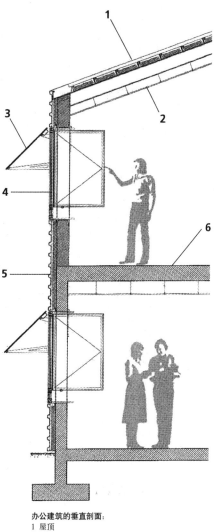

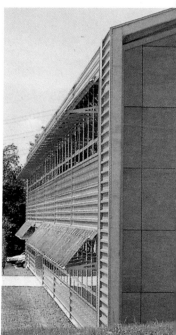

南面窗户上的作为遮阳的半透明 PV 板

每个山墙被穿孔的铝合金篷延伸

厂房建筑的垂直剖面:
1 屋顶
　－钢面板
　－双层保温层
　－内部钢皮
2 镀锌钢结构
3 上部立面
　－墙板是以树脂填充的木材
　－空气间层
　－保温层
　－防潮层
　－砌块墙
　－带有保温层的内部墙板
4 穿孔的镀膜的遮篷架设在分开
　的镀锌钢结构上
5 带有防冷桥细部的铝合金框低

辐射率隔热玻璃窗
6 固定遮阳板安装在以树脂填充
　的木条上
7 下部立面
　－平接的、以树脂填充的木板
　为墙板
　－空气间层
　－防潮层
　－砌块墙
　－带有保温层的内墙板
8 钢筋混凝土夹层楼板

办公建筑的垂直剖面:
1 屋顶
　钢面板
　双层保温层
　内部钢皮
2 镀锌钢结构
3 涂膜钢固定件上的倾斜的 PV 板
4 带有防冷桥细部的铝合金框低辐射率隔热玻璃窗
5 典型立面
　－涂膜的钢面板
　－空气间层
　－保温层
　－防潮层
　－砌块墙
　－带有隔热层的内部墙板
6 钢筋混凝土楼板

镀锌钢桥连接办公室和工厂

法国索姆湾的高速公路服务站

布鲁诺 · 马德设计

环境探索也许可以运用于所有类型的建筑。在本项目中，一个由业主、技术及经济的合作者支持的充满活力的设计团队将一个普通的服务站变成了一个连接周围风景的瞭望台。

背景和场地

这个服务站坐落在索姆湾和英吉利海峡之间，有一个瞭望塔和一个风力发电机，它从一片 20 公顷的场地里柔和地升起，矗立于安静而开敞的风景中。建筑群置于一个直角的网格里，以景观处理减少周围交通的影响：服务道路位于场地的一端，以免打断全景的视野，而停车场以水渠为边界，成组布置于低地，使得场地和周围的田野有连贯的视野。流过场地的三个横向水渠汇集服务区和邻近高速公路的雨水径流。其中一个水渠形成池塘，池塘沿着建筑物附近的浮桥延伸，并环绕着圆形的瞭望塔，瞭望塔在水中形成清晰的倒影。这个水池也作为消防蓄水池。

功能和形式

长长的、水平伸展的建筑物与种有四排槐树的林荫道连成一线，而槐树的行列与结构木柱相映成辉。其平展而纤细的屋顶板覆盖

了不同的服务区。在加油泵站的对面，商店、卫生间和咖啡厅坐落在三个混凝土体块之中，而它们之间的豁口形成了远处越过皮卡尔第 (Picardy) 平原的一系列田园风光的景框。咖啡厅、售卖土特产品的小商店以及一个展览区坐落在宽敞明亮的玻璃建筑里，眺望着邻近的沼泽地。由多级台阶向下导向一个步行道，并且延伸为沿着水渠的平台，由此导至瞭望塔。在瞭望塔里，有表现该区域动植物生活的陈列展览。在夜晚，安装在地面和墙面上的照明灯标示穿过池塘的道路，而池塘被步行道和浮桥下方的泛光灯照耀着。

结构原则

三栋服务楼的墙体由大块的预制混凝土板构成，透过玻璃部分可以看见位于其上的主屋顶。混凝土墙与一个单独的交叉支撑的开间

环境特性

• 生物气候学特性
基地景观处理，
结构、墙板和室内装修使用木材，
使用天然耐久的木材，
混凝土板采用当地石料，
深远的挑檐减少夏季直射的阳光，
上层屋顶的外皮能减少屋顶的热度，
周边的沟渠收集雨水

• 材料和构造
结构柱用胶合层压的落叶松木材，
木框架，
墙体为预制混凝土板，在外表面嵌入外露的 Hourdel 地区的卵石，
幕墙用 Cekal Climalit 铝合金框双层玻璃，
地面用灰色人造水磨石，
吊顶为加篷木胶合板，
屋顶板为钢板，上层加落叶松木板，
铺面板和浮桥用吐根木，
瞭望塔立面用落叶松木

• 技术特性：
带有热量回收的双向通风，
地表水的碳氢化合物过滤器，
风力涡轮机

• U 值
墙体 0.4W/(m²·K)
屋顶 0.35W/(m²·K)
幕墙 2.6W/(m²·K)

• 工地
快速的、低环境影响的建造过程

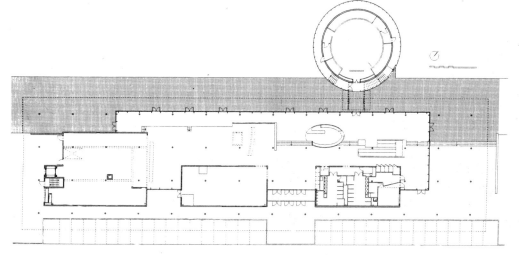

总平面

服务区与周围的环境融合在一起

一起，为支撑屋顶的胶合层压的落叶松柱提供横向稳定。这些柱子突出于屋顶平面，使人联想起沿岸贻贝和牡蛎养殖场的成排木柱。薄屋顶结构使用的是胶合层压木，隐藏在加蓬木层压的胶合顶棚板内，使得屋顶看上去像是一层薄板。

材料和饰面

为回应当地的现状，在混凝土模板中嵌入一层当地的灰色卵石，给予墙体粗糙感，与光滑的层压顶棚形成对照。局部顶棚是多孔的，改善了声学效果。瞭望塔有一个混凝土的核心，并且以未刨光的落叶松木为漏空的外墙，使人联想起打猎小屋，逐渐从灰色的阴影中获得其拙朴的外貌。浮桥和步行道是用吐根树的硬木制成，其密度和天然耐久性使得它能承受较大的湿度变化。采光设备和通风机放在混凝土建筑的顶上，雨水管隐藏在屋顶的厚度中，使得纯净的屋顶线条衬托出周围的景观。为了保证整体的和谐，服务区的其他部分按照一个精确的设计说明来建造，限定了对于形式、材料和标识的要求。

屋顶用落叶松木外皮保护

能源和气候控制

顶棚高度超过 5m，使得建筑大大受益于自然光。幕墙是带有 12mm 的空气间层的双层玻璃，其铝合金框架的断面的细部设计能避免冷桥。深远的挑檐限制了阳光的直射，从而避免室内空间过热。一个双向的通风系统从使用过的空气中回收热量，空气从玻璃立面的下部吹入，避免冷凝作用，并且提供夏季的舒适性。从瞭望塔可以看到，主屋顶的钢面板上面由一层松木厚板覆盖，促进空气循环和避免夏季过热。

场地非常暴露，并且非常适合安装一台风力发电机。单个发电机每年产生 500000kWh

三个服务体块被组织在一个木屋顶下

景观处理包括一个水处理系统；地表
水通过碳氢化合物分离器，然后被池
塘里的芦苇过滤

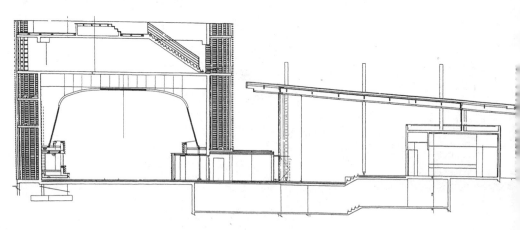

瞭望塔和服务建筑的剖面

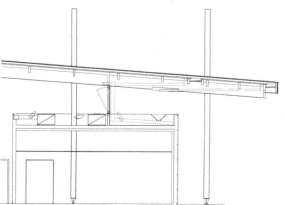

雨水管和间接照明隐藏在建筑体量的上方

节点设计以保证木材的长期的耐久性
钢连接件保护柱础，伸出屋顶的木柱
上加有顶盖，并且节点细部设计防止
水的存积

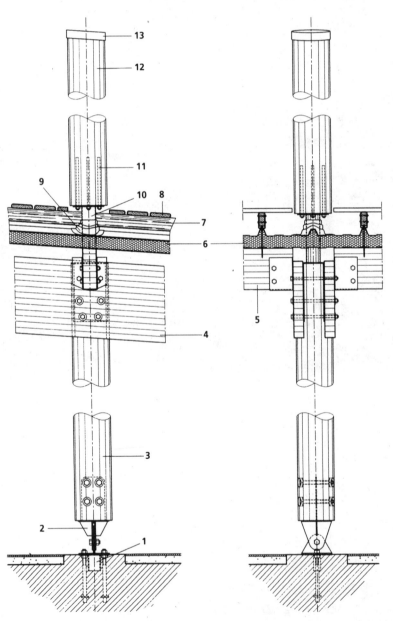

柱子和屋顶梁连接的细部
1 预埋的底板和螺丝
2 钉住的钢连接件
3 240mm直径的胶合层压木柱
4 胶合层压的主屋顶梁
5 胶合层压的次梁，以钢螺栓接合
6 120mm的双层钢立面盖板
7 实心木条通过钢横架固定在盖板上

8 上层外皮采用25mm的落叶松板
9 导管形的防水接头
10 钢柱连接构件
11 16mm直径螺纹杆，用螺丝和胶固定入柱子并用螺栓固定在钢接合板上
12 240mm直径的胶合层压木柱
13 锌盖片

的电能，足够供给电力和空调的需求。因为能源的产生是可变的，而且不能被贮存，所以被卖给法国国家电力供应商（EDF），并且再以优惠的价格回购。

地址：法国，在阿布维尔（Abbeville）附近的 A16 高速公路上
项目概况：带有餐厅、展示和零售区、厕所、展览和瞭望塔的服务站
业主：建筑业主是索姆区政府，室外为萨内弗（Sanef）
建筑师：布鲁尼奥·马德，助理建筑师帕斯卡·博森（Boisson）
工程师：木结构：瑟尔瓦顾问公司，流体：艾内兹（Inex），塞格弗（Cegef），工程量估算员：米歇尔·迪克鲁
景观设计：帕斯卡阿内泰勒
时间表：设计竞赛于 1995 年 12 月进行，设计从 1996 年 3 月至 1997 年 2 月，现场施工从 1997 年 9 月至 1998 年 5 月
面积：总面积为 4828m²
承包商：总承包商为维耶（Quille），木构承包商为马蒂斯
造价：1997 年建筑加室外区的价格为 1970 万法国法郎（相当于 300.3 万欧元），配景为 250 万法国法郎（相当于 381120 欧元）

德国海尔布隆的停车场

马勒尔·京斯特·富克斯设计

德国建筑实践家马勒尔·京斯特·富克斯受风格和技术的创新所驱使，着眼于木材的环境优势，经常大量地使用木材。位于海尔布隆的停车场具有最适度地使用木材，纯净的形式和明晰的线条的特点。

背景和场地

该建筑的设计为到访市中心以及附近游泳池和冰球体育馆的人们提供停车服务。为了保护场地背面的大树，停车场沿主干道布局。停车场矗立在一个石塔附近，那是该市保留下来的堡垒要塞，停车场建筑独有的形式成为到达海尔布隆市的标志。

功能和形式

停车场有6层楼，137.5m长，18.5m宽，每个端头有半圆柱形的坡道。建筑的外观随着观看的角度、天气和光线而改变。驾车而来的人们从远处看这幢建筑好像是一块磐石，抑或

堡垒；从近处看，立面上的缝隙可以透出垂直的光柱。

结构原则

建筑采用了若干种材料，并充分利用了每一种材料的性能。钢框架设置在4.6m的网格上，由300mm的H截面柱和450mm的H截面梁组成。这一钢框架支撑着50mm厚、2.5m宽的预制板，并将其作为150mm厚的钢筋混凝土楼板的永久性模板。侧向的稳定性由坡道周围的混凝土墙来提供。立面由锯齿形断面的花旗松组成，40mm×60mm宽、15.2m长，距离木框架25mm处固定，以形成2.5m宽的

环境特性

• 生物气候学特性
与周围环境相结合，
使用当地的木材，
自然采光和自然通风，
建筑周围以景观围绕

• 材料和构造
H截面的钢框架，
钢筋混凝土楼板浇筑于永久性的混凝土模板上，
立面为花旗松的开敞构架

137m长的停车场横靠着公园

横剖面

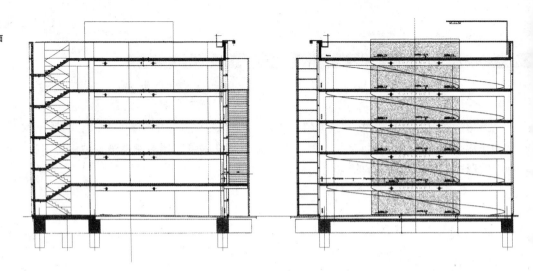

18.5m×2.5m 的立面板在工地外预制

预制板材。这些构件通过钢连接件固定在混凝土楼板上。通往不同楼层的步行入口的双向开启门也采用花旗松，并且与立面成为一个整体。

材料和饰面

未刨光的花旗松的灰赭石色彩与古城堡的石头颜色相符合。在东边坡道前和沿路的立面上，立于圆形胶合层压木柱上的镀锌钢格构立于立面线外1.2m处，由水平钢支杆与主体结构相连接。这一视觉叠加手法和背后的立面产生了垂直线条和水平线条的结合，给整个建筑带来了生气。这一建筑所拥有的高品质的细部处理无懈可击。

能源和气候控制

木材凹凸波纹之间的缝隙保证了停车场内的自然采光和通风，创造了少有的舒适和安全的感受，同时也可观地节省了运行费用。外部空气自由地穿越建筑内部，也意味着建筑不需要考虑防火措施。在面对市镇中心的立面上，混凝土的主楼梯位于木制的立面和钢格构之间，并由一个外部的金属网所保护。这不仅创造了一个具有安全感的缓冲区，而且使人联想到老防御工事塔顶上的走廊。

建筑被绿化环绕；原有的树木被保留，并且种植了灌木以便重构通往体育设施的路线，周围的草皮几乎漫延到了停车场里。只有入口

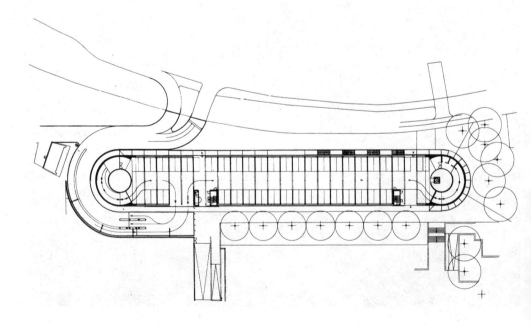

总平面

室外楼梯由镀锌钢结构支撑的网状表皮所保护

道路和步行道以混凝土砌块铺筑。在夜晚，沿着立面的室外照明照亮了建筑和周围地面，增加了垂直线条和水平线条的微妙的相互作用。

地址：德国，Mannheimer Strasse，72024 海尔布隆
项目概况：500 个车位的停车场
业主：海尔布隆市政府
建筑师：马勒尔 · 冈斯特 · 富克斯及卡琳 · 施密特 · 阿诺尔特
结构工程师：菲舍尔 & 弗雷德里希，斯图加特
时间表：设计开始于 1996 年，施工从 1997 年 12 月至 1998 年 12 月
面积：净面积为 13500m²，底层加上部 5 层，包括屋顶停车场
木构承包商：米勒木业，布洛伊施泰因－迪町根 (Ditingen)
造价：1080 万德国马克（相当于 552.2 万欧元）

半开敞的木凹凸墙板保证了自然采光和自然通风

附　录

有用的地址

ADEME
27, rue Louis Vicat
F - 75015 Paris
Tel.: + 33.1.47.65.20.00
Fax: + 33.1.46.45.53.36
www.ademe.fr

ADPSR – Architects,
Designers and Planners
for Social Responsability
P.O. Box 18375
Washington, DC 20036-
8375
USA
information@adpsr.org

AECB – Association
for Environment Conscious
Building
P.O. Box 32
UK – Llandysul SA44 5ZA
admin@aecb.net
www.aecb.net

Agence d'urbanisme
et de développement de la
région Flandre - Dunkerque
38, quai des Hollandais
F - 59140 Dunkerque
Tel.: + 33.3.28.58.06.30
Fax: + 33.3.28.59.04.27
doc@agur-dunkerque.org

AICVF
(Association des ingénieurs
en climatique, ventilation
et froid)
66, rue de Rome
F - 75008 Paris
Tel.: + 33.1.53.04.36.10
Fax: + 33.1.42.94.04.54
www.aicvf.asso.fr

Arbeitsgemeinschaft
Holz e.V.
Postfach 30 01 41
D - 40401 Düsseldorf
Tel.: + 49.211.47.81.80
Fax: + 49.211.45.23.14
www.argeholz.de
argeholz@argeholz.de

Association HQE
Villa Pasteur
83, boulevard Mac Donald
F - 75019 Paris
Tel.: + 33.1.42.05.45.24
Fax: + 33.1.42.05.64.69

Austrian Energy Agency
(E.V.A.)
Otto-Bauer-Gasse 6
A – 1060 Wien
Tel. + 43.1.586.15.24
eva@eva.ac.at

BREEAM
Tel.: + 44.1923.664.462
Fax: + 44.1923.664.103
breeam@bre.co.uk

CIDB
(Centre d'information et de
documentation sur le bruit)
14, rue Jules Bourdais
F - 75017 Paris
Tel.: + 33.1.47.64.64.64
Fax: + 33.1.47.64.64.65
www.cidb.org

Cler
(Comité de liaison énergies
renouvelables) 28, rue Basfroi
F - 75011 Paris
Tel.: + 33.1.46.59.04.44
www.cler.org

CNDB
6, avenue de Saint-Mandé
F - 75012 Paris
Tel.: + 33.1.53.17.19.60
Fax: + 33.1.43.41.11.88

CORDIS – Community
Research & Development
Information Service
Rue Montoyer 40
B – 1000 Brussels
Tel. + 32.2.238.17.36
Fax + 32.2.238.17.98
Press@cordis.lu

CSTB
4, avenue du Recteur Poincaré
F - 75782 Paris Cedex 16
Tel.: + 33.1.40.50.28.28
Fax: + 33.1.45.25.61.51
www.cstb.fr

CTBA
Allée Boutaut
F - 33300 Bordeaux
Tel.: + 33.5.56.43.63.00
Fax: + 33.5.56.39.80.79
www.ctba.fr

Deutsche Energie-Agentur
Chausseestrasse 128a
D - 10115 Berlin
Tel.: + 49.30.726.16.56
Fax: + 49.30.726.16.56-99
info@deutsche-energie-
agentur.de

Ecole d'architecture
de La Villette
Formation continue à la HQE
144, avenue de Flandre
F - 75019 Paris
Tel.: + 33.1.44.65.23.55
Fax: + 33.1.44.65.23.56

Enstib
27, rue du Merle Blanc
BP 1041
F - 88051 Epinal Cedex 9
Tel.: + 33.3.29.81.11.50
Fax: + 33.3.29.34.09.76

Environmental Law
Network International
(elni)
c/o Öko-Institut e.V.
Elisabethenstr. 55-57
D – 64283 Darmstadt
Tel. + 49.6151.819.131
Fax + 49.6151.819.133
unruh@oeko.de

Fraunhofer-Institut für
Solare Energiesysteme ISE
Heidenhofstr. 2
D - 79110 Freiburg im
Breisgau
Tel. + 49.761.45.88 - 0
Fax + 49.761.45.88 - 9000
info@ise.fhg.de

Freiburg Futour
Wipperstrasse 2
D - 79100 Freiburg im
Breisgau
Tel.: + 49.761.400.26.40
Fax: + 49.761.400.26.50
info@freiburg-futour.de
www.freiburg-futour.de

Gemeinde Mäder
Alte Schulstrasse 7
A - 6841 Mäder
Tel.: + 43.55.23.52.860
Fax: + 43.55.23.52.860-20
Gemeinde.maeder@vol.at

Gepa
26, boulevard Raspail
F - 75007 Paris
Tel.: + 33.1.53.63.24.00
Fax: + 33.1.53.63.24.04

Geschäftsstelle Vauban
Technisches Rathaus
Fehrenbachallee 12
D - 79106 Freiburg im
Breisgau

Ifen
(Institut français
de l'environnement)
61, boulevard Alexandre-
Martin
F - 45058 Orléans Cedex 1
Tel.: + 33.2.38.79.78.78
Fax: + 33.2.38.79.78.70
www.ifen.fr

Institute of Environmental
Technology
Fachhochschule beider Basel
Fichtenhagstr. 4
CH – 4132 Muttenz
Tel. + 41.61.467.45.05
Fax + 41.61.467.42.90
ifuinfo@fhbb.ch

Istituto Nazionale
di Urbanistica
Piazza Farnese 44
I – 00186 Rom
Tel. + 39.06.688.01.190
Fax + 39.06.682.14.773
inunaz@tin.it

Landeshauptstadt Stuttgart
Hochbauamt
Dorotheenstrasse 4
D - 70173 Stuttgart
Tel.: + 49.711.216.66.84
Fax: + 49.711.216.74.30

Minergie
Steinerstrasse 37
CH - 3000 Bern 16
Tel.: + 31.352.51.11
Fax: + 31.352.42.06
info@minergie.ch

Ministère
de l'Aménagement
du territoire et de
l'Environnement
20, avenue de Ségur
F - 75302 Paris 07 SP
Tel.: + 33.1.42.79.20.21
Fax: + 33.1.42.19.14.67
www.environnement.gouv.fr

Observ'ER
(Observatoire des énergies
renouvelables)
146, rue de l'Université
F - 75007 Paris
Tel.: + 33.1.44.18.00.80
Fax: + 33.1.44.18.00.36
Observ.er@wanadoo.fr

Österreichisches Ökologie-
Institut für angewandte
Umweltforschung
Seidengasse 13
A – 1070 Vienna
Tel.: + 43.1523.61.05
Fax: + 43.1523.58.43
oekoinstitut@ecology.at

Passivhaus Institut
Rheinstrasse 44-46
D - 64283 Darmstadt
Tel.: + 49.61.51.826.99-0
Fax: + 49.61.51.826.99-11
Passivhaus@t-online.de
www.passiv.de

Proholz-Holzinformation
Österreich
Uraniastrasse 4
A - 1011 Vienna
Tel.: + 43.222.712.04.74.31
Fax: + 43.222.713.10.18

Roy Prince, Architect
Sustainable ABC
P.O. Box 30085
Santa Barbara, CA 93130
USA
Tel.: + 1.805.898.9660
Fax: + 805.898.9199
royprince@sustainableabc.com

Stern
Schwedterstrasse 263
D - 10435 Berlin
Tel.: + 49.30.443.636.30
Fax: + 49.30.443.636.31

Swiss Priority Programme
Environment
Programme Management
(SPP)
Länggassstrasse 23
CH - 3012 Bern
Tel.: + 41 31 307 25 25
Fax: + 41.31.307.25.26
info@sppe.ch

Ville de Rennes
Direction de l'architecture,
du foncier et de l'urbanisme
71, rue Dupont des Loges
Hôtel de Ville
F - 35031 Rennes
Tel.: + 33.2.99.28.57.18
Fax: + 33.2.99.28.58.51

Zentrum für Energie
und Nachhaltigkeit im
Bauwesen (ZEN)
c/o EMPA Dübendorf
CH - 8600 Dübendorf
Fax: + 41.1.823.40.09
zen@empa.ch

Zürcher Hochschule
Winterthur
Zentrum für nachhaltiges
Gestalten, Planen und
Bauen
Prof. Hansruedi Preisig
CH - 8401 Winterthur
Tel.: + 41.52.267.76.16
Fax: + 41.52.267.76.20
hansruedi.preisig@zhwin.ch

参考文献

References

A Green Vitruvius. Principles and Practice of Sustainable Architectural Design, University College Dublin, Architects' Council of Europe, Softech and the Finnish Association of Architects/James & James, London, 1999.

Ecological Architecture. Bioclimatic Trends and Landscape Architecture in the Year 2001, Loft, Barcelona, 2000.

Stadterweiterung: Freiburg Rieselfeld, avedition, Stuttgart, 1997.

Sophia and Stefan Behling, Sol Power. The Evolution of Sustainable Architecture, Prestel, Munich, London, New York, 2000.

Beierlorzer, Boll, Ganser, Siedlungskultur, IBA Emscher Park, Vieweg, Braunschweig/. Wiesbaden, 1999.

G. Z. Brown and Mark DeKay, Sun, Wind and Light. Architectural Design Strategies, John Wiley & Sons, New York, 2001.

Bund Deutscher Architekten (ed.), Umweltleitfaden für Architekten, Ernst & Sohn, Berlin, 1995.

Daniel D. Chiras, The Natural House. A Complete Guide to Healthy, energy-efficient, natural homes, Chelsea Green Publication, 2000.

Andrea Compagno, Intelligent Glass Façades. Material, Practice, Design, 5th edition, Birkhäuser, Basel, Berlin, Boston, 2002.

Norman Crowe, Richard Economakis and Michael Lykoudis (ed.), Building cities: Towards a civil society and sustainable environment, Artmedia Press, London, 1999.

Klaus Daniels, The Technonlogy of Ecological Building. Basic Principles and Measures, Examples and Ideas, Birkhäuser, Basel, Boston, Berlin, second enlarged edition, 1997.

Klaus Daniels, Low Tech, Light Tech, High Tech. Building in the information Age, Birkhäuser, Basel, Boston, Berlin, 2000.

Deutsches Architekturmuseum Frankfurt am Main, Ingeborg Flagge and Anna Meseure (ed.), DAM Annual 2001, Prestel, Munich, London, New York, 2001.

Brian Edwards, Towards a Sustainable Architecture. European directives and Building Design, Architectural Press, Oxford, 1996, 1999.

Brian Edwards and David Turrent, Sustainable Housing. Principles and Practice, E & FN Spon, London, 2000.

Dr. Wolfgang Feist, Das Niedrig-Energie-Haus, C. F. Müller, Karlsruhe, 1996.

Dora Francese, Architettura bioclimatica. Risparmio energetico e qualità della vita nelle costruzioni, Utet, Torino, 1996.

Dominique Gauzin-Müller, Construire avec le bois, Le Moniteur, Paris, 1999.

Anton Graf, Das Passivhaus. Wohnen ohne Heizung, Callwey, Munich, 2000.

Mary Guzowski, Daylighting for sustainable Design, Mc Graw-Hill, New York, 2000.

Susannah Hagan, Taking shape. A new contract between Architecture and Nature, Architectural Press, Oxford et al., 2001.

Ekhart Hahn, Ökologische Stadtplanung, Haag & Herchen, Frankfurt am Main, 1987.

S. Halliday, Green Guide to the Architects Job Book, Riba Publications, London, 2000.

S. Robert Hastings, Solar Air Systems. Built Examples, Solar Heating and Cooling Executive Committee of the International Energy Agency, James & James, London, 1999.

Dean Hawkes, The Environmental Tradition: Studies in the Architecture of Environment, E & FN Spon, London, 1996.

Dean Hawkes and Wayne Forster, High Efficiency Buildings, Calman & King Ltd., London, 2002.

Thomas Herzog, Solar Energy in Architecture and Urban Planning, Prestel, Munich, London, New York, 1996, 1998.

Othmar Humm and Peter Toggweiler, Photovoltaik und Architektur/ Photovoltaics in Architecture, Birkhäuser, Basel, Boston, Berlin, 1993.

Jean-Louis Izard, Architectures d'été: construire pour le confort d'été, Edisud, Aix-en-Provence, 1993.

David. D. Kemp, The environment dictionary, Routledge, London, New York, 1998.

Eric Labouze, Enjeux écologiques et initiatives industrielles, Puca, Paris, 1993.

Craig Langston, Sustainable Practices in the Built Environment, Architectural Press, Oxford, 2001 (second edition).

Pierre Lavigne, Paul Brejon and Pierre Fernandez, Architecture climatique: une contribution au développement durable, vol. 1: Bases physiques, Edisud, Aix-en-Provence, 1994.

Philip Jodidio (ed.), Green Architecture, Taschen, Cologne, New York, 2000.

David Lloyd Jones, Architecture and the Environment. Bioclimatic Building Design, Laurence King, London, 1998.

Amerigo Marras, Eco-tec: Architecture of the In-between, Princeton Architectural Press, New York, 1999.

Ed Melet, Duurzame Architektuur/Sustainable Architecture. Towards a Diverse Built Environment, NAi, Rotterdam, 1999.

Walter Meyer-Bohe, Energiesparhäuser, Deutsche Verlags-Anstalt, Stuttgart, 1996.

Jürg Minsch, Institutionelle Reformen für eine Politik der Nachhaltigkeit, Springer, Berlin, Heidelberg, New York, 1998.

H. R. Preisig, W. Dubach, U. Kasser, K. Viriden, Ökologische Baukompetenz, Handbuch für die Kostenbewusste Bauherrschaft von A bis Z, Werd, Zürich, 1999.

Anna Ray-Jones, Sustainable Architecture in Japan, the Green Buildings of Nikken Sekkei, John Wiley & Sons, New York, 2000.

Sue Roaf, M. Hancock, Energy Efficient Building, Blackwell Scientific Publications, 1992.

Sue Roaf, Manuel Fuentes, Atephanie Thomas, Ecohouse. A Design Guide, Architectural Press, Oxford et al., 2001.

Richard Rogers, Philip Gumuchdjian, Cities for a Small Planet, Faber and Faber, London, 1997.

Miguel Ruano, Ecourbanismo. Entornos humanos sostenibles: 60 proyectos/Ecourbanism. Sustainable Human Settlements: 60 Case Studies, Gustavo Gili, Barcelona, 1999.

Thomas Schmitz-Günther, Eco-Logis, Könemann, Cologne, 1998.

Astrid Schneider (ed.), Solararchitektur für Europa, Birkhäuser, Basel, Boston, Berlin, 1996.

Ansgar Schrode, Niedrigenergiehäuser, Rudolf Müller, Cologne, 1996.

Catherine Slessor, Eco-Tech, Umweltverträgliche Architektur und Hochtechnologie, Gerd Hatje, Ostfildern-Ruit, 1997.

Peter F. Smith, Architecture in a Climate of Change. A guide to sustainable design, Architectural Press, Oxford et al., 2001.

Ross Spiegel and Dru Meadows, Green Building Materials, a Guide to Product Selection and Specification, John Wiley & Sons, New York, 1999.

Fred A. Stitt, Ecological design handbook. Sustainable strategies for architecture, landscape architecture, interior design and planning, Mc Graw-Hill, London, New York, 1999.

Jean Swetchine, Ambiances et équipements, first part: Thermique, Editions de la Villette, Paris, 1983.

Randall Thomas, Environmental design. An introduction for architects and engineers, E & FN Spon, London, 1999.

UIA Berlin 2002 (ed.), Resource Architecture, Birkhäuser, Basel, Boston, Berlin, 2002.

Anke Van Hal, Ger de Vries, Joost Brouwers, Opting for Change. Sustainable Building in the Netherlands, Aeneas, AJ Best, 2000.

Ernst Ulrich von Weizsäcker, Amory B. Lovins, L. Hunter Lovins, Factor Four. Doubling Wealth, Halving Resource Use, Earthscan, London, 1998.

B. Vale and R. Vale, The New Autonomous House, Thames and Hudson, London, 2000.

Andy Wasowski and Sally Wasowski, Building inside nature's envelope. How new construction and land preservation can work together, Oxford University Press, Oxford, New York, 2000.

James Wines, Green Architecture, Taschen, Cologne, New York, 2000.

Tom Woolley and Sam Kimmins, *Green Building Handbook*, vol. 1 and 2, E & FN Spon, London, 2000.

Wuppertal Institut and Planung-Büro Schmitz Aachen, *Energiegerechtes Bauen und Modernisieren. Grundlagen und Beispiele für Architekten, Bauherren und Bewohner*, Birkhäuser, Basel, Boston, Berlin, 1996.

Ken Yeang, *Designing with Nature: the Ecological Basis for Architectural Design*, Mc Graw-Hill, New York, 1995.

Ken Yeang, *The Green Skyscraper. The Basis for Designing Sustainable Intensive Buildings*, Prestel, Munich, London, New York, 1999.

Surveys

Bâtiment et haute qualité environnementale. Mode d'emploi à l'usage des maîtres d'ouvrage, Strasbourg.

A.E. Cakir, *Licht und Gesundheit*, Institut für Arbeits- und Sozialforschung, Berlin, 1990.

Ökologischer Stadtumbau, Theorie und Konzept, Ekhart Hahn, FS II 91-405, Wissenschaftszentrum Berlin für Sozialforschung, Berlin, 1991.

Ökologischer Stadtumbau, ein neues Leitbild, Ekhart Hahn and Udo E. Simonis, FS II 94-403, Wissenschaftszentrum Berlin für Sozialforschung, Berlin, 1994.

Symposiumsbericht Solararchitektur, Symposium at Glashaus Herten, 27-28 October 1995, Verein für grüne Solararchitektur, Tübingen, 1995.

Bauen für eine lebenswerte Zukunft. Niedrigenergie-Bauweise in Freiburg, Freiburg im Breisgau, 1996.

Holzschutz, Bauliche Empfehlungen, Informationsdienst Holz, Düsseldorf, 1997.

TriSolar. Leben mit der Sonne, Installa Totherm GmbH, Bau- und Haustechnik, Issum, 1997.

Bauen mit Holz ohne Chemie, Informationsdienst Holz, Düsseldorf, 1998.

Ecological Building Criteria for Viikki, Helsinki City Planning Department Publications, Helsinki, 1998.

Evaluation de la qualité environnementale des bâtiments, CSTB, PCA, Paris, 1998.

Intégrer la qualité environnementale dans les constructions publiques, CSTB, Paris, 1998.

Mémento des règles de l'art pour une bonne qualité environnementale à l'intention des architectes, Tribu, Paris, 1998.

F. Allard, P. Blondeau, A. L. Tiffonnet, *Qualité de l'air intérieur. Etat des lieux et bibliographie*, Puca, Paris, 1998.

Guide de recommandations pour la conception de logements à hautes performances énergétiques en Île-de-France, Cler, Montreuil, 1999.

Projet urbain de Rennes, Rennes, 1999.

Ville et écologie, bilan d'un programme de recherche (1992-1999), Puca, Paris, 1999.

Projects around the World of Expo 2000, Expo 2000 Hannover GmbH, 2000.

Sustainable Buildings 2000, Proceedings, Colloquium Maastricht, 22-25 October 2000.

Une charte pour l'environnement, Rennes, 2000.

Weltbericht zur Zukunft der Städte Urban 21, Bundesministerium für Verkehr, Bau- und Wohnungswesen, Berlin, 2000.

英汉词汇对照

A

Aalborg, Denmark　丹麦，阿尔堡
Aalto, Alvar　阿尔瓦·阿尔托
Aaltonen　阿尔托宁
ACE　欧洲建筑师理事会
ADEME　法国国家能源机构
Adshel　阿谢尔
AFAQ　法国质量保险团体
Affoltern am Albis, Switzerland　瑞士，阿尔比斯的阿尔福特恩
AFNOR　法国国家标准组织
Agenda21　21 世纪议事日程
Aix-la-Chapelle, Germany　德国，艾克斯拉沙佩勒
Allford Hall Monaghan Morris　阿尔福德·霍尔·莫纳汉·莫里斯
Alphen aan den Rijn, Netherlands　荷兰，莱茵河畔阿尔芬
Amazon　亚马逊
Amersfoort, Netherlands　荷兰，阿默斯福特
Amorbach, Germany　德国，阿莫巴赫
Amsterdam, Netherlands　荷兰，阿姆斯特丹
Angers, France　法国，昂热
Annecy, France　法国，阿讷西
Apere　阿佩雷
Arche Nova　阿舍·诺瓦
Arcosanti, USA　美国，阿克罗桑地
Arizona, USA　美国，亚利桑纳州
Arrak Architects　阿拉克建筑师事务所
Artto, Palo, Rossi & Tikka　阿托，保罗，罗西和蒂卡
Art'ur　Art'ur 公司
Asia　亚洲
Atelier de l'Entre　协作设计室
Athens, Greece　希腊，雅典
Autheuil, France　法国，欧蒂尔
Avax headquaters building, Athens　雅典，阿法克斯总部大楼

B

Backnang, Germany　德国，巴克南
Bad Elster, Germany　德国，巴特埃尔斯特
Baden-Württemberg, Germany　德国，巴登－符腾堡州
Baisch & Frank　贝施和弗兰克
Barcelona, Spain　西班牙，巴塞罗那
Barrier, Jean-Yves　让－伊维斯－巴里
Bäuerle, Werner　维尔讷·博伊尔勒

Baumschlager & Eberle　鲍姆施拉格和埃贝勒
BauWerkStadt　建筑极品城
Bavaria, Germany　德国，巴伐利亚
Beat2000　建筑环境评估工具 2000 版
Beauregard, France　法国，博勒加尔
Behnisch, Behnisch & Partner　贝尼施，贝尼施及其合伙人事务所
Behnisch & Partner　贝尼施及其合伙人事务所
Berlin-Kreuzberg　柏林，克罗伊茨贝格区
Berlin-Pankow　柏林，潘科区
Berlin-Prenzlauer Berg　柏林，普伦茨劳贝格区
Berlin-Schöneberg　柏林，舍讷贝格区
Berlin-Tempelhof　柏林，滕柏尔霍夫区
Berne, Switzerland　瑞士，伯尔尼
Bière, Switzerland　瑞士，比耶尔
Bijlmermeer, Netherlands　荷兰，比杰尔磨耶
Biofac　生物工厂
Blainville-sur-Orne, France　法国，布兰维尔叙奥恩省
Bonnet, Pierre　皮埃尔·邦纳
Boom　Boom 顾问公司
Bordeaux, France　法国，波尔多
Bott　波特
Bratislava, Slovakia　布拉迪斯拉发，斯洛伐克地区
BRE　英国建筑研究机构
BREEM　英国建筑研究机构环境评估方法
Bregenz, Austria　奥地利，布雷根茨
Brenne, W　W·布伦讷
Bridel, Christian　布里德·克里斯蒂安
Brittany, France　法国，步列塔尼地区
Brochet, Lajus, Pueyo　布罗谢，拉瑞，普埃约
Brundtland, Gro Harlem　布伦特兰，格罗·哈莱姆

C

Caire, Dominique　多米尼克·凯尔
Calais, France　法国，加来
Car park, Heibronn　位于海尔布隆的停车场
Caudry, France　法国，科德里
Cecil　法国 Cecil 公司
Central America　中美洲
Cepheus　作为欧洲标准的成本高效的被动式住宅
Chambray-les-Tours, France　法国，尚布雷·勒·图尔
Chelles, France　法国，谢勒
Chemetoff, Alexandre　亚利山大·克姆多夫
Christiaanse, Kees　谢斯·克里斯蒂亚安斯
Christo-Foroux　克里斯托·福鲁克斯
CIB　国际建筑理事会

缩略语表

ACE　Architects' Council of Europe
欧洲建筑师理事会

ADEME　French national energy agency
法国国家能源机构

AFAQ　French quality assurance body
法国质量保证机构

AFNOR　French national standards organisation
法国国家标准组织

Apere　Belgian renewable energy agency
比利时再生能源机构

BRE　Building Research Establishment, UK
英国建筑研究机构

BREEAM　Building Research Establishment Environmental Assessment Method, UK
英国建筑研究机构环境评估方法

Cepheus　Cost Efficient Passive Houses as European Standard (EU-sponsored programme)
作为欧洲标准的成本高效的被动式住宅（欧洲联盟赞助的计划）

CIB　International Council for Building
国际建筑理事会

CNDB　French national timber development organization
法国国家木材发展组织

CNRS　French national research centre
法国国家研究中心

Critt　Regional centre for innovation and technology transfer, France
法国革新和技术转让区域中心

CSTB　French building research establishment
法国建筑研究机构

CTBA　French timber research institute
法国木材研究所

Ddass　Regional social and health office, France
法国区域的社会和健康办公室

EC2000　Energy & Comfort2000 (European energy and environment programme) 能源和舒适 2000（欧洲能源和环境计划）

EDF　French national electricity supplier
法国国家电力供应商

Enstib　Technical university, training and research institute specializing in timber technologies, France
法国技术大学的木材技术培训研究所

FAO　Food and Agriculture Organisation of the United Nations
联合国粮食和农业组织

FFB　French building federation
法国建筑联盟

GDF　French national gas supplier
法国国家燃气供应商

Gepa　French architectural training organization
法国建筑培训组织

HQE　High environmental quality; French environmental assessment tool
高环境质量，法国环境评估工具

IBA　International architecture expo
国际建筑博览会

IGA　International horticulture/gardens expo
国际园艺／花园博览会

LCA　Life Cycle Assessment
生命周期评估

MEPB　Material Based Environmental Profile for Buildings, Netherlands
荷兰建筑的基于材料的环境模版

Mies　French government commission on the greenhouse effect
法国关于温室效应的政府委员会

Novem　Dutch energy and environment agency
荷兰能源和环境机构

ONF　National forestry office, France
法国国家林业办公室

PCA　Plan construction and architecture of the Ministry of Construction, France, now Puca
法国建设部的规划建设和建筑，现为 Puca

PDU　local urban transport plan, France
法国地方城市交通规划

PLA　loan for the construction of social rental housing, France
法国社会租赁住宅的建设贷款

PLU　local urban plan, France
法国地方上的城市规划

POS　land use plan, France
法国土地利用规划

Puca　Plan urbanism construction and architecture of the Ministry of Construction, France, formerly PCA

法国建设部的都市化建设规划和建筑，原为 PCA

PVC　Polyvinyl chloride

聚氯乙烯

RT2000　French thermal performance regulations for buildings

法国建筑热工执行规范

SAFA　Association of Finnish architects

芬兰建筑师协会

SBI　Building research institute, Denmark

丹麦建筑研究所

SCOT　Regional land use plan, France

法国区域土地利用规划

Sunh　Solar Urban New Housing (European programme)

太阳城新住宅 (欧洲计划)

Tekes　Finnish technology agency

芬兰技术机构

UIA　International Union of Architects

国际建筑师联盟

VTT　Finnish technical research centre

芬兰技术研究中心

WHO　World Health Organisation

世界健康组织

WWF　Worldwide Fund for Nature (former World Wildlife Fund)

国际自然基金 (原世界野生动植物基金)

Zac　enterprise development zone, France

法国企事业开发区

插图来源

Hervé Abbadie: 231~236

Air Promotion Semaeb: 99 左下

Altimage: 191

Archives Datagroup: 208 右下, 208右上

Atelier de l'Entre: 124,126 左

Ateiier Dreiseitl: 53

Norbert Baradoy/Arge Holz: 22上,52,148,149上, 中,150下,152,173

Frédéric Beaud/Cedotec-Lignum: 31

Rainer Blunk: 12上,21下

G.Brehinier: 59

W.Brenne et J.Eble: 54

Joost Brouwers: 34上,79 左,80左

Jean de Calan: 222~225

CPS Informationsverar-beitung 2000: 99左

Nikos Danielidès: 216~221

Wilfried Dechau: 13,22下

D'lnka+Scheible: 176 下,179左下

Martin Duckek: 170下,171 右上,171上上,172

T.Duponchelle: 12中,193 中

Michael Eckmann: 34中,73 上,74,76,77

Espace création/S2R: 88

Sir Norman Foster & Partners: 12下,15,21 上,32,34下,45,46 右,50,56,57右上,66,69 上,95,105,109,112,125 下,126右,132,133 上,134,135,141,143,144,145 上,146,147,169,170,171左 上,173右,178上,207下

Gemeinde Mäder: 63左,64 右

Martine Genty: 96

Peter van Gerwen: 23,39

Michael Gies: 157,158右下

Jean-Claude Guy/CNDB: 63右,64左

H.G.Hesch: 206

Roland Halbe: 116,174 上,175,177,178下,207上

Roland Halbe/Archipress/Artur: 113

J.-M.Hecquet: cover back,90m,127~131

Peter Hübner: 18上,20

Marc Jauneaud: 164~167,168右上

Kauffmann Theilig: 204,208,209

Christian Kandzia: 19 下,197,198上

Matti Karjanoja: 101,159~163

Hermann Kaufmann: 145 下

Guido Kirsch: 154~156, 158左上,左中,左下

Knop, Stadtwerke Fellbach GmbH: 70

Luuk Kramer: 79右,80右

René Lamb: 148,150 上,151,153

Pierre Lawless: 75

Betty Leprince-Ringuet: 190

Katell Lefeuvre: 94

Jurai Lipták: 133下

Jean-Claude Louis: 192左 上,193右下

Titta Lumio: 82上

Mahler Günster Fuchs: 237,238左中

llona Mansikka: 83

J.lgnacio Martinez: 142,143 上

Guillaume Maucuit-Lecornet: 28

Merz Kaufmann Partner: 117

Vincent Monthiers: 27

Voito Niemelä: 84上

Morgan Paslier: 166上,168 左上,下,

Passivhaus Institut/ Dr.Wolfgang Feist: 103

Ivan Pintar/The Cosanti Foundation: 18下

Jean-Yves Riaux: 94

Christian Richters: 93,185~189

Richard Rogers Partnership: 40

René Rötheli: 136~140

Eric Saillet: 226~230

Martin Schodder: cover front,92下,195,196,198 下,211~215

Tim Soar: 180~184

Stadt Neckarsuim: 30上

Stadtwerke Fellbach CmbH: 30下

Manfred Storck: 68左

Dietmar Strauss: 239,240 左, 240右,

Daniel Sumesgutner: 104

Jussi Tiainen: 84

Jocelyne Van den Bosche: 199,200,203

Peter Walser: 68右

Zin Co GmbH: 55

Sources of drawings and plans

*Le Moniteur environne-ment,*30 March 2001: 29

Ville de Rennes: 43

Nachverdichtung von *Wohnquartier,* Ministry of Urbanism, Housing, Culture and Sports of North Rhine-Westphalia, 1998: 44左

IBA Emscher Park: 48

Berlin-Ökologisches Planen und Bauen: 57右下

Gemeinde Mäder: 62

Landeshauptstadt Stuttgart, Stadtinessu-ngsamt: 65

Stadt Stuttgart: 69

Stadt Freiburg: 71

Geschäftsstelle Vauban: 73 下

West 8: 78下

350 *questions pratiques de gaz naturel dans le bâtiment,* Editions du Moniteur,1994: 106

译后记

感谢作者对本书翻译过程中相关词汇的详尽解释，在此译者以部分注释的形式将其收入中文版中，以便读者对其理解更为准确。

感谢郑光复先生对本书自始至终的支持和鼓励，以及许多有益的建议和指正。

感谢郑辰阳在本书第178至217页的初稿翻译中提供的很多帮助，感谢张建忠、王幸强、杨娟对本书涉及的部分技术领域的指导，感谢冯三连为本书提供的部分技术参考资料，感谢周永忠对本书提出的宝贵意见，感谢童立新提供的关于可持续建筑的参考信息，感谢胡伟参与本书部分资料的检索工作，感谢赵迎春和贺文为本书提供的帮助。

特别感谢王建国、杨维菊和王静老师对翻译工作的大力支持和帮助以及中国建筑工业出版社董苏华编审的耐心指导。

由于译者才疏学浅，时间仓促，在译文中难免有谬误，望各界前辈及读者不吝指教。

译者
2007 年 6 月

译者简介

邹红燕　　东南大学建筑设计硕士，德国斯图加特大学基础设施规划硕士。曾在新加坡从事多年建筑设计，目前在南京从事规划、景观和建筑设计。
电子邮箱：agds3@163.com

邢晓春　　英国诺丁汉大学建筑环境学院可持续建筑技术在读硕士。主持南京建·译翻译服务中心。曾任南京市建筑设计研究院有限公司建筑师。
电子邮箱：jane2109@hotmail.com